江苏水利丛书

江苏水文
JIANGSU SHUIWEN

江苏省水利厅　编著

中国水利水电出版社
www.waterpub.com.cn
·北京·

内 容 提 要

本书以全省防汛抗旱、水利工程建设与管理、水资源保护、水环境改善、水生态修复提供水文基础信息与决策依据为目标，从水文发展的历史、现状与未来，水文循环要素变化情势，水资源演变情势，重要水文站及巡测线，水文测验与情报预报技术，水量与水质分析技术和水文信息化等7个方面，对江苏水文特征，水文站网，水文监测、分析、预测等进行全面总结。

本书适用于从事水文水资源、水利工程、水环境保护等专业工作的工程技术人员，也可作为生产、科研管理部门以及相关科技工作者学习和参考用书。

图书在版编目（CIP）数据

江苏水文 / 江苏省水利厅编著. -- 北京：中国水利水电出版社，2021.1
（江苏水利丛书）
ISBN 978-7-5170-9383-1

Ⅰ. ①江… Ⅱ. ①江… Ⅲ. ①水文资料－江苏 Ⅳ. ①P337.253

中国版本图书馆CIP数据核字(2021)第022399号

审图号：苏 S（2018）032 号

书 名	江苏水利丛书 **江苏水文** JIANGSU SHUIWEN
作 者	江苏省水利厅　编著
出版发行	中国水利水电出版社 （北京市海淀区玉渊潭南路1号D座　100038） 网址：www.waterpub.com.cn E-mail: sales@waterpub.com.cn 电话：(010) 68367658（营销中心）
经 售	北京科水图书销售中心（零售） 电话：(010) 88383994、63202643、68545874 全国各地新华书店和相关出版物销售网点
排 版	中国水利水电出版社微机排版中心
印 刷	北京印匠彩色印刷有限公司
规 格	184mm×260mm　16开本　15.75印张　394千字　6插页
版 次	2021年1月第1版　2021年1月第1次印刷
印 数	0001—1800 册
定 价	**180.00 元**

凡购买我社图书，如有缺页、倒页、脱页的，本社营销中心负责调换

版权所有·侵权必究

《江苏水利丛书》编纂委员会

主　　任：陈　杰
副主任：张劲松　朱海生　叶　健　郑在洲　徐　杰
　　　　高圣明　韩全林　周　萍　蔡　勇　张春松
　　　　季红飞　黄良勇　黄海田　刘丽君
委　　员：喻君杰　陈振强　徐元亮　李春华　朱庆元
　　　　黄章羽　陆一忠　张建华　沈建强　张树麟
　　　　黄俊友　施红怡　王　嵘　王冬生　孙洪滨
　　　　武慧明　刘劲松　马志华

《江苏水利丛书》编纂委员会办公室

主　　任：施红怡
成　　员：张　鹏　刘仲刚　朱振荣

《江苏水文》编纂委员会

主　任：张春松　袁连冲

委　员：马　倩　唐运忆　孙永远　柏　屏　尤迎华
　　　　高祥涛　黄利亚

主　编：马　倩　陆小明

撰稿人：赵德友　周　毅　刘俊杰　王美玲　方　瑞
　　　　唐春生　闻余华　王聪聪　董家根　李天淳
　　　　万晓凌　曹　帅　乐　峰　罗俐雅　王书亮
　　　　胡尊乐　盛龙寿　黄林霞　黄李莉　苏仕林
　　　　伍　嵘　高鸣远　王　丽　谷胜峰　姚　敏
　　　　姜　宇　傅太生　聂　青　高　扬　陈　宁

统　稿：陆小明

前　言

水文是研究自然界水的时空分布、变化规律的一门学科。水文工作是通过对水位、流量、降水量、水质、泥沙、蒸发、墒情等水文要素的监测和评价，对水资源的量、质和时空分布变化规律的研究，以及对洪水、旱情的监测和预报，为防汛抗旱减灾和水资源配置利用、管理保护提供基础信息、技术支撑与决策依据。

水文事业是国民经济和社会发展的基础性公益事业。长期以来，江苏水文始终围绕全省经济社会发展大局、围绕全省水利发展中心工作，不断内强素质、外树形象，努力提升服务水平。特别是20世纪90年代以来，随着江苏水利事业的快速发展，水文干部职工坚定信念、不忘初心，不断创新发展理念、破解发展难题、营造创新环境、拓展服务领域、促进稳定发展，水文事业发展实现了质的飞跃。目前，江苏水文已初步形成布局总体合理、控制较为有效的水文基本站网体系，设备仪器较为先进、具有一定应急反应能力的监测体系，能力逐步加强、水平不断提高、范围持续拓展的服务体系，政策法规逐步加强、制度投入不断完善、人才队伍持续优化的保障体系，为全省防汛抗旱、水资源管理保护、江河治理、交通航运和城乡基础设施建设等提供了大量公益性服务。

水是生命之源、生产之要、生态之基。党的十八大以来，以习近平同志为核心的党中央，从战略和全局高度，对保障国家水安全作出一系列重大决策部署，明确提出"节水优先、空间均衡、系统治理、两手发力"的新时期水利工作方针，为加快水利改革发展提供了科学指南和根本遵循。这充分体现了党和国家对水利工作的高度重视，充分昭示了水利事业在经济社会发展大局中的重要地位，充分反映了人民群众对治水兴水的热切期盼。水文是水利的基础。江苏水文践行新时期水利工作方针，按照"大水文"发展战略，顺势而为、乘势而上，不断夯实水文站网、人才、法规基础，切实强化水文监测、预测预报、公共服务、科技创新、科学管理，加快推进行业水文向社会水文转变，基本实现"水文站网布设合理、监测手段先进可靠、公共服务全面准确、发展保障科学高效"的现代化总体目标，展现"精准把脉江河、高效服务社会"的现代化愿景，为建设"强富美高"新江苏作出新的贡献。

编者
2020年9月

目 录

前言

1 水文发展的历史、现状与未来 ·· 1
  1.1 发展历程 ··· 1
    1.1.1 萌芽期（公元 1 世纪至 1948 年）··································· 2
    1.1.2 起步期（1949—1977 年）·· 3
    1.1.3 积累期（1978—1995 年）·· 4
    1.1.4 成长期（1996—2008 年）·· 6
    1.1.5 转型期（2009— ）··· 7
  1.2 现状评价 ··· 8
    1.2.1 监测站网 ·· 8
    1.2.2 监测能力 ·· 13
    1.2.3 服务水平 ·· 14
    1.2.4 管理体系 ·· 15
  1.3 展望 ·· 17
    1.3.1 发展思路 ·· 18
    1.3.2 智慧水文 ·· 19

2 水文循环要素变化情势 ·· 22
  2.1 降水 ·· 22
    2.1.1 空间分布 ·· 22
    2.1.2 时程变化 ·· 23
    2.1.3 频率分析 ·· 24
    2.1.4 梅雨 ·· 25
    2.1.5 暴雨 ·· 26
  2.2 蒸发 ·· 27
    2.2.1 空间分布 ·· 27
    2.2.2 时程变化 ·· 27
    2.2.3 干旱指数 ·· 30
  2.3 泥沙 ·· 30
    2.3.1 年内变化 ·· 30
    2.3.2 年际变化 ·· 32
  2.4 地下水 ·· 34
    2.4.1 埋深空间分布 ··· 35

2.4.2 埋深变化趋势 ……………………………………………………… 36
3 水资源演变情势 …………………………………………………………… 38
　3.1 水资源分区 …………………………………………………………… 38
　3.2 水资源数量 …………………………………………………………… 40
　　3.2.1 地表水资源量 …………………………………………………… 40
　　3.2.2 地下水资源量 …………………………………………………… 43
　　3.2.3 水资源总量 ……………………………………………………… 44
　3.3 出入境水量 …………………………………………………………… 45
　　3.3.1 入境水量 ………………………………………………………… 45
　　3.3.2 出境水量 ………………………………………………………… 48
　3.4 沿江引排水量 ………………………………………………………… 51
　　3.4.1 引江水量 ………………………………………………………… 52
　　3.4.2 入江水量 ………………………………………………………… 53
　3.5 水资源质量 …………………………………………………………… 54
　　3.5.1 区域水质 ………………………………………………………… 54
　　3.5.2 主要河道水质 …………………………………………………… 56
　　3.5.3 省管湖泊水质 …………………………………………………… 61
　　3.5.4 水功能区水质 …………………………………………………… 69
　　3.5.5 水源地水质 ……………………………………………………… 74
4 重要水文站及巡测线 ……………………………………………………… 77
　4.1 淮河流域重要水文站 ………………………………………………… 77
　　4.1.1 流域性河道控制站 ……………………………………………… 78
　　4.1.2 区域代表站 ……………………………………………………… 85
　4.2 沂沭泗流域重要水文站 ……………………………………………… 89
　　4.2.1 流域性河道控制站 ……………………………………………… 90
　　4.2.2 区域代表站 ……………………………………………………… 95
　4.3 长江流域重要水文站 ………………………………………………… 97
　　4.3.1 流域性河道控制站 ……………………………………………… 98
　　4.3.2 区域代表站 ……………………………………………………… 101
　4.4 太湖流域重要水文站 ………………………………………………… 103
　　4.4.1 流域性河道控制站 ……………………………………………… 104
　　4.4.2 区域代表站 ……………………………………………………… 106
　4.5 省级水文巡测线 ……………………………………………………… 108
　　4.5.1 环太湖巡测线 …………………………………………………… 109
　　4.5.2 沿江巡测线 ……………………………………………………… 113
　　4.5.3 新通扬运河一线 ………………………………………………… 116
　　4.5.4 通榆河东岸巡测线 ……………………………………………… 119

5 水文测验与情报预报技术 ··· 122
5.1 水文测验 ··· 122
5.1.1 站网布设与测站设立 ··· 122
5.1.2 基本测验技术 ··· 128
5.1.3 资料整编 ··· 144
5.2 水文情报预报 ··· 152
5.2.1 水文情报 ··· 152
5.2.2 水文预报 ··· 156

6 水量与水质分析技术 ··· 166
6.1 水文分析与计算 ··· 166
6.1.1 水文统计 ··· 166
6.1.2 设计暴雨 ··· 173
6.1.3 流域产汇流 ··· 179
6.1.4 设计洪水 ··· 184
6.1.5 水资源评价 ··· 189
6.2 水质与水生态分析 ··· 195
6.2.1 站点布设 ··· 195
6.2.2 监测技术 ··· 197
6.2.3 水资源质量评价 ··· 203
6.2.4 河湖健康评估 ··· 208

7 水文信息化 ··· 216
7.1 数据（信息）采集 ··· 216
7.1.1 数据采集传输标准 ··· 216
7.1.2 数据采集平台 ··· 218
7.1.3 通信模式 ··· 218
7.1.4 遥测数据库 ··· 219
7.1.5 数据传输流程及控制策略 ······································· 219
7.2 通信网络 ··· 220
7.2.1 行业专用通信网的发展 ··· 220
7.2.2 测站至分中心（省中心）的通信传输 ··························· 222
7.2.3 省中心至分中心的通信网络 ··································· 222
7.3 数据中心 ··· 224
7.3.1 数据中心的概念 ··· 224
7.3.2 水文数据中心的特点 ··· 225
7.3.3 现状和目标 ··· 227
7.3.4 总体架构 ··· 228
7.3.5 基础支撑层 ··· 229

    7.3.6 数据层 ……………………………………………………………… 230
    7.3.7 平台层 ……………………………………………………………… 232
  7.4 应用系统 …………………………………………………………………… 233
    7.4.1 水文资料整汇编管理系统 …………………………………………… 233
    7.4.2 水文水资源分析评价系统 …………………………………………… 234
    7.4.3 水环境业务管理系统 ………………………………………………… 235
    7.4.4 地下水业务管理系统 ………………………………………………… 237
    7.4.5 水文业务信息发布门户 ……………………………………………… 237
    7.4.6 预测预报系统 ………………………………………………………… 237
参考文献 ………………………………………………………………………… 238

1 水文发展的历史、现状与未来

自然界的水，是人类赖以生存和发展的重要资源，但也会造成洪水横流的水患。自古以来，为了生存和发展，人类不断地进行兴修水利、防治水害等改造自然的活动，并在漫长的治水实践中认识到，要除害兴利，必须首先了解水的特性，探索江河湖海的水情变化规律。随着人类治水实践的需要，萌生发展了探索水循环的情势和规律的水文工作。

江苏地处亚热带向温热带过渡地带，是长江、淮河、太湖流域的下游区，10万 km² 的区域面积承受着上游 200 万 km² 的来水，区内面海临江，湖泊、水库众多，水面率高。特殊的地理环境和气候特征，决定了江苏是洪涝旱潮频发地区，江河湖海及南北区域水文情势相差悬殊，掌握江苏水文特征需要水文；江苏是水利大省，中华人民共和国成立以来为治理淮河整治长江、为流域区域防洪排涝、为满足区域供水、为改善区域水环境，修建了大大小小的蓄、引、提、调等不同类型的水利工程，这些水利工程的规划设计、运行管理都需要水文；随着江苏经济的不断发展，防汛抗旱减灾、水资源保护开发利用管理、水生态改善修复及其他涉水事务都需要水文来提供基础信息与决策依据。

江苏水文的发展经历了中华人民共和国成立前的萌芽期、至改革开放前的起步期、至省水利厅出台《江苏省水利厅关于加强水文工作的决定》及"工程带水文"的一系列具体措施前的积累期、至《江苏省水文条例》颁布实施前的成长期及此后的转型期，水文事业随着江苏经济社会、江苏水利的发展不断壮大，水文事业蓬勃发展、蒸蒸日上。目前，水文站网得到充实与调整、水文监测水平有所提高、水文服务能力逐步加强、水文管理体系初步建立，水文已成为防汛抗旱的耳目、水资源管理的基石、水生态文明建设的前哨和其他涉水事务的尖兵。未来江苏水文将建成与江苏省水利及经济社会发展相协调的保障型、技术型、服务型的国内一流、国际先进的"精准把脉江河、高效服务社会"的现代水文。

1.1 发展历程

对水文的认识是与生产、生活实践紧密相连的。自古以来，为指导防治水旱灾害，人们就重视对水文现象的观测。江苏水文历史悠久，从汉代对水文现象的定性描述起，经过2000多年的沧桑变化，尤其是改革开放以来的建设和发展，到目前已发展成为对江苏省的经济社会发展提供重要支撑的行业，其间经历了从萌芽期、起步期、积累期、成长期到转型期的漫长发展历程。

1.1.1 萌芽期（公元 1 世纪至 1948 年）

江苏水文观测可以追溯到公元 1 世纪的汉代，在各地方志中多能见到对旱涝雨情的定性描述；水位的观测始于 238—250 年的三国时期，在秦淮河流域赤山塘（今句容赤山湖）立磐石记录水位。

省内降水量观测始于 1370 年明朝时期，各地按月向朝廷报送降雨情况；1385 年在南京鸡鸣寺山上设观象台，其中包括降水量观测；1425 年全国统一雨量观测标准。

清道光二十年（1840 年）鸦片战争以后，外国势力入侵中国，开发商埠、港口，设立海关和港务机构。清同治三年（1864 年）起，各地海关陆续在一些港口和商埠设站，开展水文观测。清光绪六年（1880 年）设立镇江降水量站，光绪二十六年（1900 年）设立苏州水位站，光绪三十年（1904 年）在镇江北固山设立水尺观测长江潮水位，光绪三十一年（1905 年）设立南京降水量站。各站开始有连续系统的观测记载。

随着水利、航运建设的需要，清宣统三年（1911 年）成立江淮水利测量局，是省内以近代科学技术开展水文工作最早的机构，该局筹设于清江（淮阴），后更名为导淮测量处。民国元年（1912 年）起，在淮河流域的洪泽湖、入江入海水道、中运河、里运河布设水文测站，观测水位、潮水位和雨量，在邵伯湖、里运河施测流量。民国 3 年（1914 年）成立江南水利局，在太湖主要进出口河流监测水位、流量和含沙量。民国 9 年（1920 年）在苏州成立太湖水利工程局，负责管辖太湖流域江苏、浙江两省 39 个县、市水文工作。民国 16 年（1927 年）成立国民政府直属太湖流域水利工程处，在江苏太湖区设立水位站 36 处、降水量站 17 处、蒸发站 5 处，并在汛期施测环太湖主要河口进出湖流量。在长江下游干流，南京海关于民国元年设立南京潮水位站；民国 4 年（1915 年）上海浚浦局设立江阴潮水位站；民国 6 年（1917 年）海关在南通军山设站观测雨量，翌年设立天生港潮水位站。民国 20 年（1931 年）江淮大水，促进了水文工作的发展。至民国 25 年（1936 年），全省设有水文（流量）站 18 处、水位站 105 处、降水量站 70 处。

1937 年抗日战争全面爆发，江苏大部分城镇沦陷，水文测站相继停测，资料中断。省境内淮河流域仅有淮阴、中渡、六闸等水文测站，由避居农村的导淮委员会留守人员坚持观测至 1942 年才停测。1939 年，汪伪江苏省建设厅曾一度恢复南京、镇江、苏州、淮阴、高邮、六闸、兴化等部分水位站。1943 年后，又陆续停止观测。

1945 年抗日战争胜利后，长江、淮河流域的水利机构在江苏恢复和重建了部分水文测站。1947 年，导淮委员会改组为淮河水利工程总局，扬子江水利委员会改组为长江水利工程总局，分别在南京设立水文总站，管理本流域水文工作。1948 年，全省共有水文（流量）站 11 处、水位站 55 处、降水量站 16 处。在中华人民共和国成立前夕的 1949 年初，江苏境内水文测站大部分停测，全省仅有 12 处水文测站继续观测。

这段时期，伴随着人们对防治水旱灾害的感性认识，开始摸索对水文基本要素的观测，从记载感官感知，逐步到利用粗糙辅助物件开展简单、定量的观测，仅在少数流域性河道上布设了水文站，主要监测项目也以雨量、水位为主，有个别流量监测站，监测以定性描述为主，辅以少量记录资料。水文的发展处在不断探索、不稳定和不可预见的过程中。

1.1.2 起步期（1949—1977年）

1949年10月，中华人民共和国成立后，百废待兴，国民经济建设在恢复和发展，随着毛主席发出"一定要把淮河修好"的号召，水利建设蓬勃开展，江苏水文开始起步。

新中国成立伊始，华东军政委员会水利部主管华东区水文工作，先后在南京、上海等地招聘和培训水文技术人员，规划水文工作，按流域水系划定水文测区，设置水文机构，恢复和新设各类水文测站，为大规模水利建设做好前期工作。在江苏境内太湖运河区、淮河下游区、沂沭泗运区设立苏州、淮阴、新安3个一等水文站，分别由苏南水利局和淮河水利工程总局代管。1951年，淮阴一等水文站迁至扬州，改称淮河下游区一等水文站，属治淮委员会建制；新安一等水文站迁至徐州，改称徐州一等水文站，属华东水利部建制。1953年苏南、苏北行署合并建省后，省水利厅设水文分站；淮河下游区一等水文站并入江苏省治淮总指挥部，设水文科；徐州一等水文站由水利部直辖，改称沂沭泗运水文分站。1954年，沂沭泗运水文分站撤销，其站网按行政区划划归江苏、山东两省治淮指挥部管理。1956年春，省水利厅水文分站改称水文总站；同年12月，省治淮总指挥部测验处水文科并入省水利厅水文总站。至此，除长江干流4个水位站于1961年移交江苏省管理外，全省水文站网均由江苏省水利厅水文总站统一管理，按水系分区下设9个中心水文站，作为水文总站的派出机构，基本形成统一完整的水文管理体制。

由于江河防汛和水利建设的迫切需要，1950年汛前在全省恢复和增设流量站、水位站、潮位站和降水量站，开展水文测报工作。1953年江苏省设立首批地下水监测站，正式启动地下水监测工作。1955年，水利部颁发《水文测站暂行规范》，使水文测验工作走向规范化。1956年在太湖区开展水文巡测工作。同年，根据水利部水文水资源勘测局统一部署，按照地理综合原则，省水利厅水文总站与江苏省治淮总指挥部水文科，分别对所管辖的站区进行了水文基本站网规划，报水利部批准实施。截至1957年年底，全省共有流量站111处、水位站141处、实验站5处、降水量站50处、地下水测井165处。

自1955年起，根据水利规划设计的需要，省水文部门先后设立泥沙、径流、蒸发实验站，开展水文实验研究。1956年，省水文总站在宜兴大浦口设立太湖水面蒸发实验站，研究我国东南部平原地区影响水面蒸发的气象因素与水面蒸发的关系，探讨各种不同形式、口径蒸发器折算系数和蒸发计算公式等。1957年，省水文总站在丹阳珥陵设立径流实验站，研究太湖西部平原地区降雨径流关系。

1959—1965年期间，省水文总站通过对基本水文站网实测资料的分析，先后编印了《江苏省水文手册》《水文统计》和《江苏省水文计算参考资料》，为全省各类水利工程规划设计提供水文计算方法和资料依据，对生产建设起了一定的作用。同期，在苏北里下河地区开展了水文巡测工作。

1964年，经国务院批准，水文管理体制收归水利电力部建制，省水利厅水文总站改称"水利电力部江苏省水文总站"，委托省水利厅代管。

1965年，按照水利电力部水文水资源勘测局统一部署，对以区域代表站为重点的基本流量站网进行布站方法验证和调整充实，提出《江苏省流量站网的分析与规划报告》和《江苏省基本降水量站网的分析与规划报告》。同年起，由水利电力部上海勘测设计院主持，组织江浙两省有关水文分站开展环太湖水文巡测。同时，对水文测验设施大力进行整

顿，开展技术革新，陆续建成一批测流缆道，逐步由船测过渡到岸上缆道测流；增建安装一批自记水位计和自记雨量计，由人工观测逐步向自记化发展以及统一更换 E601 型蒸发器等，有效地提高了测洪能力和测报质量。为加强测站管理，省水文总站先后制订和颁发《测站任务书》《江苏省水文站网工作暂行条例》《江苏省水文站网财务管理暂行办法》等，建立岗位责任制，推行检查员制度，使各项工作有章可循，保证了测报质量的逐步提高。

1969 年 4 月，水电部军管会通知部署将各省水文总站下放到省；同年 5 月，省水文总站随之撤销。1976 年 1 月，恢复成立省水利局水文总站，各地区恢复成立水文分站。根据全国水文工作和水源保护会议提出的"水文工作要当好水利尖兵，还要当好水资源保护哨兵"的要求，各级水文机构普遍开展了水质污染监测，增设地下水观测井网，开展地下水动态观测。

江苏省水利系统水质监测工作始于 20 世纪 50 年代，1957 年开始筹建水化学分析室，1958 年水利厅正式成立水化学分析室，承担全省重要水质站点的水化学监测任务，分析项目为主要河湖水化学参数。为避免因各地水样运输时间过长，导致水质变质，1959 年在徐州、淮阴、盐城、扬州、南通、镇江、苏州地区水文站先后成立水化学分析室，承担各地区辖区主要河湖的水化学监测分析工作。1966—1973 年各分析室停止监测工作。按照水电部的要求江苏省于 1975 年重新部署水质监测工作。20 世纪 70 年代，江苏省经济发展迅速，工业废水和生活污水量不断增加，未经处理废污水的排放使河湖水质不同程度受到污染。为了适应形势发展的需要，于 1976 年恢复徐州等 7 个地区的水质监测工作。在水化学分析项目的基础上增加了酚、氰、砷、汞、铬等 5 项毒物及部分重金属的监测。除面上站网外还开展了大运河徐州段、洪泽湖、骆马湖、奎河等水体的水质普查工作。

这段时期，人们为防治水旱灾害，掌握水文要素变化情势，在流域性河道及主要区域骨干河道上设立了基本水文监测站。随着这一时期水利工程建设的不断推进，也设立了一些为保障水利工程运维管理需要的水文监测站；主要监测项目有雨量、水（潮）位、流量、蒸发，水体水化学成分检测起步，各项目基本是人工监测，监测计量设施设备、监测技术规范初步统一，但水文基础设施陈旧、仪器设备落后；水文资料整编工作逐步走向成熟，水文分析与计算、水利分析与计算初步开展。这段时期，初步理顺水文管理体制，形成以省管为主的水文机制体制，迅速增设水文测站、初现水文基本站网雏形，监测项目基本齐全、技术手段相对落后，水文主要是为防汛抗旱、水利工程管理调度提供基础信息，逐步确立了水文是防汛抗旱的尖兵和耳目的地位。

1.1.3 积累期（1978—1995 年）

党的十一届三中全会后，全党的工作重点转移到社会主义现代化建设上来，开启了改革开放的历史新时期，伴随着江苏经济建设的复苏发展，江苏水文工作在继续为防汛抗旱、为水利工程运维调度提供基础信息与技术支撑的同时，逐步开始为水资源开发利用和管理服务，为水环境监测和保护服务，发挥水文监测优势，坚持水量、水质一起抓，加强行业管理，提高测报质量，全省水文事业在前期起步期发展的基础上，进入一个相对稳定、不断积累、蓄势待发的发展时期。

1978 年，按照水利电力部水利司的部署，又一次进行了全省水文站网调整充实规划，增设小河站和配套降水量站，整顿区域代表站，调整平原水网区水文巡测线路，增设水文巡测控制线和区域代表片，以适应水利建设和国民经济发展的需要。

1978年对全省水质站网进行初步规划，1979年水质站网全面实施监测。1980年经省编委批准，成立"江苏省水利厅水质监测中心化验室"，1986年省水文水资源勘测局成立水质科，负责全省水质监测、管理工作。1993年经水利厅批准同意将"江苏省水利厅水质监测中心化验室"更名为"江苏省水环境监测中心"，设有监测业务室、分析测试室和质量保证室。各市水文机构水质分析室皆改名为"江苏省水环境监测中心××分中心"。在徐州、淮安、连云港、南通、扬州、盐城、镇江、常州、无锡、苏州、泰州、宿迁共建有12个分中心。

1980年3月，根据水利部《关于进一步开展地下水观测研究工作的意见》和《地下水观测暂行》规定等有关文件，编制了《江苏省地下水观测站网初步规划》。此后，根据地下水站网布设原则、水资源管理要求等，先后经过数次站网规划与调整，地下水监测工作逐步完善和规范。

1980年6月，省编制委员会同意恢复由省水利厅统一管理的水文体制，省水文总站列事业编制55人；同时，同意成立省水质监测中心化验室，列事业编制10人，同年根据全国水文缆道普查整顿座谈会的要求，对全省水文测验基本设施进行整顿、改造、更新，使水文测验逐步向水位、雨量自记化，测流、取沙缆道化发展。1983年3月，为适应市管县的新体制，省编制委员会同意增设无锡、常州、连云港市水文分站。至1990年，全省水文机构设有省水文总站1处，市水文分站11处，厅属闸坝管理处水文站6处。1991年12月，各市水文分站更名为"江苏省××水文水资源勘测处"，并明确水文勘测队（中心站）和一些重要水文站为副科级建制。

1993年以贯彻水利部颁发《水文管理暂行办法》和《水文水资源调查评价资格认证管理暂行办法》为契机，及时制定了《江苏省贯彻〈水文管理暂行办法〉实施细则》，以省水利厅苏水政〔1993〕5号文件正式颁布施行。根据《水文管理暂行办法》和《水文水资源调查评价资格认证管理暂行办法》，总站和各勘测处、队（中心站）已分别取得水文水资源调查评价的甲级和乙级、丙级证书。

这段时期，完善了覆盖全省主要江河湖库的基本水文监测站网，监测项目基本涵盖了水文要素的全部；雨量、水位自记仪器和半自动流量测量仪开始使用；为防汛抗旱服务的专用站基本建成，水文报汛传输网络初步形成，水情分中心建设逐步展开，水文基础设施与仪器设备改善起步，计算机水文资料整编技术逐渐成熟；水文分析与计算、水利分析与计算逐渐展开，形成了《江苏省水文手册》《江苏省水文特征手册》《水文统计》《江苏省地表水资源评价》等一系列分析成果；建成省计算机房，水文基础数据库、水雨情实时数据库初步建成，水文业务应用系统建设开始起步；省水质监测中心化验室成立，水体水质化验工作逐步展开；水文对外服务起步展开；经过几上几下地变化水文体制，确立了由省水利厅统一管理，并起步规范水文行业管理、促进水文良性运行机制。这段时期，计算机技术及先进的仪器设备在水文开始应用，水文监测水平、分析能力有所提高，水文不仅为防汛抗旱、水利工程规划建设与管理，还为水资源管理与利用、水环境保护与改善提供基础信息与决策依据，确立了水文是水利的基础、水文现代化是水利现代化的基础。

1.1.4 成长期（1996—2008年）

省水利厅党组十分重视新形势下的水文事业发展，1996年派出综合调研考察组进行了江苏水文行业发展的专题调研，了解了水文行业的发展现状，提出了加快水文事业发展的思路和措施，陆续出台了《江苏省水利厅关于加强水文工作的决定》及"工程带水文"等一系列具体措施，在明确水文部门的行业管理职能、改善水文管理体制、建立多渠道的水文投入机制、强化内部管理、提高服务功能等方面均提出明确要求和规定，推进了江苏水文工作的健康发展。1997—1999年连续3年的春节后，省水利厅都召开了水文脱贫与发展汇报会，检查、总结一年的工作，提出新的措施和目标。1999年年底，厅党组组织了第二次水文专题调研，在加强水文行业管理、管好防汛水情、实施水土保护生态环境实时信息监测等多方面给予了具体、明确的指示和有力的支持，为水文事业的进一步发展创造了更好的环境和条件，江苏水文进入蓬勃发展、快速成长的时期。

1996年4月，江苏省水文总站更名为"江苏省水文水资源勘测局"。1996年3月，江苏省水环境监测中心（含分中心）通过国家计量认证考核获得国家计量认证合格证书，具备向社会提供具有证明作用监测数据的资质，是可以对外开展第三方公正检测的监测机构。同年，全省11个市水文部门均和所在市水行政主管部门共同成立了"水环境监测中心"，作为同级水行政主管部门水资源管理和保护的监测机构，积极履行水量、水质监测、分析、评价和审定的职能。1997年4月，由于泰州、宿迁两省辖市的建立，经省水利厅同意，在扬州、淮阴水文水资源勘测处基础上成立扬泰、淮宿水文水资源勘测局，其他水文水资源勘测处均更名为水文水资源勘测局。1998年4月，省编委同意省水文水资源勘测局所属11个水文水资源勘测局为相当于副处级全民事业单位。

自1996年起，江苏省按照《江苏省国家防汛指挥系统总体规划》，进行水文自动测报系统建设，实现水位和雨量信息的自动采集。

2001年，江苏省水文水资源勘测局正式成立水情科，标志着全省水情预测预报职能由省防汛防旱指挥部转至省水文水资源勘测局。2005年，江苏省实时水情传输处理系统的开发完成并投入应用，发挥了水文遥测系统的作用、增加了报汛信息量、提升了报汛质量、提高了报文时效、促进了水情工作现代化的发展，为防汛防旱提供了实时信息与决策依据。据江苏省防汛防旱指挥部统计水文测报减免灾效益每年约5亿元，社会、经济效益十分显著。

2000年，江苏省水土保持生态环境监测总站成立，与江苏省水文水资源勘测局合署办公。

2005年，省水文水资源勘测局增挂"江苏省水利网络数据中心"牌子，其行政、业务、人事、经费、器材等均由省水利厅直接掌握。省水文水资源勘测局负责对其直属水文机构实行垂直管理，并承担全省水文行业管理职能。部分厅属水利工程管理单位水文站业务工作由省水文水资源勘测统一管理，有关水文人员的党政领导以及财务、生活等方面仍由管理处统一领导和管理。

2008年，溧阳水文水资源监测中心增挂"溧阳市水文局"牌子，业务工作隶属溧阳市人民政府领导，由市水利局归口管理，实行市县双重管理。

这段时期，随着社会财富的不断积累和科学技术创新的不断深入，水利投资力度加大，在"工程带水文"的机制下，专项水文改造投资开始起步，水文基础设施和仪器设备得到改善；全省及分局水质化验室通过国家认监委水利评审组的考核，获计量认证资质，具备对地表水、地下水、饮用水、大气降水近 80 项参数的检测能力；水文体制推行以省为主，省市（县）共管、流域与省共建共管的管制模式；水文在为水利提供基础信息与技术支撑的同时，起步为社会提供服务，主要是为交通、航运等部门提供水文分析与计算，确立了水文扎根水利服务社会的理念。

1.1.5 转型期（2009—　）

2009 年《江苏省水文条例》的颁布实施，是江苏省水利法制建设中的一件大事，标志着江苏省水文工作步入了依法管理、规范管理的新阶段。在 2009 年的全国水文工作会议上，阐述了水文工作在支撑经济社会发展和水利中心工作的重要作用，肯定了近年来我国水文事业取得的巨大成绩，提出了加快推进水文从侧重局部建设向注重整体发展转变，从技术导向型向服务导向型转变，从数据服务型向成果服务型转变，从行业水文向社会水文转变，努力践行"大水文"发展思路。江苏水文走在全国水文发展的前沿，进入了一个新的历史转型时期，必将极大地又好又快向前发展。2009 年 1 月，经省编委批准成立了泰州、宿迁水文分局，同时成立水环境监测中心，完成了全省 13 个地级市全部按行政区划设置水文机构的工作。积极推进市级水文机构实行以省为主，省市双重领导管理体制的改革试点。无锡、常州、淮安、宿迁、南京 5 个水文分局相继经所在市编委批准挂牌成立市水文水资源勘测局。

2010—2012 年，组织开展了第一次全国水利普查中江苏省水土保持普查工作，全面调查和掌握了全省水土流失状况，为省级水土流失重点预防区和重点治理区的划分、水土规划等提供了最真实的基础信息；2011 年，在全国水土保持监测网络和信息系统建设二期工程中，全省建设 6 个水土保持监测点，其中 3 个为径流场小区，3 个为控制站，标志着江苏省水土保持监测网络初步建成。

2011 年全国通用的水情交换系统正式启用，实现了市、省、水利部数据同步更新，数据库到数据库的交换，提高了传输的效率，加强了实时类、基础类、预报类、统计类信息的规范化管理。

2012 年省政府批复了《江苏省水文事业发展规划》、省发改委和省水利厅批复了《江苏省水文站网规划》，2014 年省水利厅批复了《江苏水文现代化规划》，这些规划的批复及实施，使江苏水文从站网建设、技术能力、服务水平等迈上了一个新台阶。

"十二五"期间，先后在南京、扬州、常州等地开展 10 多个地下水监测站专用化和自动化试点建设工作，为下一步全面实施地下水监测自动化积累经验。2015 年 7 月，《国家地下水监测工程（水利部分）江苏省初步设计报告》获部项目办通过，标志着江苏省地下水监测站专用化和自动化建设进入全面实施阶段。

这段时期，江苏水文在保持原有水文基本站变化不大的前提下，积极探索和实践水文专用站的布设；一些流量站采用 ADCP、H-ADCP 测流，全省报汛站中水位、雨量遥测率已经达 100%；水质实验室省中心及 12 个分中心均通过国家认证认可监督管理委员会水利评审组的计量认证，监测能力达到了 36~94 个指标不等，形成了以省中心与苏锡常镇两个中心的地表水 109 项、地下水 33 项水质指标全覆盖的实验室监测能力，水质监测

以实验室监测为主,应急监测采用监测车、监测船,预警自动监测在太湖地区和淮河省界、部分输水干线水域起步建设;水情信息利用省水利骨干网和公共网进行传输、处理和管理服务,水文数据库、水文信息服务系统逐步完善;水文对外服务工作蓬勃发展,涉及水利工程规划设计、水资源、水环境、水土保持、防洪评价、通航水位等方面,除水利外服务部门还包括国土资源、环境保护、住房与城乡建设、交通运输、铁路、农业等。这段时期,水文工作围绕经济社会发展大局,不断提升服务能力,拓展服务领域,为江苏省水资源管理与保护、防汛防旱、江河治理、交通航运和城乡基础设施建设等提供了大量公益性服务。水文事业是国民经济和社会发展的基础性公益事业,实践证明,水文事业的健康发展,是实现经济社会与资源环境协调发展的重要基础。

1.2 现状评价

江苏水文工作经过几代人的努力和不断发展,已初步建成布局合理、功能齐全的水文站网体系,机动灵活、设备先进的水文监测体系,畅通快捷、技术科学的水文信息传输服务体系,配套合理、支撑有力的水文管理运行体系"四大"综合体系。随着水文基础设施的逐步改善及监测设备仪器的不断更新,水文监测能力不断增强,水情信息采集自动化水平大幅提升,洪水预报精度逐步提高,突发事件监测预警能力不断加强,水文工作领域进一步拓宽,服务水平和质量显著提高,基本满足了为防汛抗旱、水利工程建设与管理、水资源评价与保护以及为农业、交通、环保、城建等涉水领域提供基础信息服务与技术支撑的要求。

1.2.1 监测站网

水文站网是在一定地区、按一定原则,用适当数量的各类水文测站构成的水文资料收集系统。把收集某一项水文资料的水文测站组合在一起,则构成该项目的站网。水文站网的功能包括:按照规定的精度标准和技术要求收集设站地点的水位、流量、泥沙、降水、蒸发、水质等资料;为防汛抗旱提供实时水情资料;插补延长网内短系列资料;利用空间内插和资料移用技术,在网内任何地点能为水环境保护、水资源开发利用、水工程规划建设运行管理及科学研究和其他公共需要提供基本数据。

江苏省水文站网按照点、线、面相结合,地表水与地下水、水量与水质测验相结合的指导思想,在调查和分析资料的基础上,巩固、提高大河控制站,调整区域代表站和小河站,充实加强水质和深层地下水监测站网,扩大和发展水文巡测,先后于1956年、1964年、1977年、1985年、2005年和2011年进行了6次水文站网规划与调整,通过治淮、治太等重点项目及维修养护、应急度汛等专项,已基本形成了水文基本站网、专用站网和实验站组成的综合站网,水文站网布局总体合理,项目比较齐全,控制较为有效,主体功能发挥正常。

1.2.1.1 基本站

基本站是为公用目的,经统一规划设立,能获取基本水文要素值多年变化资料的水文测站。基本站是最基础、最重要的水文测站,它对整个水文站网起到节点、支撑、控制和骨干作用。基本站相对稳定,并有较长期的连续观测资料。

基本站按观测项目可分为流量站、水位站、泥沙站、降水量站、水面蒸发站、水质站、地下水站和墒情站。江苏省水文基本站统计见表1.1。

表1.1　　　　　　　　　　江苏省水文基本站统计表　　　　　　　　　　单位：处

流域	水系	流量站	水位站	泥沙站	降水量站	水面蒸发站	基本水质站	地下水站	土壤墒情站
淮河	沂沭泗	29	21	13	130	9	90	133	13
	淮河	58	64	7	140	13	119	88	7
长江	长江	25	22	1	82	7	254	34	5
	太湖	38	30	—	85	6	157	41	2
合计		150	137	21	437	35	620	296	27

1. 流量站

江苏省在流域性河道、区域骨干河道上建有水闸等工程控制，在对防汛调度具有重要作用的水利枢纽、闸坝等工程位置处均布设流量站。全省现有流量站150处，其中沂沭泗水系29处，淮河水系58处，长江水系25处，太湖水系38处，流量站网密度为$684km^2/$站，满足规范要求，是全国流量站网密度最大的地区之一，具有较好的控制作用，基本上能掌握江河湖库流量时空变化过程和径流特征。

2. 水位站

水位站是对河流、湖泊或水库等水体的水位进行观测的水文测站。全省单独设立的水位站有137处，其中沂沭泗水系21处、淮河水系64处、长江水系22处、太湖水系30处，再加上流量站网中的水位观测数目，全省共有水位观测项目347个。已布设的水位站网，基本能控制重要河段水面线的变化，反映水库、湖泊水面曲线的转折变化，沿江、沿海潮位水面线变化过程。

3. 泥沙站

泥沙站是对水体含沙量进行测量的水文测站。江苏省泥沙测验站同流量站相结合，目前全省共有泥沙监测站点21处，其中沂沭泗水系13处、淮河水系7处、长江水系1处（太湖水系因含沙量小未设站），所布设的泥沙站网基本上能控制含沙量和输沙率变化过程和泥沙特征。

4. 降水量站

降水量站是观测一定时间内，降落到水平面上（无渗漏、蒸发、流失等）的雨水深度。全省独立的降水量站238处，把流量站、水位站中的降水量观测项目加上，合计437处，降水量站网密度为$235km^2/$站，大致均匀分布，基本上能掌握降水时空变化规律和降水量等值线转折变化，但仍未满足平原水网区的大区、小区面降水量站设站密度为$150km^2/$站的要求。

5. 水面蒸发站

水面蒸发站是对水体表面蒸发量的观测。全省有水面蒸发观测项目35处，无独立的水面蒸发站，选择有代表性的降水量站设站。站网密度为$2931km^2$，布设的水面蒸发站网大致均匀分布，基本上能掌握蒸发时空变化规律和蒸发量等值线转折变化。

6. 基本水质站

基本水质站是为及时掌握主要水体水资源质量状况和动态变化，长期收集、积累水质基本资料，为国家和地方掌握流域或区域水资源质量评价及趋势分析提供基本资料而设置的水质站。基本水质站是开展监测工作和定期收集与发布有关水环境信息的地理位置基本单元，也是采集水环境样品和现场进行监测项目测定的基本单元，江苏省现行基本水质站主要布设在重要江河干流及重要一级、二级水系以及省市交界、饮用水源、调水引流等功能性水体。

全省共 620 处基本水质站，其中淮河流域为 209 处（淮河 119 处、沂沭泗 90 处），太湖流域为 254 处，长江流域为 157 处。监测项目为 GB 3838—2002《地表水环境质量标准》中规定的水温、pH 值、溶解氧、高锰酸盐指数、总磷、总氮、挥发酚等 24 个基本项目及饮用水地表水源地增加的硫酸盐、氯化物、硝酸盐、铁、锰等 5 个补充项目。监测频次为 1 次/月，基本满足资源质量评价及趋势分析的要求和水资源管理、保护、开发利用等服务的需求。按全省水域面积统计，基本水质站站网密度为 26.5km^2/站，密度在全国比较高。

7. 地下水站

地下水基本站是为掌握地下水位动态，满足区域地下水资源评价和地下水资源总体规划精度要求而布设的地下水长期监测站。全省共有地下水基本站 296 处（同时监测水质的有 289 处），其中沂沭泗流域有 133 处、淮河流域有 88 处、长江流域有 34 处、太湖流域 41 处，站网密度约 3 站/$10^3 km^2$，满足规范要求，并统筹兼顾各地区区域水资源、水文地质条件等多方面因素，基本能反映地下水位动态变化特征。

8. 土壤墒情站

土壤墒情站是指观测田间土壤含水率及其对应的作物水分状态等土壤墒情，收集获取水循环规律研究、农牧业灌溉、水资源合理利用及抗旱救灾等基本信息。受全球气候变化和人类活动的影响，干旱灾害有日趋严重的趋势，干旱灾害的影响范围越来越广，江苏省干旱缺水造成的损失也越来越严重。2010 年以来，全省逐步开展土壤墒情监测，目前，共有土壤墒情站 27 个，其中沂沭泗流域有 13 处、淮河流域有 7 处、长江流域有 5 处、太湖流域 2 处，土壤墒情监测体系尚未形成，墒情信息的监测无论是信息源，还是监测技术手段，都有待提高。

江苏省流量站点、水位站点分布、降水量点、蒸发站点分布和水质站点分布如附图 1～附图 3 所示。

1.2.1.2 专用站

专用站是为特定目的设立的水文测站。随着江苏省经济社会的快速发展，专用站作为基本站网的有效补充，得到了快速发展，数量越来越多，分布越来越广，并在整个站网体系中起到重要作用。

(1) 水情报汛站网。水情报汛站网是为防汛抗旱等工作提供实时雨情、水情、墒情等信息的一系列站点的总称。2000 年以来，随着经济社会的不断发展和水利中心工作的需要，水情站网的功能也由单一地为防汛抗旱服务，转变为同时为水资源开发、利用和管理提供全面的水情信息服务。截至 2015 年，全省各类省级报汛站共有 425 处（不含小水库 800 站）。按报汛站别统计，流量站 33 处、水位站 71 处、降水量站 81 处、闸坝站 133

处、泵站52处、水库站42处、潮位站12处、墒情站13处；按报汛项目统计，降水量站290处、蒸发站7处、水位站376处、流量站227处、引排水量站34处、地下水13处、风浪站5处。

江苏省报汛站大都为水文基本站网，且有360处报汛站参与水文资料整编，还有65处报汛站专为防汛抗旱服务，不参加水文资料整编。

（2）水资源配置监测站网。水资源配置监测的目的是为着力解决当前水资源过度开发、用水浪费、水污染严重三大突出问题，实现水资源开发利用控制、用水效率控制、限制纳污，在有限的水资源承载能力和水环境承载能力约束下，保障经济社会持续发展对水资源的合理需求。水资源配置监测站网是监测不同区域河湖水质水量交换情况的一系列站点，江苏省水资源配置监测站网主要为行政边界监测站网、调水工程沿线监测站网、沿海水文监测站网。

行政区界监测站网。江苏省在太湖地区积极开展环境资源补偿断面的水量监测试点，在太湖流域部分河流设立行政区界控制断面30处，其中跨市界断面20处、跨省界断面2处、入太湖断面3处、入望虞河清水廊道断面5处，主要覆盖太湖西部上游地区、望虞河、京杭运河苏南段及入湖河流水系，每周对流量、流向、水质监测1次，为水市场统一确权登记、水资源的配置、环境资源区域补偿等制度的制定打下了基础。

三大调水工程水文监测站网。为统筹解决新时期江苏省出现的水安全、水资源、水环境和水生态等问题，江苏省水利工作在继续强化防洪、除涝工程体系建设的同时，着眼于水资源的调度配置、水环境改善和水生态建设，逐步建设和完善江苏省引江济太、南水北调、江水东引北送三大调水工程体系，进一步增强调水能力，扩大供水范围，提高水资源统一调配水平，实现长江、太湖、淮河和沂沭泗河四大水系的互通互济、联合调度。目前已初步建成了功能完善、密度适当、布局合理、项目齐全、层次清晰、技术先进、设施一流的与调水工程规划建设以及江苏省社会经济发展相适应的水量水质站网体系。在调水工程输水干线的主要水利工程建筑物处，省、市水量水质交界断面处，输水干线河道主要分叉处设立了水量水质自动监测站，基本实现了水位、流量、水质实时在线自动采集，自动采集的数据满足资料整编的要求，直接应用于整编；对输水干线与区域互有影响的河道，沿输水干线设立了水量水质巡测线；基本完善了水功能区水质监测基本站网，达到对水功能区实施全面监督管理的需要，基本掌握了江苏省江河湖库水文特性和水质状况。在三大调水水工程区域，目前共布设各类水文基本站点901处，其中流量站129处、水位站117处、降水量站214处、水质监测站663处。江苏省三大调水工程水文站统计见表1.2。

表1.2　　　　　　　　江苏省三大调水工程站统计　　　　　　　　单位：处

站类	引江济太调水区	南水北调区	江水东引北送区	合计
流量站	39	48	42	129
水位站	31	39	47	117
降水量站	36	87	91	214
水质站	489	103	71	663

(3) 水资源保护监测站网。水资源保护监测是水行政主管部门实行最严格的水资源管理制度的基础，为水资源保护特定目标设置专用站点。目前江苏省水资源保护水质监测站主要布设在国家与省市批复的水功能区、集中式饮用水源地、省管湖泊、规模以上入河排污口、城市重要景观水体、县城以上污水处理厂尾水排口等水域设有水质站及在境内主要河湖等敏感水体设有水生态监测站，在地下水超采区、漏斗区及周边区域、地下热水和矿泉水开发区域等布设了地下水监测站点，基本能满足为安全水利、资源水利、环境水利和民生水利提供了全面、优质、高效的水环境信息服务。江苏省水资源保护监测站统计见表1.3。

表1.3　　　　　　　　江苏省水资源保护监测站统计表　　　　　　　单位：处

分类	水功能区	饮用水源地	省管湖泊	入河排污口	水生态环境	城市重要景观及敏感水体	尾水监测	地下水
监测范围	省政府批复1331个水功能区	116个集中式饮用水源地	省管12个湖泊（微山湖除外）	规模以上584个排污口	主要河湖	各地级市区重要景观和敏感水体	县城以上污水处理厂尾水排水水功能区	地下水超采区、漏斗区及周边区域、地下热水和矿泉水开发区域
站点	1832	109	105	579	46	105	81	854

(4) 城市水文监测站网。随着江苏省城市化进程不断加快，由于热岛效应大暴雨的频次和平均强度显著增加，加上地面不透水面积的增加，使得城市所在地区的水文特征产生明显的变化，径流增加，峰现时间缩短，洪峰水位抬升，洪峰流量增加，城市下游基流减少，水文要素发生了很大变化。同时随着城市化进程的加速，城市资源型缺水、水质型缺水问题越来越突出。为了解城市水文要素特点，水质现状，为城市防洪规划设计以及水环境保护等提供技术支持，专门设立城市水文监测站。目前全省仅在徐州市、苏州市做了部分尝试，现有城市防洪监测站点60多处。

1.2.1.3　实验站

水文实验站主要包括为满足水文科学基础理论和探索某些综合性问题、研究不同水体水文规律、气候变化及人类活动对水水资源的影响等布设的站点。江苏水文自20世纪50年代起先后在山丘区、平原水网区设立不同类型径流实验站、地下水实验站、综合实验站计21处，到20世纪80年代初因测区条件改变、投入不足等原因，相继撤销，至2015年江苏省水文实验站几乎空白。

1.2.1.4　巡测线

水文巡测是对常规监测站点的补充，江苏省针对江苏平原水网区水文情势复杂的特点，从省级层面出发，布设了环太湖、苏南沿江、苏北沿江、新通扬运河及通榆河巡测线。省级巡测线巡测距离近1000km，有巡测断面388处，承担水位、流量、水质等监测任务。巡测基地是开展水文巡测工作的基础。全省巡测基地的规划与建设与水文巡测工作的发展同步。目前全省已批复水文巡测基地27处，包括水文勘测队13处、水文中心站14处，其中淮河流域16处、长江干流区5处、长江太湖区6处。多年的实践证明，在江苏省河网密布、水工建筑物众多、水文情势错综复杂的情况下，巡测工作在区域水量控制、水资源管理方面发挥了巨大的作用。

1.2.2 监测能力

江苏水文以"准确、及时、高效"为目标，同步进行水文驻测与巡测、水量监测与水质监测建设，不断提高常规监测、机动监测、自动监测能力。开展的水文测站升级改造和达标建设，配备的先进测验仪器以及大力发展的水文要素自动采集系统，提高了水文测站防洪能力、测洪能力和现代化水平；水文巡测是对驻测的补充，结合江苏省情开展的江苏水文巡测基地建设，填补了偏远地区无水文资料空白；水质监测中心的达标建设，全面提升了水文监测能力，强化了应急机动监测能力，为水文公共服务提供了基础保障。

1. 水文测验

江苏省的水文测验项目主要有水位、流量、降水量、蒸发量、泥沙、地下水、水质和墒情等10余项。

常规监测方面，江苏省水文站流量测验以缆道测流为主，水工建筑物测流为辅，走航式ADCP、H-ADCP、V-ADCP、电波流速仪等先进仪器广泛应用，现有走航式与固定式ADCP各67套；基本水文站水位、雨量观测项目自动采集率分别为89%及97%，全省报汛站中水位、雨量自动采集率已经达到100%；泥沙测验采用横式或瓶式采样器采样，分析方法采用过滤烘干称重法，蒸发观测采用E601型蒸发器观测，目前正在开展自动测沙与自动蒸发试点研究，之后视情况向全省推广使用；水质监测以实验室监测为主，现有水质自动监测站39处，主要分布在太湖地区、通榆河北延段沿线和淮河、沭河省界控制断面，部分站实现水质水量同步自动监测，水质预警自动监测在太湖地区和淮河部分水域起步建设。

水文应急监测方面，江苏省水文水资源勘测局与13家分局分别成立了应急监测队，定期开展应急演练。水文应急监测配备30多辆监测车、8辆水质移动监测车、8艘监测船，初步满足常规监测与应对突发事故的需要。基本形成驻测、巡测、水文调查、应急监测相结合的水文监测体系。

2. 水质监测

江苏省水质实验室固定资产超亿元，实验室总面积12922m^2，仪器设备总数976台（套），主要配有流动注射分析仪、等离子发射光谱仪、等离子发射质谱仪、气相色谱仪、气质联仪、高效液相色谱仪、离子色谱仪、TOC测定仪、α测定仪、β测定仪、原子吸收分光光度计、原子荧光光度计、高档生物显微镜、生物毒性仪、微波消解仪、吹扫捕集、顶空进样、固相萃取装置等设备设施及水质水量应急监测车，具备向社会提供水（包含地表水、地下水、饮用水、大气降水、污水、再生水及海水）、土壤、底质与沉积物、水生生物及海洋生物体共四大类163项参数的第三方公正数据的能力。

3. 通信网络

水文行业通信、水情报汛依托公共通信系统的同时，跟踪通信技术的发展进行行业专用通信网建设。

（1）测站至分中心（省中心）的通信传输。最初测站的水文信息完全采用人工方式，利用邮电电报将水情信息发送到所属的分中心，电话普及后，利用电话发送人工

观测的数据。从 20 世纪 90 年代开始,随着水文自动采集系统的建设,江苏省开始利用超短波通信技术传输水文信息,建设了遍布全省的中继站,测站通过就近的中继站,测站将信息传输到所属的水情分中心。2000 年后,随着全球移动通信系统的发展,测站采用移动 GPRS VPDN 为主信道,电信 CDMA VPDN 为备份信道的通信方案。主信道直接发送至分中心,备用信道发送至省中心后经广域网路由到分中心。分中心、省中心采集接收端提供独立的 2M VPDN 专线节点,分配网内专有 IP 地址,SIM 卡绑定在系统的地址池内,从而形成水情信息在以分中心为单位的专网内传输,提高通信安全性和保密性。

(2) 省中心至分中心的通信网络。随着通信、互联网的技术不断发展,江苏省水文信息的通信网络也在不断地完善和扩展。20 世纪 80 年代利用远程拨号客户端,将省防办与各市防办、南京军区计算机互联,用于防汛信息、防汛指令的传输。90 年代,利用邮电部门的公用分组数据交换网(X.25)将省中心(省水文总站)与各水情分中心(水文分站、管理处)计算机互联,用于水文信息传输。到 2000 年,利用电信光纤数字电路,将 13 个市水利局、13 个厅属管理处与省厅网络中心联网,形成江苏省水利信息骨干网,提供数据、图像、语音综合应用。至 2010 年,已建成省、市、县三级网络架构,形成上联水利部、流域机构,下联省内水利部门,覆盖全省 13 个地市水利局、9 个厅属工程管理处、2 个厅直单位、13 个市水文分局以及全省 108 个县区水利部门的计算机广域网,实现了省、市、县水利部门计算机网络的互联互通,承载了全省水利部门之间的数据通信、内部语音联网、视频会议业务。2014 年进一步实施了网络安全体系,基本建成江苏省水利信息网络管理与安全防护体系,从而提高了网络的保密性、完整性和可用性。

江苏省水利信息网数据通信业务是水利信息网络的一项基本业务。支持数据的分布存储、检索、处理。全省的水情、工情等各种水利信息以数据、文本、图片的方式可以在网上任意节点间传输,远程数据库连接实现了异地数据的存储、操作、查询。

1.2.3 服务水平

水文服务是社会公共服务的重要内容和水文事业的根本要求。水文工作紧紧围绕水利中心工作和经济社会发展需求,不断提高科技创新能力,拓展服务领域,服务能力全面提升。为各级政府、防汛指挥等部门的水情调度、防灾减灾、水利工程规划设计管理、水资源开发利用与管理、水环境改善与保护、其他涉水事件等提供决策支持与信息服务。

1. 监测信息服务

水文工作的重点是不断观测、监测、采集、收集江河湖库的水文资料,掌握水体流动状况,分析水体运动特性,统计预报未来情势。多年来,全省地表水积累了近 5.5 万站年的资料,地下水积累了 1.5 万站年的资料,水质积累了近 3 万站年的资料、数据量约 510 万条。

水文利用省水利骨干网和公共网进行水文信息的传输、处理和管理。省水情中心和 19 个分中心完成达标建设,开发了实时雨水情交换、雨水情综合业务、雨水情分析评价、水文信息查询、水资源分析评价等多个应用系统,加强了水文预测预报及分析评价工作,近年来每年提供近千站年的水文信息服务。

2. 信息分析服务

水文不仅仅提供监测信息，同时加强基础资料的分析，分专业编制各类公报、通报、简报，编制各类手册、图集。

编制的公报、通报、简报一般分两类。一类是以水文部门为主编制的，如《水情快报》《水情分析简报》《江苏省水功能区水质通报》《江苏省集中式饮用水水源地水文情报》《太湖巡查简报》《太湖护水控藻水质简报》《地下水监测季报》《地下水监测年报》等；另一类是水文部门参与编制的，如《江苏省水资源简报》《江苏省水资源公报》《江苏省省管湖泊管理季报》《江苏省主要河湖健康状况报告》等。

编制的手册、图集主要有《江苏省水文手册》（1976年）、《江苏省水文特征手册》（1980年）、《江苏省水文统计》（1973年、1984年、2002年）、《江苏省暴雨洪水图集》（1984年）、《江苏省暴雨参数图集》（2005年）、《江苏省地表水资源》（1983年、2006年）等。

3. 专项评价服务

江苏省水文水资源勘测局持有建设项目水资源论证、水文水资源调查评价、生产建设项目水土保持监测、建设项目环境影响评价、水土保持方案编制、测绘、计量认证等7项资质。江苏省水文水资源勘测局主持与参与了相关流域综合规划修编、江苏省水资源综合规划、江苏省水资源保护规划、江苏省水中长期供求规划、江苏省沿海地区区域发展规划水利专项规划中的水资源保护规划、南水北调续建工程水质保障规划、南京市水资源保护规划、南京市地下水资源保护规划、南京市水资源管理现代化实施方案、南通市水生态文明建设试点实施方案、新沟河新孟河延伸拓浚工程水文水环境分析、黄河故道水利规划杨庄以上段水文分析等，编制了建设项目水资源论证报告书、规划水资源论证报告书、建设项目防洪影响评价报告书、水土保护监测方案报告书、水土保护方案报告书等近千余本，另外还编制了长江采沙分析报告、水功能区划调整报告、排污口设置论证报告、高速公路（铁路）沿线水文分析报告、通航河道水文分析报告等。为实施最严格的水资源管理制度和水生态文明建设提供了重要的技术支撑，为农业、工业、交通、环保、国土、国防等多个领域提供了优质服务，既服务了社会，又锻炼了队伍、培养了人才，取得了良好的社会效益和经济效益。

1.2.4 管理体系

江苏水文历经多年变迁，大力推进政策法规建设，积极理顺管理体制、不断完善资金投入机制，正在逐步进入良性循环轨道。

1. 机制体制

（1）组织机构。江苏省水文水资源勘测局是江苏省水利厅直属承担行政管理职能的正处级全额拨款事业单位，集水文、信息化建设与管理、水土保持生态环境监测于一体的省级水文机构。

江苏省水文水资源勘测局负责全省水文行业管理，负责全省水文站网规划与建设，具体承担全省水文信息收集、处理、监视以及水雨情分析和水文预报，全省主要江河湖库及地下水水量与水质的监测、分析和评价，以及全省水文监测资料汇交、保管与使用，科研

技术开发、科技成果推广应用等任务，为防汛防旱和水资源管理提供决策支持，为经济社会发展提供水文服务。同时，省水文水资源勘测局还承担全省水利信息工程管理与建设、网络维护管理等职能。

省水文水资源勘测局现有内设机构13个，即办公室、组织人事科、财务审计科、监察室、水资源评价科、站网科、水情科、水质科、规划建设科、通信网络科、水土保持科、信息应用科和水文基础研究中心。

省水文水资源勘测局在江苏省境内13个省辖市设立副处级建制地市级分局。另下设省水土保持生态环境监测总站1个科级事业单位。

（2）管理体制。省水文水资源勘测局在全省13个省辖市设立13个市级水文机构。2005年以来，南京、无锡、常州、淮安、南通、宿迁等6个分局经地方机构编制部门批复，先后增挂市水文水资源勘测局牌子，其水文业务工作受市水利局管理，实行省市双重管理、以省为主的管理体制。

江苏省境内共有县级行政区划71个，经省水利厅批复，目前共设副科级建制县级水文机构28个，由所在市级水文机构直接领导，逐步形成省、市、县三级水文管理体制。

2. 资金投入

水文属于社会公益性事业，是水资源管理的专业技术队伍，对社会水资源开发利用负有指导职能，对水文公共服务体系的建立有推动义务。近年来，省水文水资源勘测局在"保人员、保运转、保发展"的思路下向省财政积极争取单位运转保障资金，充分发挥公共财政在水文投入中的主渠道作用。目前，江苏省水文水资源勘测局资金来源主要来自中央财政、省财政、地方财政投入和非财政性收入，辅以少量融资资金，以省财政投入为主，总体呈增加趋势。

（1）人员及公用经费。省财政对全省水文系统人员经费的补助比例逐年加大，水文系统的人员及公用经费省财政主要通过年度部门预算予以保证，公用经费采用按人员定额核定，退休人员经费由省财政全额负担。

（2）财政专项经费。为保证防汛工作正常开展、加强水文设施维修养护、保障信息化设施良好运行、水质化验室正常运行，省财政每年根据工作需要下达各类财政专项资金。主要用于偏僻地区水文站点委托观测、防汛报汛、水情及信息采集系统运行维护、水文观测设施维修养护、水质化验室运行维护、湖泊监测、水利科技、饮用水源地保护、突发性水污染事件补助等。另外，水利部、水利流域管理机构和地方水利部门对委托水文局实施的水资源管理、水功能区监测、地方防汛报汛等专项业务实施专项补助。

（3）基本建设经费。江苏水文基本建设投入主要来源中央、省级财政资金，投入占比90%，地方水利资金投入占比8%，利用省财政搭建的世行贷款、国家政策性银行贷款等融资平台，补充建设水文、水文通信基础设施项目，这部分投入占比2%。

（4）创收收入。为弥补财政绩效工资部分缺口及公用经费不足，水文系统各单位依靠自身行业优势，不断拓宽市场，开展防洪影响评价、水资源论证、环境影响评价等工作，加大水文有偿服务力度，开展对外经营，参与市场创收。

3. 人才科技

全省水文系统核定事业编制867名，截至2015年年底，有在编职工796人，编制外长期用工240余人，水文委托观测工400余人。

在编职工队伍中，干部与工人的比例约为7：3，本科以上学历人员占近70%；专业技术人员中，工程技术人员占专业技术人员总数的75%，经济、会计、政工、档案等其他专业占专业技术人员总数的25%；工程技术人员中，水文水资源专业人员约占工程技术人员总数的75%，其他环境工程、测量工程、水文及工程地质、自动化、测绘、通信、计算机应用等其他辅专业人员占25%。

专业技术人员中，高级、中级、初级的比例约为3：3：2，副高以上人员所占比例有了大幅度提高。技术工人中，高技能人才队伍进一步壮大，高级工以上占工人总数的比例约75%。职工队伍中平均年龄为40岁。

全省水文职工人才队伍总量相对稳定，以公开招聘高校应届毕业生为主要方式引进人才，基本满足了水文服务内容不断增加和服务领域不断拓宽对人员数量的需求。人才队伍的稳定性进一步增强，整体素质进一步提高，干部队伍中99%都具有专业技术职务。

近年来，全省水文系统大力实施人才培养工程，全面提升人才的能力素质。全省水文系统先后有6人入选"省333高层次人才培养工程"第三层次培养对象，有13人入选全省年水利系统"111人才工程"，已经出台了江苏省水文系统"511人才培养工程"培养对象选拔、培养与管理暂行办法，已初步建立学科带头人、"省333高层次人才培养工程"培养对象、省厅"111人才培养工程"选拔培养体系。在人才培养和队伍建设方面，先后出台了《关于进一步加强全省水文系统人才工作的实施意见》《江苏省水文水资源勘测局获得表彰奖励办法》《省水文系统"511人才培养工程"实施办法（试行）》等制度，把在职培训、普通高等教育和职业技能教育等多种形式有机结合起来。近年来，每年投入200余万元用于各类培训；与河海大学签订了共建研究生培养基地协议，与南京林业大学合作举办水土保持研究生学位班；定期举办全省水文勘测技能竞赛。每年从机关选派优秀年轻干部到分局或基层测站任职和锻炼。

江苏省水文水资源勘测局在科技创新方面，出台了《江苏省水文水资源勘测局科研成果奖励办法》，成立了江苏省水文水资源勘测局科学技术委员会。从机构、人员、制度上鼓励科技创新，与大专院校、科研院所合作开展科学研究和技术推广。近年来共获得省部级科技奖3项，省水利科技成果奖40余项。

1.3 展望

为实现中华民族伟大复兴"两个一百年"的宏伟目标，根据水利及经济社会可持续发展的要求，按照水利发展总体布局，围绕水利对经济社会可持续发展的社会保障、资源保障和生态环境保障三大任务，针对防汛抗旱与减灾、水利工程规划与管理、水资源调配与保障、水环境保护与修复、水土保持与农村水利及其他涉水需求，江苏水文将继续解放思想、开拓进取，沿着注重整体发展、强化服务导向、加强成果服务、实现社会水文、成就现代水文的发展理念前行，着力抓好水文站网优化调整，加快推进水文测报工作方式和管理模式的改革，积极推动江苏水文建立水文云，利用水文大数据，实现水文云服务的融合创新发展，建成与江苏省水利及经济社会发展相协调的保障型、技术型、服务型的国内一

流、国际先进的江苏现代水文，展现"精准把脉江河、高效服务社会"的智慧水文愿景。至 2020 年，全省基本实现水文现代化。

1.3.1 发展思路

1. 注重整体发展

江苏水文将从侧重局部建设向注重整体发展转变。过去江苏水文基础设施建设大项目主要依赖于水利工程带水文，应急项目主要靠天（暴雨、台风），修修补补、"头痛医头，脚痛医脚"，由于江苏水利工程建设带有区域分布不均的特点，造成很多地区的水文基础设施更新改造，水文基础设施不能针对全省自然水文特点进行全面规划实施建设。今后，按照 2011 年底江苏省人民政府批复了《江苏省水文事业发展规划》，江苏水文基础设施建设项目将逐步单独立项建设，走依据规划、落实规划并执行规划的发展道路，完善投资渠道，增加资金投入，从整体、全局和战略的高度来发展江苏水文事业。

2. 强调服务导向

江苏水文将从技术导向型向服务导向型转变。过去江苏水文部门固守测验断面，只在长期积累监测数据，服务内容单一。今后，江苏水文将逐步走上以水利和社会经济发展的需求为导向、服务为核心，以拓宽服务领域及提高业务水平为宗旨，以提高水文预测预报能力建设为重点，建立健全水文公共服务体系，提供优质的水文公共服务产品，把水文信息技术资源整合成可操作的、基于标准的服务，并使其能被重新组合和应用，为各级政府决策、经济社会发展和社会公众提供各种优质的水文基础信息与决策依据。江苏水文将自觉以创新、协调、绿色、开放、共享的发展理念为指引，认真贯彻"倡导绿色发展"部署要求，让生态美成为水文服务发展的重要导向。

3. 加强成果服务

江苏水文将从数据服务型向成果服务型转变。过去江苏水文服务方式相对单一，仅为提供监测数据。今后，江苏水文将加强水文数据的深加工，不仅仅满足于提供数据支撑，而要在对海量的水文监测资料进行分析研究的基础上，提供水文、水利分析计算成品或半成品成果，为防汛抗旱、水利工程规划运行与管理、水资源配置与利用、水生态修复与保护等服务；同时，要利用自身优势，积极开展建设与规划项目水资源论证、防洪影响评价、排污口设置论证、水土保持方案等报告的编制工作，把水文信息转化成可供各级政府部门、企事业单位和社会公众科学决策直接使用的最终成果。

4. 实现社会水文

江苏水文将从行业水文向社会水文转变。过去江苏水文主要是服务于为水利的行业水文，现在江苏水文正逐步发展成为立足水利、面向社会提供全面服务的水文行业。积极与相关部门加强交流合作，以提供水文水资源信息为基础，积极参与环保、交通、住建、气象、地矿等工程建设项目的论证和评价；通过水文实时信息共享、水文预测预报及水文分析成果产品、半产品共享和交流合作与技术咨询等形式，为经济社会发展和人民群众生产生活提供优质服务；制定水文行业技术要求，规范水文行业管理制度，引导水文行业发展方向，强化水文的社会服务能力，提升服务水平。

5. 成就现代水文

江苏水文将从传统水文向现代水文转变。水文的发展经历了探索物理规划的物理水文、追寻化学过程的化学水文（也称环境水文）、认知生物作用的生态水文（包括社会水文）到革新技术方法与研究手段的数字水文（包括遥感水文、卫星水文）。传统水文学侧重于对自然界水文循环的水量方面的研究，采用原型观测、人工实验等手段，运用传统的数学、物理、统计等方法来研究，其应用范围多限于水文水利计算等工程技术问题，即侧重于工程水文领域。今后，江苏水文将开阔新视野、体现新要求、施展新作为，运用ADCP、遥感遥测雷达等先进的现代化装备武装水文，运用先进的科技及人才支撑水文，运用先进的管理方式保障水文，从而提高工作效率、减小劳动强度、确保信息质量、保障服务时效，提升水文公共服务水平及社会管理水平，为实现江苏水利现代化，为实现江苏聚力创新、聚焦富民、高水平全面建成小康社会的发展方略提供强有力的保障。

1.3.2 智慧水文

智慧水文即通过物联网、大数据、云计算等先进技术手段，实现从水文信息采集、传输、甄别、存储到分析、服务的全面信息化与智能化过程，实现水文信息精准掌控、预测预报智能分析、判断决策智慧选择。

1. 站网科学合理

（1）站点布设全覆盖。按照基本水文站网与调查站点相结合和满足应用服务需求的原则，着重在流域性河道、区域骨干河道、重点防洪区、重要城市、重要水源地、省市行政区界、水功能区、主要排污口、省管湖泊与水库、调水干线和地下水超采漏斗区等缺少水文测站控制的地区进行补充和完善，调整和优化受水利工程影响的水文站，增加发展水文巡测和调查站点，实现水文站网从地理上、项目上、时序上全面覆盖，最大限度地满足各方面的社会需求，适应经济和水利事业快速发展的需要。最终基本形成为防汛防旱、水资源、水质、水生态、城市水文一体化等服务的监测网络，形成布局合理、功能完善、项目齐全、点面结合、精简优化的站网体系。

（2）站点形式多样化。对采集各类水文要素及保障防汛抗旱、水利工程运行调度、水资源管理等需求的基本水文测站，扩充监测项目，发挥一站多能作用；对拓展有实际需求的区域水量水质控制、水环境、水生态等相关水文测站，增加水文巡测站点的布设，加大巡测力度，提高监测效率；对防汛重点站、水环境水生态敏感站等充分应用移动通信、卫星通信、空天遥感、物联网及智能感知等技术，增加视频，实时远程观测，快捷准确地感知和传输水文信息。

2. 测验精准高效

针对江苏省自然地理及河流水系特征，江苏水文未来的测验方式为：自动测报、应急补充，巡测优先、驻巡结合。创新水文测验理论方法和技术手段，利用各种先进的仪器设备、信息传输网络、数据处理维护系统，构建科学合理、自动完整统一、稳定可靠、功能强大的水文信息采集体系。

（1）自动监测。江苏水文测验方式将全面实现自动化。水文测验的绝大多数项目将自动监测，少数项目由委托人员简单操作完成，个别项目由技术人员现场测验操作；解决流量、泥沙、墒情、闸泵站信息等水文测验项目的自动化测验的难题，不断拓展新的自动测验项目；实现遥测代替人工报汛、遥测数据代替资料整编，在有条件的地区实现流量单值化测验；水文信息的传输、校准、审核、报送均通过水文自动测报网络自动完成。

（2）智能巡测。完善巡测手段、整合巡测设备、强化巡测队伍；巡测车船一机多用，巡测人员一专多能，召之即来、来之能战、战则能胜；增设沿海、省界、市界及调水沿线等水文巡测线路，扩大水文巡测覆盖面和资料收集范围。建立健全水文巡测工作机制，建设一个功能完整、机动灵活、反应迅速的水文巡测体系，提高巡测能力。

（3）应急监测。应急监测是做好突发性水事件处置、处理的前提和关键，有效的应急监测可以科学判断事件性质，控制事故影响时间与范围，减少事故损失。进行应急监测体系标准化和规范化建设，使用先进的应急监测设备和技术，提高现场应急监测能力；建成应急质量控制与质量保证体系，应急车船配备视频监控录像、网络化远程监控等辅助功能，提高监测数据的质量与时效；进行应急信息化技术建设，提高应急监测快速响应能力。

（4）精细监测。在技术手段、生产设备和软硬件系统得到完善和强化的同时，应用现代化的科学监控手段和基于物联网的管理系统，制定细致的、科学的、数字化的目标和责任明确的各项水文管理制度、水文技术标准与规范；水文监测人员严格按照既定的规范和流程进行生产作业，确保水文信息的精细化和规范化，建成制度化、精细化的现代管理模式。

3. 服务智能共享

（1）水文大数据。"大数据"是一种规模大到在获取、存储、管理、分析方面大大超出了传统数据库软件工具能力范围的数据集合，具有海量的数据规模、快速的数据流转、多样的数据类型和价值密度低四大特征。

在现代化的测验方式和管理模式下，在全面资源共享的大环境下，由于水利系统内的水文、灾害统计、地理空间、工情、图像视频、管理专题等数据，以及跨部门共享数据和公众开放平台数据的集合，江苏水文必将迅速积累大量、详细、多样的数据资源，水文行业已经步入大数据俱乐部。全面加快水文大数据建设，整合现有历史数据，扩大数据获取渠道，提高数据生产质量，净化数据环境，规范数据存储，深入挖掘水文大数据的大价值，是现代水文发展的重要任务。

（2）水文云技术。"云技术"是一种能够将动态伸缩的虚拟化资源通过互联网以服务的方式提供给用户的计算模式。在云平台下业务系统的上线、日常管理和运维也极为方便，而前端用户不需要知道如何管理那些支持云计算的基础设施，而只需要关注自己需要什么类型的服务。云技术的最终目标是将计算、服务和应用作为一种公共设施提供给用户，使用户能够像使用水、电、煤气和电话那样使用计算机资源。云技术在水文业务及服务中的应用能以更低的硬件成本、更低的管理费用、更高的设备利用率产生和释放巨大的效能。

建设江苏水文云服务中心。通过有线、无线互联网络的融合，实现省局、分局、县级水文中心站、重要测站四级网络。统一规划建设基础设施资源、数据资源、应用资源，形成省级统一的信息资源整合平台和应用支撑服务平台，实现省级计算、存储、网络资源的虚拟化和云化资源管理服务。

建设云服务平台。建设数据及资源共享体系，建立基础数据库、专题数据库、主题数据库、元数据库和共享交换数据库等，统一纳入省水利数据中心的信息资源管理，建立全省统一的水文数据资源共享与交换平台。根据复用、共享的要求，建立面向全省的统一应用支撑服务平台，支持服务化的资源共享，建成服务资源目录、公共服务库和业务应用服务库。

（3）水文云服务。基于互联网和水文大数据支撑的水文云服务平台的建立将实现资源的整合与业务的协同，提升对海量数据存储、分享、挖掘、搜索、分析和服务的能力，使得业务数据作为无形资产得到统一有效的管理，并提供云端应用服务。

通过云技术进行水文信息化资源整合，建立集采集、存储、应用、开发、发布为一体的水文云平台。水文预报、水资源评价、水环境与水生态监管等水文业务都在云平台上获取数据，并计算分析，发布成果。各级政府部门以及公众可以提供电脑、手机等各站智能化电子终端产品获取江苏水文为社会提供的高质量的云端服务。

水文预报：在相关数据得到大量、准确、全面的获取的有利条件下，在翔实、完整、精细的地理空间系统的支持下，水情、水文预报工作必将迈向一个新的台阶。在大数据的支持下，以往由于数据不完整而难以实现的预报工作将得以实现，分析预报数学模型的建立将越来越科学、合理，分析预报的结果也将越来越及时、精密、准确。水情、水文预报将在防汛抗旱、灾害预警、水工调度等决策中的位置将由"辅助参考"逐步转变为"关键依据"。

水资源评价：随着大数据建设的推进和发展，全省水功能区、集中式饮用水源地、调水供水干线、大中型水库和重点湖泊、行政区界、主要入河排污口等水域的水质水量监测和地下水超采区、沉降区的水资源动态监测数据的时效性、准确性以及数据量都讲得到加强，有关水资源评价的其他数据也将通过资源共享进行汇集、整理。相关数据的后台分析、计算、统计、预报、预警系统将及时、全面的对水资源的数量、质量、时空分布特征、开发利用条件、开发利用现状和供需发展趋势等给出权威的分析结果。

水环境与水生态：大数据环境下的水环境和水生态服务体系将全面建设完成，水环境水生态数据的获取、分析、处理能力将飞跃式的提升。同时全面监测，及时发现突发性水环境事件，并迅速作出事件的影响分析和跟踪调查结果，为水生态和水环境治理提供强有力的信息支撑和监控保证。

2 水文循环要素变化情势

水文循环是指发生于大气水、地表水和地壳岩石空隙中的地下水之间的，在太阳辐射、地心引力等作用下，通过蒸发、水输送、凝结降水、下渗以及径流等环节，以蒸发、降水和径流等方式，不断发生水的相态转换和周而复始的运动过程。水文循环又可分为海-陆-海的大循环与海-海、陆-陆的小循环。区域的地理位置及地形地貌、河流水系等自然特征决定了各水文循环要素的基本变化规律，掌握区域水文循环要素情势变化的基本规律，有助于为区域防汛抗旱减灾、水资源开发利用及管理保护、水利工程规划调度及运行管理、水生态保护与修复、突发性水事件及其他涉水问题提供技术支撑与决策依据。

2.1 降水

降水量是从天空降落到地面上的液态或固态（经融化后）水，未经蒸发、渗透、流失，而在水平面上积聚的深度，以mm为单位。江苏省南北气候差异和季风特征明显，约70%面积是黄淮平原、江浙平原及长江三角洲平原，有利于冷暖气团的进退。冬季，冷空气入侵，多偏北风，气候寒冷干燥；春夏之交，暖温气流北上，冷暖气团在江淮地区遭遇，常产生锋面低压和静止锋，形成持续阴雨；盛夏，副热带高压控制，多晴热天气，蒸发量大；夏秋，常受热带风暴和台风影响，造成大暴雨。

全省降水受季风气候影响，雨量充沛，多年平均降水量近1000mm，空间上差异较大，总体南部降水量大于北部降水量，东部沿海降水量大于西部沿海降水量；年内降雨分配不均，降水主要集中在夏季（6—8月），占全年降雨的40%~60%，江淮之间、苏南地区梅雨期雨量尤其集中；降水年际变化较悬殊，暴雨发生频率有上升趋势，极端降雨增多；降雪量有逐年减少趋势。

2.1.1 空间分布

江苏省各地多年平均降水量为750~1200mm，总体上由南向北、从东向西有递减的趋势；太湖南部、宜溧山区和长江口局部降水最大，达1150mm以上，江淮间为950~1100mm，丰沛一带不足800mm，1000mm等雨量线将全省一分为二，该线以南雨量递增，以北则递减，梯度大致相当。全省年降水量高值区在太湖以西的溧阳市、宜兴市南部的山丘区，降水量均值为1150~1200mm，年降水量低值区在微山湖以西的丰沛地区，降水量均值为750~800mm。江苏省多年平均年降水量等值线如附图4所示。

江苏省多年平均降水量地区差异明显，从流域分区上来看，太湖地区最大，为1095.4mm，长江地区次之，为1054.9mm，淮河地区最小，为939mm；从行政分区上来看，常州最大，为1109.3mm；徐州最小，为831.4mm。江苏省各地区年降雨量成果见表2.1。

表2.1　　　　　　　1956—2015年江苏省各地区年降雨量成果表

地区	多年平均降水量/mm	年最大降水量		年最小降水量		年最大降水量与年最小降水量的比值
		数值/mm	出现年份	数值/mm	出现年份	
南京	1071.4	1807.2	1991	532.9	1978	3.4
无锡	1121.8	1637.0	2015	593.1	1978	2.6
徐州	822.8	1222.6	2003	512.2	1988	2.4
常州	1124.2	1650.3	1991	589.9	1978	2.8
苏州	1092.7	1552.9	2015	582.5	1978	2.6
南通	1073.3	1577.3	2015	566.8	1978	2.8
连云港	901.4	1310.4	1974	588.4	1978	2.2
淮安	964.2	1454.2	1991	541.4	1978	2.7
盐城	997.4	1494.6	1965	517.9	1978	2.9
扬州	994.1	1676.9	1991	490.9	1978	3.5
镇江	1067.6	1885.0	1991	435.3	1978	4.3
泰州	1019.5	1713.1	1991	491.7	1978	3.5
宿迁	893.8	1472.7	2003	507.6	1953	2.6
江苏省	1011.1	1454.2	1991	551.8	1978	2.6
淮河地区	933.8	1348.3	2003	565.0	1978	2.4
长江地区	1083.0	1627.5	1991	551.7	1978	3.2
太湖地区	1109.1	1582.2	2015	573.1	1978	2.7

2.1.2　时程变化

1. 年内分配

江苏省降水的年内分配主要受东亚季风进退的影响，降水多集中在夏秋两季，多年平均汛期（5—9月）降水量为680.0mm，占全年降水量的68.5%，汛期降水量主要集中在6—8月，为502.5mm，占全年降水量50.6%；淮河、长江、太湖地区多年平均汛期降水量分别占全年降水量的72.6%、63.9%、61.2%，6—8月降水量分别占全年降水量的54.9%、46.2%、42.6%。从南向北，多年平均汛期、6—8月降水量占全年降水量的比例逐步增大。

淮河地区多年平均降水比长江、太湖地区少，除7月、8月的降水明显偏多外，其他月份降水均少于其他两个地区；淮河地区降水月分配变化较长江、太湖地区剧烈，汛期与非汛期降水差异较大。长江、太湖地区相同月份降水占年降水的比例相差不大。1956—2015年江苏省流域分区多年平均月降水量分配图如图2.1所示。

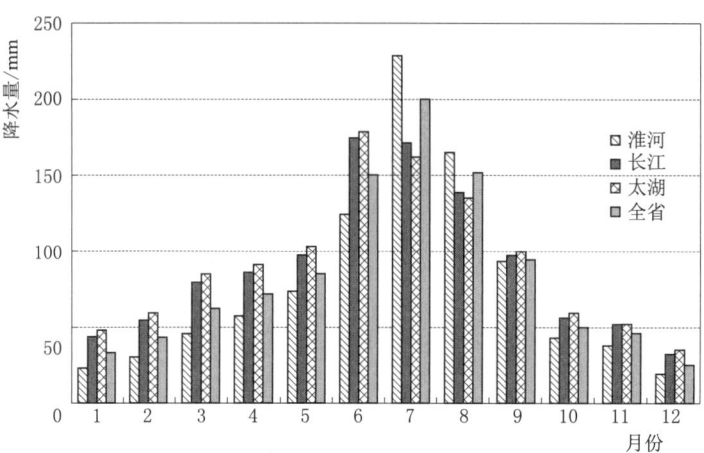

图 2.1 1956—2015 年江苏省流域分区多年平均月降水量分配图

2. 年际变化

江苏省年最大降水量为 1393.3mm，出现在 1991 年，年最小值为 558.7mm，出现在 1978 年，年最大雨量、年最小雨量的比值为 2.5；淮河、长江、太湖地区年最大雨量、年最小雨量比值分别为 2.4、3.2、2.7。从行政分区来看，年最大雨量、年最小雨量比值最大为镇江市的 4.3，最小为连云港的 2.2。各地区年最大雨量出现在 1991 年，年最小雨量多出现在 1978 年。

虽然江苏省年降水量最大值、最小值相差较大，但年雨量变化趋势不显著，年雨量在 1000mm 上下波动。1956—2015 年江苏省年平均降雨量过程如图 2.2 所示。

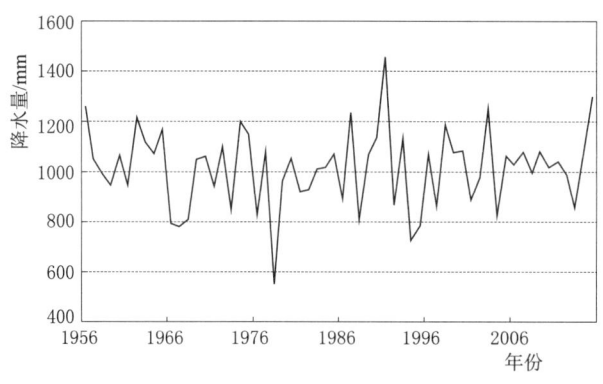

图 2.2 1956—2015 年江苏省年平均降雨量过程示意图

2.1.3 频率分析

对系列年雨量资料以 P-Ⅲ型曲线适线进行频率计算，全省丰水年（$P=20\%$）、平水年（$P=50\%$）、枯水年（$P=75\%$）、特枯水年（$P=95\%$）设计年雨量分别为 1081.6mm、921.7mm、810.9mm、676.8mm。江苏省分区雨量频率计算成果见表 2.2。

表 2.2 江苏省分区年雨量频率计算成果表

地区、省	统 计 参 数			不同频率年降水量/mm			
	均值/mm	C_v	C_s/C_v	20%	50%	75%	95%
淮河地区	933.8	0.18	2.50	1070.4	921.3	814.7	680.5
长江地区	1083.0	0.19	2.50	1249.7	1066.7	936.8	774.5
太湖地区	1109.1	0.19	2.50	1279.8	1092.4	959.3	793.1
江苏省	1011.1	0.16	2.50	1143.2	1000.3	896.9	764.6

2.1.4 梅雨

梅雨是江苏省重要的天气现象。6月中、下旬至7月中旬，我国长江中、下游两岸（或称江淮流域）至日本南部这一狭长区域内往往有一连续阴雨时段，此时，正值江南梅子成熟时期，故称"梅雨"。

梅雨入梅、出梅的迟早，梅雨期的长短，梅雨量的多少，梅雨的空间分布直接关系到江苏省淮河以南地区的夏收夏种，入梅以后暴雨频发、雨量陡增、大暴雨集中，尤其是连续暴雨过程是梅雨期的特征，直接影响区域的防汛、抗旱、工农业生产以及人民生命财产的安全。

根据江苏省气象台最新提供的1954—2010年的历年入梅、出梅日期统计，江苏省最早入梅日为6月3日（1956年），最迟入梅日为6月30日（1965年和1969年）；最早出梅日为6月17日（1961年），最迟出梅日为7月30日（1954年）；多年平均的入梅日期为6月18日，出梅日期为7月11日；最短梅雨期长为1978年的3天，最长梅雨期长为1999年的45天，多年平均梅雨期长为24天。

江苏省多年平均梅雨期雨量为220mm，其中苏南地区为231mm，江淮之间为230mm，淮北同期雨量为192mm。全省梅雨期最大雨量出现在1991年，为614.3mm，梅雨期最小雨量出现在1978年，为24.5mm；苏南地区最大梅雨量也出现在1991年，为718mm，最小梅雨量出现在1978年，为12.3mm；江淮之间最大梅雨量出现在1991年，为771mm，最小梅雨量出现在1978年，为30.5mm。

江苏省梅雨带仅分布在淮河以南地区，多年平均梅雨高值区分布在南京、扬州、泰州一线，中心梅雨量超过250mm，并分别向北和向东南两头递减，江淮之间北部和苏南地区的东南部梅雨量、淮北大部分地区同期雨量均小于200mm，徐州和连云港北部地区同期雨量小于175mm。

从区域总体上看，江淮之间和苏南地区多年平均梅雨量相当，但对于具体年份，两者差别较大，空间分布是不均的，如1999年，苏南地区梅雨量为571.2mm，大大多于江淮之间的梅雨量262.6mm；又如1965年，苏南地区梅雨量为108.8mm，远小于江淮之间的梅雨量386.9mm。据57年的系列统计，有7个典型年出现苏南地区梅雨量多于江淮之间梅雨量1倍以上的，有4个典型年出现江淮之间的梅雨量多于苏南地区1倍以上的。另外，也出现有些年份淮北同期梅雨期雨量多于淮河以南地区的梅雨量，如1992年淮北同期梅雨期的雨量为193.8mm，远多于江淮之间的梅雨量98.6mm和苏南地区的梅雨量48mm。

2.1.5 暴雨

暴雨是江苏省的主要灾害性天气，往往直接引发洪涝灾害，影响严重的暴雨会给人们的生命财产带来重大损失。不同量级、不同范围的暴雨，其灾害程度也不同，凡是24h以内降雨超过50mm的统称为暴雨，结合江苏省实际情况，暴雨强度划分标准见表2.3。

表 2.3　　　　　　　　　　暴雨强度划分标准表　　　　　　　　　　单位：mm

类别	24h降水量 P	类别	24h降水量 P
暴雨	$50 \leqslant P < 100$	特大暴雨	$P \geqslant 250$
大暴雨	$100 \leqslant P < 250$		

江苏暴雨江淮之间发生最多，苏南西部多于东部，淮北西北部为全省最少。暴雨发生时间主要集中在6—9月。从暴雨成因和洪涝灾害分析，前期（6月上旬至7月上旬）为梅雨，后期为台风暴雨；梅雨易引发流域性大水，台风暴雨一般是区域性大水的主要原因。另外，短历时雷暴雨，易造成小范围局部洪涝。

梅雨期间南北暖冷气团交错，气旋性降水最为发达，西太平洋副热带高压西进北抬，北方冷空气与低纬度暖湿气流交汇于长江中下游地区，常产生锋面低压和静止锋，出现"梅雨"型连续阴雨天气。梅雨期间常出现暴雨，暴雨特点为：南方暖湿气流带来大量的水汽，在遭遇北方冷空气后，容易形成历时长、强度大、范围广的大暴雨，影响时间也长。

江苏省出现的台风暴雨，多是在强台风登陆北上过程中，台风环流或其倒槽遭遇西风槽或其带来冷空气，不仅出现大风天气，也极易形成大暴雨或特大暴雨。从时空分布看，多发生在8—9月，沿海地区发生概率较高，但也有深入大陆腹部的，如"75·8"台风暴雨中心在河南泌阳。其暴雨特点为：降雨范围相对较小，历时较短，但暴雨强度大、风力大、破坏力强，往往是区域性洪涝的主要原因，但一般不会引发流域大洪水。

短历时雷暴雨不会引发流域性或区域性大水，但对局部地区特别是城镇，涝水无法及时排出，会积水成灾。从时间上，每年8—9月，由于白日光照强，湿润的空气升降较为强烈，在夏季的午后到傍晚，形成强对流性天气，发生强对流天气型暴雨（槽型雷暴雨）。对于城市而言，由于大规模的城市化，城市的热岛效应、阻碍效应、城市凝结核效应，更使城市发生槽型雷暴雨的概率增大。在地域分布上，全省各地区均曾发生过成灾性短历时强暴雨。其暴雨特点为：历时短，范围小，但出现概率多，有的强度很大。

根据江苏省1950—2013年资料统计，暴雨强度较大的是"60·8"潮桥暴雨、"65·8"大丰闸暴雨和"2000·8"响水暴雨。这三场台风暴雨具有的共同特点是：时间均发生在8月；暴雨历时短，暴雨量集中在24h内；暴雨笼罩面不大，最大一日200mm等雨量线笼罩面积分别为3200km²、3400km²、8850km²。虽然响水县是江苏省排水条件较好的县（市）之一，但在2000年8月，最大24h暴雨达824.7mm，再加适逢农历初三大潮，海水顶托，涝水仍然难以外排，城区积水最深达1.5m。江苏典型特大暴雨情况、江苏各历时暴雨参数变化范围统计成果和江苏省行政分区各历时最大暴雨统计成果见表2.4～表2.6。

表 2.4　　　　　　　　　　　　江苏典型特大暴雨情况表

时间	暴雨中心/mm					最大一日降雨笼罩范围/km²		
	地点	最大6h雨量	最大12h雨量	最大24h雨量	最大3d雨量	>200mm	>300mm	>400mm
1960年8月	潮 桥	409	592	822	934	3200		
1965年8月	大丰闸	291.8	453.7	672.6	917.3	3400		
2000年8月	响 水	388.5	591	825	877	8850	4688	2193

表 2.5　　　　　　　　江苏各历时暴雨参数变化范围统计成果表

参数	10min	60min	6h	24h	3d
均值/mm	18~20	40~50	65~90	90~130	120~160
C_v	0.35~0.40	0.45~0.55	0.50~0.60	0.55~0.60	0.55~0.60

注　各历时 C_s/C_v 的倍比统一采用定倍比 3.50。

2.2 蒸发

蒸发量是指在一定时段内，水分经蒸发而散布到空中的量，通常用蒸发掉的水层厚度的 mm 表示。一般温度越高、湿度越小、风速越大、气压越低则蒸发量就越大；反之蒸发量就越小。陆面蒸发（也称流域总蒸发）为流域内不同下垫面，包括水面、冰雪、土壤的蒸发和植物散发的综合和总称。通常陆面蒸发量的大小，受陆面蒸发能力和供水条件（主要是降水量）的制约。

江苏省现有水面蒸发监测的蒸发器基本为 E601 型，全省多年平均水面蒸发量近 900mm，年蒸发量空间变化、年际变化均没有年降雨量差异大，分布趋势与年雨量相反，自南向北、西北方面递增；汛期（5—9月）的蒸发量约占全省的五分之三。

2.2.1 空间分布

江苏省多年平均水面蒸发量为 800~1100mm，总的趋势是由西南向东北递增。苏南石臼湖地区和通南如皋一带为低值区；太湖湖东和镇江、南京附近地区，以及苏北的盱眙、淮安、阜宁至大丰闸一线在 1000mm 左右；盱眙至阜宁一线以北，由 1000mm 增至连云港一线的 1100mm 高值区。

江苏省陆面蒸发量多年平均为 600~800mm，大致由东南向西北递减。降水量多且蒸发量供水充分的地区，如太湖地区，年降水量在 1050mm 以上，年陆地蒸发量达 750~800mm，与水面蒸发量 900~1000mm 相差 150~200mm；降水较少的西北部丰沛地区，年降水量只有 800mm 左右，水面蒸发量在 1100mm 以上，而陆面蒸发量不足 600mm，相差超过 500mm，为全省陆面蒸发低值区。

2.2.2 时程变化

1. 年内分配

受温度变化等因素的影响，水面蒸发的年内分配很不均匀，夏季气温高、蒸发量大，冬季气温低、蒸发量小。年内最大月水面蒸发量一般出现在 7—8 月，分别约占年蒸发量

表 2.6 江苏省行政分区各历时最大暴雨统计成果

分区	10min 地点	时间	雨量/mm	60min 地点	时间	雨量/mm	6h 地点	时间	雨量/mm	24h 地点	时间	雨量/mm	3d 地点	时间	雨量/mm
南京	天生桥闸	1995-07-17	30.8	晓桥	1995-07-26	95.2	安基山水库	1972-07-02	266.0	高淳	1969-07-14	323.6	高淳	1960-06-19	395.1
无锡	洛社	1994-10-09	30.3	洛社	1994-10-09	117.5	大涧	1990-08-31	219.4	大涧	1990-08-31	421.3	大涧	1990-08-31	451.6
徐州	新安	1993-08-05	34.8	苗城集	1978-07-24	120.0	单集	1964-08-17	291.0	沟上集	1915-07-31	513.4	沟上集	1915-07-30	562.4
常州	沙河水库	1988-06-28	32.7	溧阳	1965-08-20	102.7	南渡	1957-07-01	149.2	溧阳	1965-08-20	216.8	东岳庙	1991-06-12	331.5
苏州	角直	1993-07-26	40.4	苏州	1984-08-23	129.7	浒河闸	1977-08-22	205.9	苏州	1961-09-05	368.3	苏州	1961-09-04	438.1
南通	碾砣港闸	1982-08-05	35.1	潮桥	1960-08-04	108.0	潮桥	1960-08-04	409.0	潮桥	1960-08-04	822.0	潮桥	1960-08-03	934.0
连云港	石梁河水库	1995-07-01	40.2	海棠村	1985-09-01	146.0	海棠村	1985-09-01	424.3	长茂镇	2000-08-30	807.4	长茂镇	2000-08-29	812.0
淮安	朱码闸	1979-07-15	41.6	盱眙	1997-07-18	118.9	老子山	1997-07-18	296.9	老子山	1997-07-17	404.8	盱眙	1997-07-16	479.1
盐城	大丰闸	1983-05-19	32.3	王港新闸	1992-09-06	148.9	陈港	2000-08-30	403.2	响口	2000-08-30	825.0	大丰闸	1965-08-19	917.3
扬州	泗源沟闸	1996-07-20	41.7	扬州	1953-09-02	148.5	六闸	1953-09-02	359.3	六闸	1953-09-02	447.5	六闸	1953-09-01	447.8
镇江	镇江	1980-07-27	35.7	句容	1974-07-27	92.6	句容	1974-07-27	263.7	句容	1974-07-27	356.2	林场	1965-08-19	427.8
泰州	过船闸	1981-08-10	35.0	马甸港闸	1997-07-21	93.2	沈灶	1980-08-28	278.9	马甸港闸	1975-06-23	378.7	马甸港闸	1975-06-22	436.2
宿迁	沭阳	1993-08-05	42.0	沭阳	1993-08-05	125.2	沭阳	1989-06-06	247.7	管镇	1997-07-17	440.8	管镇	1997-07-16	517.2

的13%；最小月蒸发量出现在1月，仅占年蒸发量的3%左右；全省汛期（5—9月）的蒸发占全年的59.6%，其中淮河、长江、太湖地区汛期（5—9月）的蒸发分别占全年的59.3%、59.5%、50.0%，约占全年蒸发量的3/5。各站连续最大4个月蒸发量一般在5—8月，蒸发总量约占全年蒸发量的50%，这一比例在地区分布上相对比较稳定。江苏省各地区1956—2015年平均水面蒸发量月分配比例见表2.7。

表2.7　江苏省各地区1956—2015年平均水面蒸发量月分配比例成果表　　　　　　%

地区	1月	2月	3月	4月	5月	6月	7月	8月	9月	10月	11月	12月
太湖地区	3.29	3.81	6.08	8.17	10.75	10.88	14.35	14.37	10.33	8.21	5.65	4.12
淮河地区	2.74	3.65	7.12	9.79	12.37	12.83	12.42	12.55	9.94	8.03	5.12	3.43
长江地区	3.20	3.81	6.32	8.42	11.07	11.15	13.90	13.95	10.28	8.30	5.57	4.03
江苏省	2.90	3.71	6.83	9.29	11.89	12.22	12.96	13.07	10.06	8.13	5.29	3.64

2. 年际变化

1956—2015年江苏省年水面蒸发量资料系列中，最大年水面蒸发量为1104.7mm，最小为778.1mm，最大值、最小值的比为1.42；江苏省年水面蒸发量变化呈减少趋势，1956—1980年全省年蒸发量均值为931.0mm，1981—2015年全省年蒸发量均值为845.7mm，蒸发量明显减少；全省1956—1980年，年际间蒸发量变幅较大，1981年后变化趋于平缓，也有所减少。淮河、太湖、长江地区的蒸发量也呈现相同的变化趋势。江苏省1956—2015年年水面蒸发量过程示意如图2.3所示。

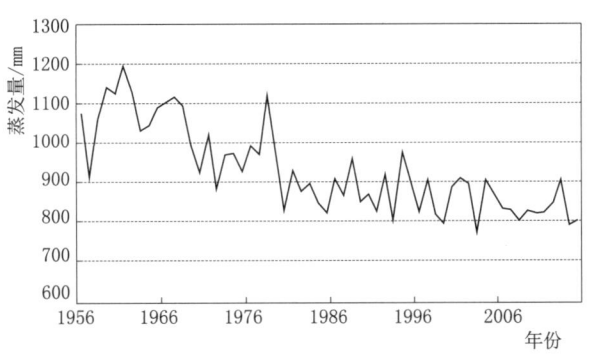

图2.3　江苏省1956—2015年年水面蒸发量过程示意图

近年来，水面蒸发量明显减少，我们首先对省内E601蒸发站的监测场地、监测环境、监测技术、资料整编等进行了调查，确认均符合规范要求，我们的监测数据是真实可信的。另据统计数据表明，在过去的50年里，工业化污染带来的温室效应造成了全球气候变暖，使全球气温平均每10年上升0.15℃，尽管科学界普遍认为，气候变暖必然导致大洋水面蒸发加剧，然而统计结果表明，全球气温逐年上升，水面的实际蒸发量却在逐年递减，气温的变化对蒸发并非是正相关关系。分析影响水面蒸发量的原因，一方面与日照天数、风速有关；另一方面，造成大气污染的悬浮颗粒和恶劣天气的浓厚云层能有效阻挡阳光对水面的直接照射，从而减少水分的蒸发。江苏省水面蒸发减少的趋势与全国其他省

份的分析成果是一致的,然近年来水面蒸发量减少的原因还有待进一步研究。

2.2.3 干旱指数

干旱指数为年蒸发能力与年降水量的比值,它能部分反映出一个地区的干旱或湿润程度。当干旱指数大于1时,表示蒸发大于降水,代表该地区的气候偏干旱,值越大干旱程度越严重;反之,降水大于蒸发,代表该地区气候较湿润,值越小气候越湿润。对全省有同步雨量观测资料的蒸发站,可直接计算干旱指数;同时,可利用1956—2015年同步系列资料的降雨和蒸发能力等值线图查算并绘制干旱指数等值线图,如附图5所示。

从附图5上可以看出,江苏省干旱指数为0.75～1.2,干旱指数总的趋势由南向北、西北递增,到徐州丰沛地区达到最高,为1.15,较干旱。干旱指数的地区分布情况是,骆马湖以北地区超过1.0,在1.0～1.2之间,中部地区在0.8～1.0左右,太湖地区和通南部分地区出现小于0.8的低值,较湿润。

2.3 泥沙

河流泥沙是反映河川径流特性的一个重要因素,对水资源开发利用和江河治理有较大的影响。泥沙一般是指在河道水流作用下移动着或曾经移动的固体颗粒。河流中泥沙,按照其运动方式大致分为悬浮于水中并随之运动的"悬移质"、受水流冲击沿河底移动或滚动的"推移质"和相对静止而停留在河床上的"河床质"三种,三者之间随着水流变化,可以相互转换。江苏省分属长江、淮河两大流域,太湖和里下河地区主要是平原水网区,河流比降小,冲刷不大,所以全省目前仅在淮北地区布设泥沙站,主要观测项目为悬移质泥沙。悬移质泥沙的测验内容包括断面输沙率测验和单位水样含沙量(简称单沙)测验。断面输沙率是指单位时间内通过河渠某一断面的悬移质沙量,一般以kg/s计;单位水样含沙量是指断面上有代表性的垂线或测点的含沙量,一般以kg/m^3计。

影响泥沙的因素很多,主要因素有:①气候因素(降水、风力、气温等),影响较大的是降水季节、降水强度、年降水量及降水位置,特别是久旱及久旱耕种季节,土层松,一遇大暴雨就产生水土流失;②下垫面的影响,主要影响因素是地貌类型、地质岩性、土壤和植被。淮河两岸土壤黏性差,易受冲刷;③人类活动影响,会使坡地土壤失去保护,遇大暴雨极易流失,增加了河流输沙量。

2.3.1 年内变化

1. 长江干流

长江中下游干流河道沙量主要来源于长江上游干支流,并以悬移质泥沙输移为主。据大通站资料统计,长江平均每年向下游输送3.83亿t泥沙,年平均含沙量0.339kg/m^3,多年平均输沙率12.2t/s,输沙量年内分配不均,汛期水量、沙量集中,沙量集中程度大于水量,5—10月输沙量约占全年的87.6%,11月至次年4月仅占全年的12.4%,其中以7月最大,平均输沙率达33.6t/s,占全年输沙量的23.5%;1月最小,平均输沙率1.07t/s,仅占全年输沙量的0.75%。大通站多年月平均输沙率及含沙量统计成果见表2.8。

表 2.8　　大通站多年月平均输沙率及含沙量统计成果表（1950—2014 年）

月份	1	2	3	4	5	6	7	8	9	10	11	12
输沙率/(t/s)	1.07	1.09	2.25	5.24	9.95	14.9	33.6	28.4	24.7	14.6	6.14	2.27
含沙量/(kg/m³)	0.095	0.091	0.138	0.220	0.300	0.374	0.679	0.651	0.621	0.451	0.271	0.160
特征值	历年年最大输沙量 6.78 亿 t（1964 年），年最小输沙量 0.711 亿 t（2011 年）。历年最大含沙量 3.24kg/m³（1959 年 8 月 6 日），最小含沙量 0.016kg/m³（1999 年 3 月 3 日）											

2. 淮河干流

淮河泥沙的主要来源为降水对地表的侵蚀，泥沙的年内分配与降水、径流的年内分配有密切关系，径流量的年内变化直接影响泥沙的年内分配。淮河的径流量和输沙量主要集中在汛期，年内分配极不均匀。小柳巷站是淮河干流安徽入江苏的省界断面站，该站多年平均最大 120d（7—10 月）输沙量占全年输沙量的 84.9%，连续最大 120d（7—10 月）径流量占全年径流量的 69.6%，水沙关系在时间上同步，但输沙量比径流量年内分配更加集中。决定年输沙量大小的往往是大洪水期间几个月的输沙量。输沙量、径流量年内分配过程显示，1—2 月和 12 月径流量占年总量百分数约为同一时段输沙量占年总量百分数的 6 倍，3—4 月和 10—11 月为 2 倍左右，5—6 月、8—9 月大体相当；7 月的输沙量占年总量的 47.6%，其径流量占年总量百分数仅为同一时段输沙量占年总量百分数的 0.5。输沙量的集中程度明显高于径流量。小柳巷站多年平均水、沙量年内分配成果见表 2.9。

表 2.9　　小柳巷站多年平均水、沙量年内分配成果表

月份	径流量		输沙量	
	数值/亿 m³	月占比/%	数值/亿 m³	月占比/%
1	8.824	2.6	2.96	0.4
2	8.651	2.6	3.38	0.5
3	12.70	3.8	8.18	1.1
4	12.74	3.8	13.8	1.9
5	13.72	4.1	19.1	2.7
6	15.58	4.7	35.8	5.0
7	78.52	23.5	343	47.6
8	72.13	21.6	147	20.4
9	52.58	15.7	85.2	11.8
10	29.60	8.8	36.8	5.1
11	18.70	5.6	22.1	3.1
12	10.94	3.3	3.85	0.5
全年	334.7	100.0	721.8	100.0

3. 省内主要代表站

含沙量具有极其明显的年内变化特征，它与测站断面通过的水量及其年、季分配关系

密切，汛期含沙量较高，非汛期含沙量较低。根据全省主要泥沙监测站监测成果分析，年内输沙量主要集中在6—9月，这期间的输沙量占全年的85%以上；年内各月平均含沙量的分布极不均匀，最大月含沙量是7月，为0.570kg/m³，最小月含沙量是1月，仅为0.009kg/m³，年内最大月含沙量与最小月的差异非常大。全省主要泥沙监测站多年平均月含沙量计算成果见表2.10。

表2.10　　　　全省主要泥沙监测站多年平均月含沙量计算成果表　　　　单位：kg/m³

月份	1	2	3	4	5	6	7	8	9	10	11	12
含沙量	0.009	0.011	0.010	0.018	0.059	0.133	0.570	0.249	0.096	0.033	0.017	0.013

2.3.2 年际变化

1. 长江干流

长江干流悬移质泥沙大多来自上游地区，上游山区河流比降大、流量大，细颗粒的悬移质泥沙难于堆积，输沙量沿程递增，进入中下游平原后，因河谷展宽，河床比降变缓，河床产生淤积，输沙量则沿程变小，长江干流大通站的多年平均流量约为上游出口控制站宜昌站的2.1倍，但多年平均输沙量、多年平均含沙量仅分别为宜昌站的90%、43%；长江干流河道年输沙量随年径流量的增减相应变化（水大沙大、水小沙小），但年输沙量变幅大于年径流量，多年来长江干流年输沙量呈减小变化趋势，1990年以来减小趋势增加，2000年之后锐减，据长江水利委员会发布的2008年《长江泥沙公报》，2003—2008年长江入海口每年平均输沙量相比于2003年前的减少了约64%；从悬沙中值粒径沿程变化来看，总体呈变细态势，但变化幅度不大。

50多年来的实测水沙资料统计表明，长江中下游干流河道宜昌、汉口、大通三水文站年径流量年际无明显的变化趋势，而年输沙量近十多年来宜昌、汉口及大通站则呈现不同程度的减少。2003年三峡蓄水运用后，长江干流宜昌站径流量略有减少；汉口站和大通站径流量没有明显的变化趋势，在多年平均值上下波动。受水库拦沙、流域水土保持、河道采砂等多种因素的综合影响，宜昌站、汉口站和大通站年输沙量具有显著的减少趋势，大通站在三峡水库蓄水运行后，年均输沙率较运行前减少65.8%。长江中下游主要水文站径流量、输沙量变化趋势成果见表2.11，长江干流大通站径流量、输沙量在三峡蓄水运行前后变化趋势成果见表2.12。

表2.11　　　　长江中下游主要水文站径流量、输沙量变化趋势成果表

年　代	宜　昌		汉　口		大　通	
	径流量/亿m³	输沙量/万t	径流量/亿m³	输沙量/万t	径流量/亿m³	输沙量/万t
20世纪50年代	4435	51980	7174	39800	9373	50393
20世纪60年代	4535	54880	7171	46810	8765	50860
20世纪70年代	4145	47470	6734	41200	8511	42440
20世纪80年代	4448	54870	7159	41830	8988	43475
20世纪90年代	4312	42380	7279	32960	9595	34276
2000—2002年	3994	11304	6705	12536	8432	18163

续表

年 代	宜昌		汉口		大通	
	径流量/亿 m³	输沙量/万 t	径流量/亿 m³	输沙量/万 t	径流量/亿 m³	输沙量/万 t
2003—2011 年	3903	4883	6596	11273	8194	14329
多年平均	4301	42765	7026	35418	8927	39232
分析判断	减少趋势	显著减少	不明显	显著减少	不明显	显著减少

表 2.12　长江干流大通站径流量、输沙量在三峡蓄水运行前后变化趋势成果表

月份	三峡蓄水运行前					三峡蓄水运行后				
	流量/(m³/s)	水量年内分配/%	输沙率/(kg/s)	沙量年内分配/%	含沙量/(kg/m³)	流量/(m³/s)	水量年内分配/%	输沙率/(kg/s)	沙量年内分配/%	含沙量/(kg/m³)
1	10987	2.74	1086	0.68	0.099	12491	2.67	959	1.75	0.077
2	11711	2.92	1091	0.68	0.093	13817	2.95	1081	1.97	0.078
3	15960	3.98	2252	1.4	0.141	19262	4.11	2441	4.45	0.127
4	24115	6.01	5659	3.52	0.235	22094	4.72	2810	5.12	0.127
5	33820	8.43	12004	7.47	0.355	30465	6.51	4540	8.27	0.149
6	40307	10.05	16352	10.18	0.406	39025	8.33	6757	12.31	0.173
7	50499	12.59	37640	23.43	0.745	44255	9.45	10172	18.53	0.23
8	44249	11.03	31538	19.63	0.713	41261	8.81	10025	18.27	0.243
9	40307	10.05	27310	17	0.678	36741	7.85	8900	16.22	0.242
10	33438	8.33	16392	10.2	0.49	25623	5.47	3748	6.83	0.146
11	23366	5.82	6801	4.23	0.291	18884	4.03	2221	4.05	0.118
12	14328	3.57	2525	1.57	0.176	14125	3.02	1226	2.23	0.087
汛期（5—10 月）	40437	70.72	23539	87.92	0.582	36228	68.35	7357	80.43	0.203
年平均	28591	—	13387	—	0.468	26503	—	4573	—	0.173
统计年份	1950—2002 年		1951 年、1953—2002 年			2003 年至今				

除了上游水沙条件直接影响中下游水沙态势变化外，中下游支流水库拦沙、区域水土保持、河道采砂、湖泊调蓄与泥沙淤积等都是长江中下游水沙变异的主要影响因素，其中水库拦沙是影响中下游水沙变化的主要因素。

2. 淮河干流

对淮河干流吴家渡至小柳巷河段实测资料进行年际变化分析，枯水年份河段平衡规律为基本平衡或微淤，个别年份表现为冲刷，但冲刷总量均较小；中水年份表现为淤积和冲刷相间，冲刷年份多于淤积年份；丰水年份表现为冲刷。近 60 年来，在径流量未出现系统增加或减少的情况下，输沙量呈明显减少的趋势。

1983—2005 年洪泽湖多年平均入湖沙量达 653 万 t，其中淮干多年平均来沙量 559 万 t，占洪泽湖总来沙的 83.0%。洪泽湖多年平均入湖水量为 314 亿 m³，其中淮干入湖水量为 271.8 亿 m³，所占比例为 86.5%；多年平均出湖水量 288 亿 m³，60% 以上水量经三河闸排入高邮湖流入长江下泄入海。洪泽湖来水来沙主要决定于淮干来水来沙。

3. 省内主要代表站

尽管随流域内土壤和覆盖情况的不同，河流含沙量与输沙量的大小有些差异，一般而言，山丘区河道含沙量高于平原区河道的、入库河道含沙量高于出库河道的。江苏山丘区河道含沙量多年均值在 $1.0kg/m^3$ 左右，平原区河道含沙量大多数在 $0.5kg/m^3$；石梁河水库入库站大兴镇，其含沙量的多年均值达 $0.233kg/m^3$，石梁河水库站为出库站南溢洪道，其含沙量的多年均值仅为 $0.072kg/m^3$。

含沙量年际变化也非常明显，丰水年含沙量较高，枯水年含沙量较低。如二河闸（闸下游）站最大年含沙量为 1967 年的 $0.25kg/m^3$，最小年含沙量为 1996 年的 $0.048kg/m^3$。据省内较代表河流的悬移质泥沙资料分析，输沙量年际变化很大，如二河闸（闸下游）站最大年输沙量为 1981 年的 48.7 万 t，最小为 1964 年的 4.6 万 t，徐州新安站最大年输沙量为 1974 年的 65.2 万 t，最小为 2009 年的 0.002 万 t。1995—2014 年主要泥沙站含沙量特征值统计成果见表 2.13。

表 2.13　　　　　　　1995—2014 年主要泥沙站含沙量特征值统计表

河名	新沭河	二河	沂河	石梁河	老沭河	大运河	新沂河
站名	大兴镇	二河闸（闸下游）	港上	石梁河水库（溢洪道）	新安	运河	嶂山闸（闸下游）
多年平均含沙量/(kg/m³)	0.195	0.077	0.193	0.054	0.086	0.080	0.084
多年平均输沙率/(kg/s)	3.55	20.63	10.76	0.59	1.04	9.35	9.99
多年平均输沙量/万 t	11.19	65.04	33.93	1.85	3.27	29.5	31.51
最大年含沙量/(kg/m³)	2.63	0.63	3.81	0.85	1.60	1.08	0.54
最大含沙量出现年份	2003	2003	1997	2000	1997	2005	2008
最大年输沙量/万 t	39.4	126.5	95.2	18.8	15.7	181.7	190.2
最大输沙量出现年份	1998	2003	2005	2000	1995	2003	2005

含沙量、输沙量变化的原因除了与当年径流量大小形成的挟沙能力有关外，主要与人类活动有密切关系，全省近年来水利工程建设及植被的变化，对含沙量、输沙量的影响较大。

2.4　地下水

地下水是指埋藏在地表以下各种形式的重力水。江苏省地下水主要类型为平原—盆地地下水、岩溶地区地下水以及少量的基岩山区地下水。

地下水按矿化度划分可分为：①淡水，矿化度小于 $1g/L$；②微咸水，矿化度 $1\sim3g/L$；③半咸水，矿化度 $3\sim5g/L$；④咸水，矿化度大于 $5g/L$。全省主要地下水为淡水，沿海地区连云港、盐城、南通地区有咸水分布。

按含水层性质可分为：①孔隙水，存在于坚硬岩石和某些黏土层裂隙中的水；②裂隙水，赋存于坚硬、半坚硬基岩裂隙中的重力水；③岩溶水，又称喀斯特水，指存在于可溶岩石（如石灰岩、白云岩等）的洞隙中的地下水。

江苏省孔隙潜水主要接受大气降水补给，开发利用多为分散开采，开采强度小；孔隙承压水是全省地下水的主要开发利用类型，地下水埋深受地下水开采直接影响。岩溶水和裂隙水主要分布于全省的山丘区，其中徐州市区的岩溶水和南京、连云港的裂隙水，受人工开采与降雨补给双重影响，水位年变幅较大。

地下水是水资源的重要组成部分，由于水量稳定、水质好，是农业灌溉、工矿和城市的重要水源之一。但在一定条件下，地下水的变化也会引起沼泽化、盐渍化、滑坡、地面沉降等不利自然现象。地下水的人工开采量随着水资源管理的加强和水源结构的调整逐步减小。孔隙潜水自20世纪90年代起就无集中开采，水位埋深受地形影响，自北向南逐步变浅。孔隙承压水自2001年全省年开采总量由9.09亿m^3减少到2005年的7.78亿m^3（主要是由于2001年起，苏州、无锡、常州三市开始实施地下水禁采，该区年开采量急剧减小所致）；2006年后基本稳定在7.2亿～7.9亿m^3，全省埋深随开采量的变化各地区呈现不同的差异变化，总体上苏南及沿江地区地下水埋深呈现上升态势，北部沿海地区地下水埋深呈下降趋势，其余地区埋深基本保持稳定。

2.4.1 埋深空间分布

根据地下水含水层的时代成因、埋藏条件及水力联系特征等，江苏省的地下水监测目标层位分为松散岩类孔隙水、碳酸岩类岩溶水和基岩裂隙水。其中开发利用层位为松散岩类孔隙水，碳酸岩类岩溶水仅在徐州市有集中开采。

1. 孔隙潜水

从多年平均埋深来看，江苏孔隙潜水埋深由南向北、由东向西逐步递升，一般埋深为1～2m，在丰县、睢宁、新沂等地由于受到近代黄泛故道和沂沭河的影响，砂层含水层较厚，地下水埋深较大，可达4～5m，少数监测站超过6m；里下河、太湖平原区为冲击平原或泻湖平原，地下水埋深小于1m。

从1980—2015年的全省地下水多年动态资料分析，苏北地区地下水埋深动态变化呈现出三个阶段：1980—1990年间地下水埋深呈逐年下降趋势，至1990年丰沛及睢宁部分监测站埋深超过10m；1990—2000年前后，地下水埋深逐步上升，监测站埋深恢复至5m；2000年以来地下水埋深随降雨窄幅波动，埋深一般为4～5m。苏中苏南地区地下水埋深受降雨影响，但幅度较小，埋深一般为1～2m。

2. 孔隙承压水

（1）第Ⅱ承压水。第Ⅱ承压水在江苏省平原区均有分布，是分布最广的地下水开发利用层位，也是最主要的层位之一。从行政区分析，2015年第Ⅱ承压水平均水位埋深最大的省辖市为无锡市，达34.86m，其次是常州市，平均水位埋深为27.85m；平均水位埋深最小的省辖市为苏州市，平均水位埋深为14.74m；淮安市居苏北各区之首，平均水位埋深位为21.1m；其余省辖市平均水位埋深多在15～20m。

（2）第Ⅲ承压水。第Ⅲ承压水是江苏省的主要开采层位之一，主要分布于江北8市。从行政区分析，2015年淮安市第Ⅲ承压水平均水位埋深为31.34m，居全省之首；其次为连云港市，平均水位埋深为29.26m；其余各省辖市平均水位埋深为16～26m。

(3) 第Ⅳ承压水。江苏省第Ⅳ承压水埋深多为10~20m，开采主要集中于盐城局部地区，水位埋深超过20m，最大为46.14m（盐城城区），40m以上水位埋深降落漏斗分布于盐城市区北部。

3. 岩溶水

碳酸盐岩类岩溶裂隙含水岩组主要分布于省域的西北（徐州）、西南部（宁镇、宜溧）的低山丘陵区。目前江苏省岩溶水开采主要集中在徐州。

徐州市岩溶水开采主要集中于茅村、七里沟和丁楼水源地，由于开采井布局不合理，已形成一定规模的水位埋深降落漏斗。其中徐州丁楼水源地平均水位埋深29.39m，最大水位埋深为44.91m（小山子水厂），是江苏省形成时间最早、分布面积最大的岩溶水水位埋深降落漏斗。徐州东南部（七里沟水源地）平均水位埋深12.01m，最大水位埋深为23.76m。

2.4.2 埋深变化趋势

多年的监测资料显示，江苏省的地下水埋深变化趋势与地下水开发利用密切相关，呈现潜水总体表现平稳，承压水先下降后抬升的趋势。

1. 孔隙潜水

根据对1980—2015年江苏省地下水多年动态资料的分析，苏北地区孔隙潜水埋深总体呈上升趋势，埋深平均上升1.70m，苏南苏中地区总体呈稳定态势，埋深平均上升0.23m。全省孔隙潜水地下水位埋深呈先下降后上升的变化态势，1980—1990年间地下水埋深逐年下降，年均下降0.7m；随后地下水埋深逐步上升，至2000年年均上升0.5m，中心水位埋深已恢复至1980年埋深。2000年以来地下水埋深随降雨持续上升，水位基本恢复至初始状态并随降雨变化波动。

2. 孔隙承压水

(1) 第Ⅱ承压水。根据对2001—2013年的监测资料分析，第Ⅱ承压水苏南大部分地区呈快速回升趋势，除沿江及常州南部外，大部分地区水位埋深升幅多在10m以上，最大升幅近40m（常熟市国棉纺织厂）。原20m区域水位埋深降落漏斗面积大幅减小，苏州大部分地区水位埋深升至20m以内，区域中心无锡洛社水位埋深由90m减至55m。

苏北地区地下水埋深基本稳定（水位埋深年变幅小于0.5m/a），但在淮安北部—灌云灌南及丰沛局部地区水位埋深呈下降趋势，年降幅大于0.5m，其中涟水及灌南年降幅大于1m；原来彼此独立的县级水位埋深降落漏斗已扩展成一个区域水位埋深降落漏斗。

(2) 第Ⅲ承压水。由于丰沛，连云港地区Ⅱ、Ⅲ承压混采，Ⅲ承压水水位埋深下降区也主要分布在丰沛及连云港的灌云、灌南、涟水地区，此外，盐城北部的阜宁、滨海、响水及盐都部分地区水位埋深也呈下降趋势，年降幅多为0.5~1m，其余地区水位埋深基本稳定。

(3) 第Ⅳ承压水。第Ⅳ承压水大部分地区基本稳定（水位埋深年变幅小于0.5m/a），仅建湖中部、射阳县城、滨海县城、如皋县城、海门县城等局部地区缓慢下降，2001—2015年间平均年降幅为0.5~1m/a的区域为盐城的建设、射阳等地。

3. 岩溶水

岩溶水的主要开发利用位于徐州市城区及铜山区，以集中式水源地方式开采，七里沟和丁楼水源地为最主要的地下水水源地。近年来，徐州七里沟、丁楼水源地通过采取封井、水源替代等措施，水位埋深稳中有升。七里沟水源地明显上升，平均水位埋深上升了4.1m，最低水位埋深上升了3.2m。丁楼水源地总体基本稳定，水源地平均水位埋深下降了1.7m，漏斗中心最低水位埋深上升了6.2m。

3 水资源演变情势

水是生命的源泉、农业的命脉、工业的血液、城市的灵魂,水资源是基础性的自然资源和战略性的经济资源。通常水资源是指可供人类直接利用的、能逐年更新的天然淡水,主要指评价区内降水形成的地表和地下产水。水资源在自身的循环过程中可不断恢复和更新,在时空分布上具有明显的不均衡性,在生产生活中水的利用无处不在,同时水利和水害的双重性十分明显,因此,水资源具有补给的循环性、变化的复杂性、利用的广泛性及利害的双重性等特点。掌握区域水资源的演变特点,能为实行最严格的水资源管理制度,为实施全省水资源的有效保护、优化配置、科学开发、高效利用,为水资源的可持续利用支撑经济社会的可持续发展提供技术支撑与决策依据。

3.1 水资源分区

多年来,江苏省以约占全国1%的国土面积、6%的人口总数创造了不少于10%的国民生产总值,2015年,全省13市GDP全部进入国内前100名。江苏省人均GDP、综合竞争力、地区发展与民生指数(DLI)均居全国各省第一,成为我国综合发展水平最高的省份,已步入"中上等"发达国家水平。

江苏省地处美丽富饶的长江三角洲,海拔高度低,地形地势低平,河湖众多,地貌上属于平原和低山丘陵区。平原面积占全省总面积的85.3%,主要由苏南平原、江淮平原、黄淮平原和东部滨海平原组成,地面高程一般为2~10m,绝大多数低于5m,西高东低,地形坡降平缓;低山丘陵面积占全省总面积14.7%,山势低缓,分布零散,主要分布在西南部、西部和北部边缘地带,多为邻省山脉的延伸部分,其高度大多在200m以下。

江苏省是全国水域面积比例最大的省份,水网稠密,全省有大小河道2900多条,湖泊近300个,水库1100多座。平原地区河网纵横,湖塘密布,长江、淮河穿腹而过,京杭运河纵贯南北,沂沭河交会于淮北地区,微山湖、骆马湖、洪泽湖、高邮湖、邵伯湖、太湖分布其间。依地势和主要河流的分布状况,江苏省分属淮河、长江两大流域,共有长江下游、太湖、淮河下游、沂沭泗四大水系。

水资源分区是水资源评价、规划、利用、管理的重要基础性工作,也是研究和指导区域经济发展与生态环境的协调,实现区域资源和经济的互补性,利于社会经济和生态的良性循环的基础性工作。水资源分区根据水资源的自然、社会和经济属性,按照开发、利用、治理、配置、节约、保护要求，将流域水系与行政区划有机结合起来进行，以提高基础资料的共享性和各种规划成果的可比性。

按照全国水资源综合规划的统一分区，江苏省境内分属于淮河区、长江区2个一级区；淮河区又分为王家坝至中渡、中渡以下、沂沭泗河3个二级区，长江区又分为湖口以下干流和太湖水系2个二级区。为了更好地服务于流域规划和市县水利规划，全省在二级区以下又划分出14个三级区，其中淮河区8个，长江区6个；在三级区以下再划分出22个四级区，其中淮河区12个，长江区10个。全省行政分区13个，江苏省水资源分区如附图3所示。为方便计算全省水资源四级区套地级行政区，分为53个计算单元，其中淮河地区29个、长江地区12个、太湖地区12个。江苏省水资源四级区套地级行政区见表3.1。江苏省水资源分区示意图如附图6所示。

表3.1　　　　　　　　　江苏省水资源四级区套地级行政区

一级区	二级区	三级区	四级区	涉及行政单元
长江区	湖口以下干流区	巢滁皖及沿江诸河区	仪六丘陵区	南京、扬州
		青弋江和水阳江及沿江诸河区	固城石臼湖区	南京
			秦淮河区	南京、镇江
		通南及崇明岛诸河区	通南扬区	无锡、常州、镇江、扬州、泰州
			通南通区	苏州、南通
	太湖水系区	湖西及湖区	湖西区	南京、无锡、常州、镇江
			太湖区	无锡、常州、苏州
		武阳区	武澄锡虞区	无锡、常州、苏州
			阳澄淀泖区	苏州
		杭嘉湖区	浦南区	苏州
淮河区	王家坝至中渡区	蚌洪区间北岸区	安河区	徐州、淮安、宿迁
		蚌洪区间南岸区	盱眙区	淮安
	中渡以下区	高天区	高宝湖区	南京、淮安、扬州、镇江
		里下河区	渠北区	淮安、盐城
			里下河腹部区	南通、淮安、盐城、扬州、泰州
			斗北区	盐城
			斗南区	南通、盐城
	沂沭泗河区	湖西区	丰沛区	徐州
		中运河区	骆马湖上游区	徐州、宿迁
		日赣区	赣榆区	连云港
		沂沭河区	沂南区	连云港、淮安、盐城、宿迁
			沂北区	徐州、连云港、宿迁

3.2 水资源数量

水资源量包括地表水资源量与地下水资源资源量。

3.2.1 地表水资源量

地表水资源指河流、湖泊、冰川、沼泽等地表水体中由当地降水形成的、可以逐年更新的动态水量，江苏省一般用河川径流量近似代表这一水量。江苏省以日为计算时段，并将下垫面划分为城镇建设用地、水域、水田、旱地等类型，分别建立模型进行地表水资源量的计算。对城镇建设用地、水域、水田产流模型中的计算参数以实验资料成果代替；对旱地产流模型选择省内可率定降雨径流关系区域，计算地表水资源量，与实测资料相互对比，对模型进行检验，优选计算参数，作为评价全省地表水资源量的基本依据。按4种下垫面分别用模型计算出相应的径流深后，用面积加权法求出计算单元的地表水资源量，通过对不同计算单元的面积加权组合，分别计算出各地级行政区、流域四级区、流域三级区的地表水资源量。

1. 空间分布

江苏省多年平均地表径流深为259.8mm，多年平均地表水资源量为265.3亿 m^3，其中淮河地区多年平均地表径流深为237.3mm，水资源量为151亿 m^3；长江地区多年平均地表径流深为260.3mm，水资源量为49.7亿 m^3；太湖地区多年平均地表径流深为332.9mm，水资源量为64.6亿 m^3。

将各计算单元地表径流均值点绘在各计算单元的重心处，绘制江苏省多年平均地表径流深等值线如附图7所示，等值线范围为100～350mm，地区分布差异较大，趋势基本与同期降雨均值等值线相一致，由南向北、西北方向减少，经过新沂、灌云、涟水、淮阴、洪泽、盱眙地区有一250mm径流深等值线，该线以西地区，径流量递减速度较快，径流深最小值在徐州的丰沛区，径流深小于100mm；此线以东、以南地区至沿长江一线的300mm径流深等值线之间的地区，径流深变幅在100mm之内，其中扬州的高宝湖区和里下河腹部区有一低值区，径流深在250mm以下，盐城的斗南区为高值区，径流深超过300mm；长江以南地区径流深基本在300～350mm，高值区在太湖湖西南部及浦南区，径流深超过350mm。

2. 年内分配与年际变化

由于降雨的年内分配及多年变化不均，导致径流的年内分配及多年变化不均，江苏省汛期（5—9月）径流量约占全年的90%，其中淮河、长江、太湖地区分别约占95%、85%、75%，且丰水年汛期径流量占全年径流量的比例比枯水年汛期占的比例小，全省多年平均7月份径流占年径流最大约为33%，12月份地表径流量基本为0，1月份次之，仅约占全年径流量的1%，全省径流的月差异比降雨的月差异要大得多。江苏省多年平均径流量月分配比例成果见表3.2。

分析江苏省各行政分区、水资源三级分区、四级分区地表径流计算系列成果，各地地表径流量最大年份大多出现在1991年，从13个地级行政区来看，出现在1991年的有9

表 3.2　　　　　　　　　江苏省多年平均径流量月分配比例成果表　　　　　　　　　　%

月份	淮河	长江	太湖	江苏省
1	0.08	0.94	1.81	0.66
2	0.22	1.69	3.2	1.22
3	0.93	4.45	7.66	3.23
4	1.26	4.28	7.05	3.24
5	2.46	6.00	9.08	4.73
6	14.92	26.85	26.52	20.01
7	41.12	26.03	16.42	32.26
8	26.17	15.49	12.12	20.73
9	11.76	10.94	12.36	11.75
10	0.66	1.93	2.64	1.38
11	0.41	1.42	1.15	0.78
12	0	0	0	0
5—9	96.43	85.3	76.5	89.48
6—8	82.21	68.36	55.06	73

个地区、占 69%，出现在 1963 年的有 2 个地区、占 15%，1965 年、2000 年各有一个地区，占 8%；各地地表径流量最小年份均出现在 1978 年。全省及淮河、长江、太湖地区年最大降雨、最小降雨与年最大径流、最小径流出现的年份基本一致，仅淮河地区年最大降雨出现在 1991 年，而年最大径流出现在 1965 年。淮河地区 1965 年、1991 年的年雨量分别为 1237.4mm、1252.2mm，年雨量相差仅 14.8mm，但 1965 年降雨比 1991 年降雨更为集中，1991 年最大两个月雨量出现在 6 月、7 月，分别占全年雨量的 18.9%、28.3%，1965 年最大两个月雨量出现在 7 月、8 月，分别占全年雨量的 39.9%、29.4%。江苏省各地区地表径流特征值见表 3.3。

表 3.3　　　　　　　　　江苏省各地区地表径流特征值表　　　　　　　　　　单位：mm

地区	平均	最大	出现年份	最小	出现年份
淮河	237.3	551.1	2003	0	1978
长江	260.3	833.9	1991	0	1978
太湖	332.9	780.3	1991	0	1978
全省	259.8	600.1	1991	0	1978

江苏省地表径流量总体呈增加趋势，特别是 2000 年后增加较明显，江苏省年地表径流变化过程示意如图 3.1 所示。

3. 频率分析

对全省、地级行政区及流域分区进行年地表径流量进行频率计算，对各片径流量系列以 P-Ⅲ型曲线适线，并用目估适线法调整，计算设计年径流量值。

江苏省各地区地表年径流量频率计算成果见表 3.4，江苏省年地表径流量频率曲线如

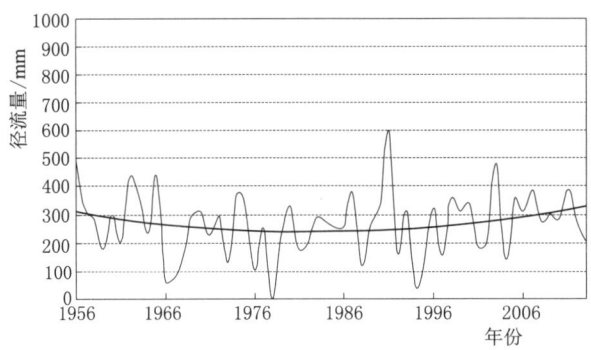

图 3.1　江苏省年地表径流变化过程示意图

图 3.2 所示。江苏省的丰水年（$P=20\%$）、平水年（$P=50\%$）、枯水年（$P=75\%$）、特枯水年（$P=95\%$）地表设计年径流量分别为 360.8mm、256.3mm、189.0mm、115.1mm，淮河地区分别为 349.2mm、226.9mm、152.7mm、78.4mm，长江地区分别为 376.8mm、246.9mm、167.6mm、87.4mm，太湖地区分别为 468.7mm、322.4mm、230.1mm、132.0mm。

表 3.4　江苏省各地区年径流量频率计算成果表

分区	统计参数			不同频率天然年径流量/亿 m³			
	年均值/亿 m³	C_v	C_s/C_v	20%	50%	75%	95%
南京	19.7	0.64	2	28.8	17.1	10.4	4.4
无锡	16.6	0.53	2	23.2	15.0	10.1	5.2
徐州	20.6	0.57	2	29.3	18.4	12.0	5.7
常州	15.5	0.52	2	21.6	14.1	9.6	5.0
苏州	24.9	0.70	2	37.2	21.0	12.1	4.6
南通	22.7	0.60	2	32.7	20.1	12.8	5.8
连云港	25.5	0.51	2	35.3	23.3	15.9	8.4
淮安	23.9	0.71	2	35.9	20.0	11.4	4.2
盐城	42.4	0.61	2	61.3	37.2	23.3	10.4
扬州	15.6	0.77	2	23.9	12.7	6.9	2.2
镇江	12.5	0.65	2	18.3	10.7	6.5	2.7
宿迁	16.7	0.81	2	25.7	13.2	6.9	2.0
泰州	14.2	0.68	2	21.0	12.1	7.1	2.8
淮河地区	150.6	1	2	212.2	135.8	89.9	44.7
长江地区	49.7	0.61	2	71.9	43.6	27.3	12.2
太湖地区	64.6	0.56	2	91.4	58.0	38.1	18.6
江苏省	264.9	0.48	2	361.7	244.8	171.9	95.6

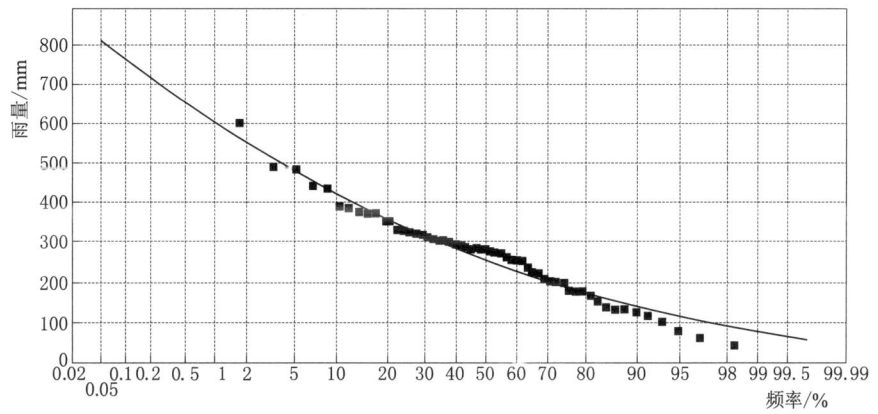

图 3.2 江苏省地表径流频率曲线图

3.2.2 地下水资源量

地下水资源是指在一定期限内，能提供给人类使用的，且能逐年得到恢复的地下淡水量（一般指矿化度小于 $2g/L$）。

江苏省地下水资源主要赋存在平原区，其松散沉积物颗粒粗，厚度大，地层透水性好，具有较大的蓄水量和入渗补给量；山丘区的地下水由于受岩性和蓄水构造的影响，多呈网脉状分布，其蕴藏量远远小于平原区。平原区地下水资源量采用补给量法计算，即除井灌回归补给量外，其他各项补给量（江苏省主要是降雨入渗补给量和地表水体补给量）之和为地下水资源量；山丘区地下水资源量采用排泄法进行计算，即各项排泄量之和为地下水资源量，江苏省山丘区排泄项主要是河川基流量，其他项忽略不计。

江苏省多年平均地下水资源量为 111.7 亿 m^3，其中淮河地区多年平均为 69.3 亿 m^3，长江地区多年平均为 19.1 亿 m^3，太湖地区多年平均为 23.3 亿 m^3。地下水资源的分布除了与大气降水有关外，还与区域水文地质条件密切相关，江苏省地下水资源分布总体来看，平原区大于山丘区，平原区中砂性土大于黏性土。在平原区地下水资源中，大气降水的天然补给占 80% 以上，山丘区地下水资源量中大气降水的天然补给占 100%，这就决定了地下水资源的年内年际变化状况，全省汛期雨量占年降水量的 67%，使地下水资源量在汛期的补给量占到全年的 70% 以上，最大年地下水资源量与最小年地下水资源量变化在 2 倍以内。

江苏省分区浅层地下水资源量成果见表 3.5。

表 3.5　　　　江苏省分区浅层地下水资源量成果表　　　　单位：万 m^3

地区	资源量			
	矿化度≤$2g/L$	$2g/L$<矿化度≤$5g/L$	矿化度>$5g/L$	合计
南京	67252	0	0	67252
无锡	55155	0	0	55155
徐州	192562	0	0	192562

续表

地区	资源量			
	矿化度≤2g/L	2g/L<矿化度≤5g/L	矿化度>5g/L	合计
常州	52360	0	0	52360
苏州	97837	0	0	97837
南通	54726	31688	53546	139961
连云港	67074	7476	26628	101178
淮安	130475	0	0	130475
盐城	62627	17972	132173	212772
扬州	82037	0	0	82037
镇江	43924	0	0	43924
泰州	90505	1073	75	91653
宿迁	120328	0	0	120328
淮河地区	693506	32786	180978	907269
长江地区	190507	25424	31445	247376
太湖地区	232849	0	0	232849
江苏省	1116862	58209	212423	1387495

3.2.3 水资源总量

水资源总量是指参与当地水循环的水平衡活动的动态水量。由于地表水和地下水相互联系又相互转化，河川径流量中包含一部分地下水排泄量，地下水补给量中又有一部分来自地表水的入渗量，因此，水资源总量为地表水资源量和地下水资源量之和再扣除地表与地表水资源相互转化的重复水量后的值。

江苏省多年平均水资源总量为 320 亿 m^3，产水模数为 31.4 万 m^3/km^2，产水系数 0.32。其中淮河地区水资源总量 193 亿 m^3，产水模数为 30.4 万 m^3/km^2，产水系数 0.32；长江地区水资源总量 55.7 亿 m^3，产水模数为 29.1 万 m^3/km^2，产水系数 0.28；太湖地区水资源总量 71.5 亿 m^3，产水模数为 36.0 万 m^3/km^2，产水系数 0.31。从水资源三级分区来看，杭嘉湖区产水模数最大为 43.0 万 m^3/km^2，湖西区产水模数最小仅为 21.2 万 m^3/km^2。从行政分区来看，无锡产水模数最大为 39.7 万 m^3/km^2，扬州市产水模数最小为 27.5 万 m^3/km^2。

对江苏省分区年总水资源量系列成果以 P-Ⅲ型曲线适线，进行频率计算，全省丰水年（$P=20\%$）、平水年（$P=50\%$）、枯水年（$P=75\%$）、特枯水年（$P=95\%$）的设计年水资源总量分别为 424.1 亿 m^3、301.7 亿 m^3、222.7 亿 m^3、135.9 亿 m^3。淮河地区分别为 262.4 亿 m^3、179.0 亿 m^3、126.7 亿 m^3、71.6 亿 m^3；长江地区分别为 77.8 亿 m^3、50.5 亿 m^3、33.9 亿 m^3、17.4 亿 m^3；太湖地区分别为 97.8 亿 m^3、66.0 亿 m^3、46.2 亿 m^3、25.6 亿 m^3。江苏省分区水资源总量成果见表 3.6。

表 3.6　　　　　　　　　江苏省分区水资源总量成果表

地区	统 计 参 数			水资源总量/亿 m³			
	年均值/亿 m³	C_v	C_s/C_v	20%	50%	75%	95%
南京	21.1	0.60	2	30.4	18.6	11.8	5.4
无锡	18.3	0.48	2	25.0	16.9	11.9	6.6
徐州	35.7	0.43	2	47.5	33.5	24.5	14.7
常州	16.9	0.48	2	23.1	15.7	11.0	6.2
苏州	28.0	0.62	2	40.6	24.5	15.2	6.7
南通	25.4	0.54	2	35.6	23.0	15.3	7.7
连云港	23.4	0.50	2	32.3	21.5	14.8	8.0
淮安	31.8	0.57	2	45.3	28.4	18.4	8.8
盐城	45.0	0.58	2	64.3	40.1	25.8	12.2
扬州	18.2	0.66	2	26.8	15.7	9.46	3.9
镇江	13.4	0.61	2	19.3	11.8	7.4	3.3
泰州	17.1	0.57	2	24.3	15.3	9.9	4.8
宿迁	25.9	0.59	2	37.0	23.0	14.7	6.9
淮河地区	193.0	0.47	2	262.4	179.0	126.7	71.6
长江地区	55.7	0.55	2	77.3	50.2	33.3	16.6
太湖地区	71.5	0.51	2	98.8	65.5	45.1	24.1
江苏省	320.2	0.42	2	424.5	301.6	222.3	135.4

3.3　出入境水量

江苏省处于长江、淮河两大流域的下游，省界以上总汇水面积达 200 万 km²，近全省面积的 20 倍。江苏省入境水量主要来自安徽、山东、浙江，长江是省内最大的入境河流，也是过境水资源的最主要来源。江苏省出境水量主要去向为黄海、上海、浙江，其中以入海水量为主，全省沿海有大、小入海口近百处，主要入海水道有长江干流、淮河入海水道、新沂河、新沭河、灌河、废黄河和灌溉总渠等 10 余条河流，太湖地区无直接的入海水道，主要通过沿江排水和上海入海。南水北调调水期间有部分水量调向山东。

3.3.1　入境水量

山东省入境水量主要从徐州、连云港入境，主要通过沂河、老沭河、新沭河、运河等河道入境。

安徽省淮河流域来水集中在淮河上中游区，主要入境河流都有控制站，淮河下游天长区没有入境控制站，水量按照降雨径流关系推算；长江流域滁河主要由汊河集控制，长江干流以大通为控制站。

浙江来水主要通过湖州地区入太湖、苏州，以及从嘉兴地区入苏州，沿线河道水量主要通过巡测控制。

(1) 环太湖巡测线：环太湖线是江苏与浙江的分界线，2002年实施"引江济太"前，浙江来水以入太湖为主，实施后，浙江湖州长兴会溪、西苕溪为入太湖为主，而东苕溪主要都以出湖水量为主，汛期（主要是梅雨期）东苕溪导流工程也有入湖水量。

(2) 湖州入苏州：湖州入苏州陆域水量主要来自太湖出水，通过頔塘等东西向河道（杭嘉湖北排工程）进入吴江浦南区。

(3) 嘉兴市入湖：与嘉兴市水量交往有进有出，进入吴江浦南区的河道主要是新江南运河（澜溪塘也是杭嘉湖北排工程）。

江苏入境水量主要控制站见表 3.7。

表 3.7　　　　　　　　江苏入境水量主要控制站一览表

入境省份	接收地区	河　名	控制站（线）
山东	徐州	沂河	港上
		老沭河	新安
		韩庄运河	台儿庄闸
		邳苍分洪道	林子
		不牢河	蔺家坝闸
	连云港	新沭河	大兴镇
		截洪沟	黑林
安徽	南京	长江	大通
	南京	滁河	汊河集
	淮安	淮河干流	小柳巷
	淮安	池河	明光
	宿迁	新汴河	团结闸
	宿迁	怀洪新河	下草湾
	宿迁	怀洪新河	双沟
	宿迁	濉河	濉河泗洪（姚圩）
	宿迁	老濉河	老濉河
	宿迁	徐洪河	金锁镇
	淮安	天长地区	天长来水
浙江	苏州	太湖	环太湖巡测线
	苏州	湖州巡测线	湖州巡测线
	苏州	嘉兴巡测线	嘉兴巡测线

江苏省多年平均入境水量为 9400 亿 m^3。其中长江地区、淮河地区、太湖地区分别占 95.8%、3.8%、0.4%。其中长江干流来水占长江地区入境水量的 99% 以上。

江苏省入境水量年际变化较大，年最大入境水量为 13263 亿 m^3，出现在 1998 年，约为多年均值的 1.4 倍；年最小入境内水量为 1978 年的 6890 亿 m^3，仅为多年均值的 0.73 倍；年最大过境水量与最小过境水量的相差近 2 倍。长江地区年最大过境水量为 12714 亿 m^3，出现在 1998 年，约为多年均值的 1.4 倍；年最小过境水量为 1978 年的 6806 亿 m^3。淮河地区年最大过境水量为 914 亿 m³，出现在 2003 年，约为多年均值的 2.6 倍；年最小过境水量为 1978 年的 61.7 亿 m³，仅为多年均值的 0.17 倍，年最大过境水量与最小过境水量相差达 15 倍。太湖地区也有少部分入境水量，平均为 42.5 亿 m³。

长江是江苏省最大的入境水量来源，2003 年长江三峡工程开始蓄水，三峡工程建成投入使用后，中游各地区防洪能力有较大提高，特别是荆江地区防洪形势将发生根本性变化。但由于长江河道的安全泄量与长江峰高量大的洪水矛盾十分突出，而三峡工程的防洪库容相对仍然不足，同时中下游仍有 80 万 km² 的集水面积，下游防洪形势仍然十分严峻。

据统计，大通站以下干流区间入江流量约占大通站流量的 3% 左右，根据大通站水文资料：长江多年平均流量为 28600m³/s，最大流量为 92600m³/s（1954 年 8 月 1 日），次大流量为 82300m³/s（1998 年），最小流量 4620m³/s（1979 年 1 月 31 日）。大通水文站流量特征统计见表 3.8。

表 3.8　　　　　　　　　　　大通水文站流量特征统计表

项　目		特征值	时间	统计时段
流量/(m³/s)	历年最大	92600	1954-08-01	1950—2015 年
	历年最小	4620	1979-01-31	1950—2015 年
	多年平均	28500		1950—2015 年

根据图 3.3～图 3.5 可以看出，长江上游大通年平均流量和年最大流量没有明显的变化趋势，而年最小流量近年来上升明显。

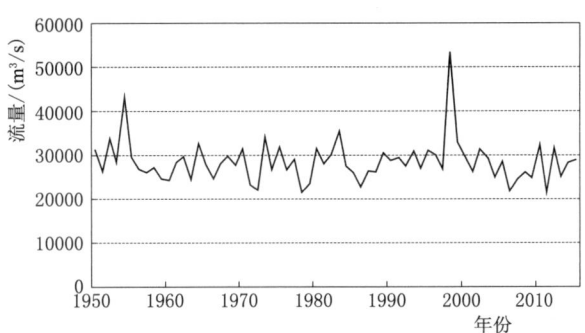

图 3.3　大通站 1950 年以来年均流量过程图

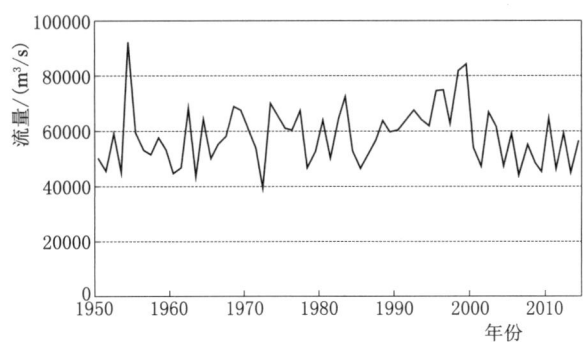

图 3.4　大通站 1950 年以来年最大流量过程图

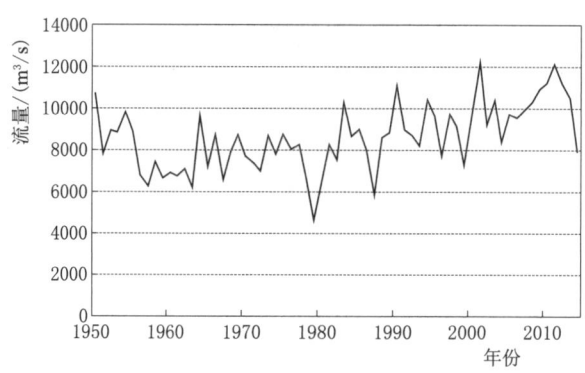

图 3.5　大通站 1950 年以来年最小流量过程图

从长江干流大通站 1950 年以来的多年平均逐月平均流量成果图（图 3.6）中可以看出，长江来水量主要集中在汛期，约占全年总来水量的 60%，月平均流量中 7 月最大，1 月最小。

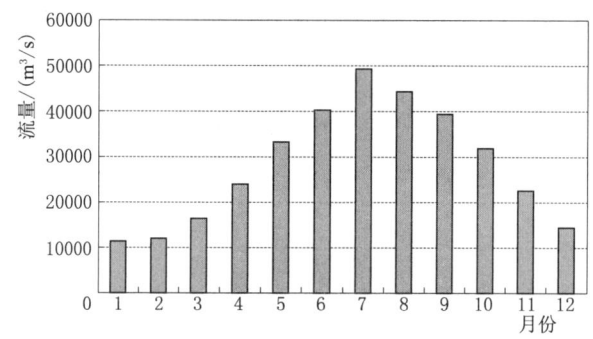

图 3.6　大通站 1950 年以来多年平均逐月平均流量成果图

江苏省的过境水量是丰富的，长江是比较稳定可靠的水源，有很大的供水潜力，但引用江水受到引江工程能力的限制，要进一步扩大引江水量，除考虑河道及水质等技术性问题外，更重要的是需要大量投入；淮河地区平均虽有约 350 亿 m^3 的过境水量，但丰枯年入境水量差异悬殊，且丰枯时间又基本与省内北部地区丰枯时段同步，难以利用。

3.3.2　出境水量

江苏省出境水量分入陆域部分与入海部分，长江干流北支通过南通入海，南支通过上海入海，由于受海上潮汐影响，无法监测分析水量，通常不计入出境（入海）水量中。

1. 入陆域

江苏省出境水量陆域部分主要交界是浙江、上海，并有少量的水入山东、安徽。

入浙江水量主要是从太湖到湖州以及从苏州到嘉兴，其中：①环太湖线：环太湖线是江苏与浙江的分界线；②苏州入嘉兴：与嘉兴市水量交往有进有出，新江南运河向东至上海交界绝大多数河道水流自吴江浦南区流向嘉兴，其中苏嘉老运河水量来自新江南运河至平望的分流，向南入浙江红旗塘。

入上海水量主要是：①太浦河入上海水量：太浦河是苏沪水量交往的最大通道，除了太浦闸下泄水量外，其他水量来自太浦河两岸支流汇流，南岸支流水量主要来自杭嘉湖北排工程，北岸支流水量主要来自江南运河和淀泖区出水；②淀泖区入淀山湖水量：淀泖区入淀山湖水量主要有三股，一是吴淞江支流千灯浦入淀山湖，二是淀泖区澄湖下减→明镜荡→长白荡→汪洋荡→淀山湖，三是急水港（苏申外港线航道）入淀山湖；③吴淞江干流入上海水量：吴淞江源自东太湖瓜泾口，在上海四江口进入上海；④太仓入上海水量：太仓与上海水量交换以浏河为界。浏河南岸均有圩口闸控制，水量交换较少。

江苏每年进入安徽有少量水量，主要是南京固城湖、石臼湖地区，进入青弋江、水阳江。

南水北调调水期间，江苏省通过蔺家坝抽水站和山头站可以调水进入山东。

从近10年苏浙边界水量统计资料可以看出，浙江出入境水量基本在70亿 m^3 左右，主要与年型水情有关。入上海水量呈上升趋势，主要太浦河入上海水量明显上升，根据近10年数据统计，太浦河入上海总量占江苏入上海水量的52%左右，其中2010年、2012年和2015年太浦河出水量占55%左右。2006—2015年浙江、上海、江苏水量交换成果见表3.9。

表3.9　　　　2006—2015年浙江、上海、江苏水量交换成果表　　　　单位：亿 m^3

年　份	浙江来水	入浙江	入上海
2006	52.48	52.97	95.15
2007	59.67	64.29	92.36
2008	78.45	67.19	111.3
2009	77.56	67.63	106.2
2010	72.85	69.99	117.3
2011	91.13	82.79	107.5
2012	79.38	70.29	118.7
2013	69.61	70.60	122.0
2014	70.99	64.57	134.5
2015	86.32	72.88	143.3
均值	73.84	68.32	114.8

2. 入海

江苏省出境水量中的入海水量主要是通过连云港、盐城、南通三个地级市入海的。

(1) 连云港市。连云港市入海水量分为赣榆区、沂北区、沂南区三大块。

1) 赣榆区。赣榆区入海水量主要分为兴庄河以北地区、兴庄河以南地区（含兴庄河），青口河三大部分。

兴庄河以北地区基本为山丘区，流域情况与小塔山水库入库控制站黑林水文站流域情况类似，赣榆区新庄河以北区域入海水量根据面积，与黑林水文站实测流量类比，推求出入海水量，入境水量按山东省流域面积与总流域面积类比推求。

兴庄河以南区域多为平原区，与兴庄河流域基本类似，兴庄河闸设有沿海巡测断面，根据新庄河入海水量按面积类比推求出新庄河以南区域入海水量。

青口河小塔山水库入海水量按实测流量资料计算。

2）沂北区。沂北区入海水量主要分为连云港市区、灌云县和新沂河。

连云港市区主要有蔷薇河、大浦河、排淡河、烧香河、善后河，蔷薇河流域有临洪水文站控制，为实测资料；大浦河、排淡河、烧香河、善后河有入海水量巡测断面，结合次降雨径流关系分析入海水量。

灌云县绝大部分面积由燕尾港入海，沿海有燕尾港挡潮闸及五灌河挡潮闸控制，有沿海巡测资料。

新沂河入海水量用沭阳站、南偏泓、排污地涵等站流量推求。

3）沂南区。沂南区入海水量均从灌河入海，分为盐东和盐西两部分。盐西入海水量从盐东控制工程义泽河闸、龙沟河闸、北六塘河闸、武障河闸入灌河，有巡测流量资料，入境水量按境内境外面积比计算；盐东区中小河流众多，流域情况与灌云县五灌河流域类似，用五灌河入海水量按面积类比推求盐东区域入海水量。

（2）盐城。境内废黄河、入海水道、苏北灌溉总渠、射阳河、黄沙港、新洋港、斗龙港、川东港、运棉河、利民河、西潮河、大丰干河、四卯酉河、王港河、梁垛河、新东河等16条主要入海河流设有水文站，控制入海水量超80%；盐城沿海未设站的16条入海河流（除灌河外）通过开展巡测推算入海水量。

（3）南通。南通沿海有小洋口闸站、遥望港闸站、大洋港闸站3个水文站，排水量用每年的整编成果。南通沿海其他小闸入海，2009年以前沿江、沿海各小闸引排水量根据各涵闸的设计流量，以及20世纪70年代、80年代的启东片巡测资料，用代表站法推算；2009年后利用南通市引江调水改善水环境工程，对沿江、沿海设计流量大于$50m^3/s$的涵闸进行了水文测验，2013年、2014年通过对各涵闸进行了复测，根据测验成果，对各小闸引排水量进行了重新率定和推算；北凌新闸是小洋口闸的0.34倍，东安闸、掘坚新闸各是小洋口闸的0.5倍，如东县其他小闸是小洋口闸的0.31倍，通州区团结闸是遥望港闸的0.8倍，通州区其他小闸是遥望港闸的0.26倍，海门市小闸是大洋港闸的0.29倍，启东市各小闸是大洋港闸的2.45倍。

江苏省多年平均入海水量为290.3亿m^3。

江苏省入海水量年内分配比较集中，全省连续最大4个月（6—9月）占年总量的63%，最大4个月的降水量出现在5—8月，而连续最大4个月入海水量的时间滞后1个月，反映了上游来水汇流特性和本省河、湖、库调蓄和排水工程的能力。连续最小4个月入海水量出现在当年12月至次年3月，仅占全年总量的13.7%。

江苏省入海水量的年际变化较大，入海水量的多少能直观地表征出水资源的年际丰枯变化规律。最大年的入海水量为584.2亿m^3，出现在1963年，是多年平均值的2.01倍；最小年入海水量为89.1亿m^3，约占多年平均的30.7%，出现在1978年。

2000—2015年江苏省年平均入海水量310.9亿m^3，其中南通地区由于海岸线较短，总量相对较小，多年平均入海水量占总量的8.0%，盐城地区总量最大，占总量的60.0%；受淮河流域大洪水影响，2003年入海水量最大584.2亿 m³，为历年平均值的1.9倍。

2000—2015年江苏省年入海水量过程示意如图3.7所示。

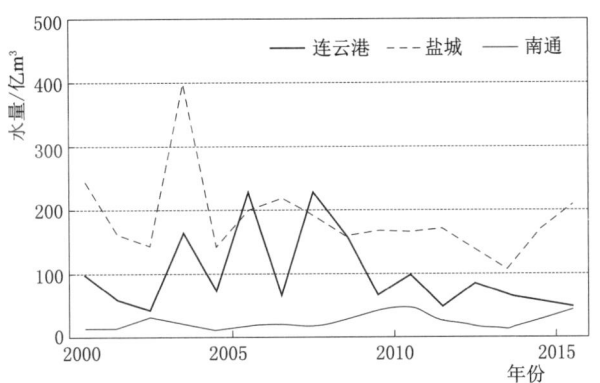

图3.7　2000—2015年江苏省年入海水量过程示意图

3.4　沿江引排水量

长江是我国最长的河流，江苏省处于长江流域的下游，承受了上游17个省（自治区、直辖市）的径流，丰沛的水量也是江苏省水资源的重要来源。全省沿江8市（苏南地区的南京、苏州、无锡、常州、镇江5市和苏中地区的南通、扬州、泰州3市）以占全省不足50%的土地面积和占全省近55%的人口，多年来创造占全省近80%的地区生产总值，是江苏省经济发展的重心区。

长江横贯江苏省境内长达400多千米，岸线总长1110km，其中主江岸线803km，洲岛岸线307km。南北两岸有通江口门有1000多处，包含通江抽水站、节制闸、涵洞、排涝站、船（套）闸等，根据最新统计成果，全省沿江主要口门有117个、节制闸口门有116个、抽水站口门有20个。

苏北沿江口门除了沿江地区的自身引排外，有江水北调和江水东引北送工程这两项较大的引水工程。江水北调工程是补给淮北和苏北沿海垦区水源的关键性工程，它由长江取水，利用京杭大运河苏北段作为输水干河，多级提引江水北上，串联洪泽湖、骆马湖、微山湖及石梁河水库等湖库，实现长江、淮河、沂沭泗三大水系跨流域调水，江水北调工程从1961年开始实施，至目前已建成江都、淮安、泗阳、刘老涧、皂河、刘山、解台、沿湖等9个梯级20余泵站，输水干线长404km；江水东引北送工程还包括里下河地区自流引江工程，主要有新通扬运河（自流引江能力550m³/s），泰州引江河（自流、抽引江水设计流量各300m³/s），并可通过通榆河将江水送至沿海垦区。

长江以南的引江济太引水工程，常熟水利枢纽是太湖流域骨干引排河道望虞河的控制性工程。自工程建成以来，在防御太湖流域1999年特大洪水与水资源调度中发挥了重要作用。2002年开始实施引江济太，年均调引长江水10多亿 m³ 入太湖流域，为保障流域供水安全，改善地区水环境做出了重要贡献，经济效益和社会效益显著。特别是2007年太湖蓝藻暴发，一度引发无锡城市供水危机，常熟水利枢纽为太湖周边地区供水安全发挥了极其重要的作用。

3.4.1 引江水量

江苏省多年平均引江水量为 122.2 亿 m^3。其中长江以南地区为 37.5 亿 m^3，占总引江水量的 30.7%；长江以北地区为 84.7 亿 m^3，占总引江水量的 69.3%。

引江水量年际间的变化很大，最大年引江水量达 302.2 亿 m^3，出现在 1978 年；最小年仅 26.5 亿 m^3，出现在 1956 年。两者比值为 11.4，相差甚大。

年内各月引江水量，最大 4 个月引江水量在 5—8 月，其引江水量为 64.9 亿 m^3，占全年引江水量的 50%以上，最大 4 个月月均引水江为 16.3 亿 m^3，是全年月均引江水量的 2 倍。

长江以南地区引江水量从 1956—1981 年有增加的趋势，每年增加约 0.9 亿 m^3，而从 1981 年以来有减少的趋势，每年减少 0.7 亿 m^3；长江以北地区引江水量年变幅较大，从 1956—1989 年增加较多，每年增加 3.6 亿 m^3，而从 1989 年以来有减少的趋势，每年减少 1.1 亿 m^3。主要由于中华人民共和国成立以来沿江并港建闸，特别是长江以北的江水北调工程的建设，实现长江、淮河、沂沭泗三大水系跨流域调水，引江规模大为增加。20世纪 90 年代间降雨量偏多，引起区域的引江水量减少。

江苏省长江以南、以北地区年引江水量过程如图 3.8 和图 3.9 所示。

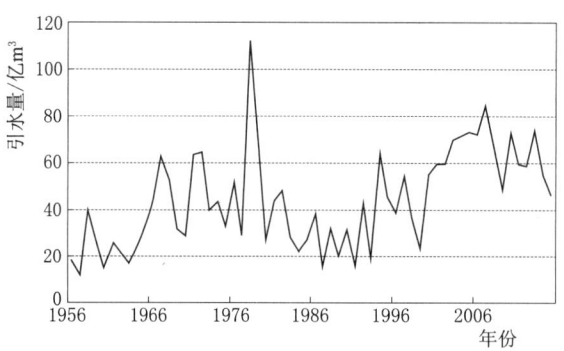

图 3.8　江苏省长江以南地区年引江水量过程示意图

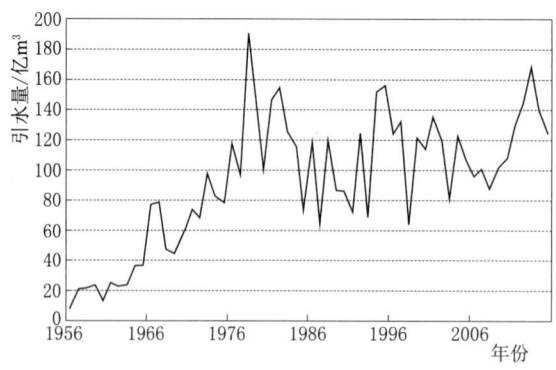

图 3.9　江苏省长江以北地区年引江水量过程示意图

3.4.2 入江水量

江苏省多年平均入江水量为262.3亿 m³。其中长江以南地区为54.7亿 m³，占总入江水量的20.9%；长江以北地区为207.6亿 m³，占总入江水量的79.1%。

入江水量年际间的变化随上游来水和当地雨水涝水变化而有较大的变幅。最大年入江水量达812.8亿 m³，出现在1991年；最小年入江水量仅19.9亿 m³，为1978年。两者比值为40.8，相差极度悬殊。

入江水量年内分配也不均匀，全省连续最大4个月入江水量多年均值为187.3亿 m³，占全年总量的71.4%，出现在7—10月；汛期（5—9月）入江水量为195.8亿 m³，占全年总量的74.6%。连续是最小4个月为当年12月至次年3月，入江水量仅16.7亿 m³，占年总量的6.4%。

分别对长江以南、以北地区的年入江水量与年份进行趋势模拟。从模拟的结果来看，长江以南地区入江水量从1956—1965年有减少的趋势，每年减少约0.4亿 m³，而从1965年以来有增加的趋势，每年增加1.3亿 m³；而长江以北地区则变化更为明显，1956—1984年沿江入江水量有明显的下降趋势，且每年减少3.2亿 m³，从1984年以来平均每年增加约为1.9亿 m³。

江苏省长江以南、以北地区年入江水量过程如图3.10和图3.11所示。

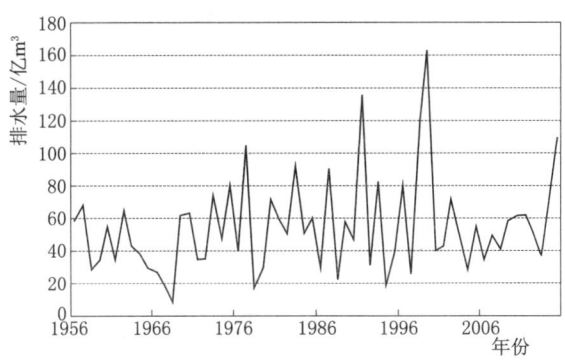

图3.10 江苏省长江以南地区年入江水量过程示意图

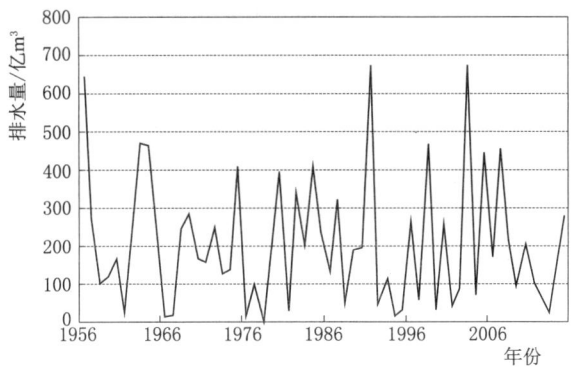

图3.11 江苏省长江以北地区年入江水量过程示意图

3.5 水资源质量

水的质量不符合标准，不但失去了资源的价值，而且会酿成公害，影响经济发展，危害人民健康。及时掌握水质的变化情况，了解分析水中物质来源、迁移过程、危害程度及其分布规律，找出影响水质的原因，预测水体水质的发展趋势，才能采取必要的水源保护和水污染防治措施，保障生活和生产的安全用水。

江苏省自19世纪50—60年代开展水质监测以来，水质监测站网不断优化、完善，较好地掌握了全省水质状况及变化情势，尤其是2003年开展水功能区监测以来，水质站网得到了进一步优化调整，监测范围、频次及监测指标也得到了扩大或增加，为加强水资源管理与保护提供了坚实的支撑。

3.5.1 区域水质

根据江苏省水环境监测中心近10余年水质监测成果，依据《地表水环境质量标准》(GB 3838—2002)，采用pH值、溶解氧、高锰酸盐指数、化学需氧量、五日生化需氧量、氨氮、铜、锌、氟化物、硒、砷、汞、镉、六价铬、铅、氰化物、挥发酚、阴离子表面活性剂、硫化物等19项水质参数，利用单因子评价法对江苏省区域水质情况进行分析。

1. 水质现状

2015年，全省共设置地表水监测站点2037个，涉及河流（包括长江）915条、湖库158个。据监测结果分析，各类地表水监测站中，Ⅱ类占15.1%、Ⅲ类占29.3%、Ⅳ类占28.1%、Ⅴ类占11.0%、劣Ⅴ类占16.4%，累计优于Ⅲ类水（含Ⅲ类，下同）站点为44.4%、劣于Ⅲ类水断面55.6%。主要超标指标为氨氮、化学需氧量、五日生化需氧量、高锰酸盐指数，超标率分别为38.4%、32.3%、31.2%、22.2%；部分断面存在溶解氧、氟化物、挥发酚等指标超标现象，超标率分别为7.9%、2.6%、0.67%。

2015年，按流域评价，长江流域水质最好，其次为淮河流域，太湖流域相对较差，3个流域优于Ⅲ类水比例从高到低分别为62.6%、56.0%、18.7%；长江流域、淮河流域、太湖流域Ⅳ类水比例分别为20.2%、26.5%、36.0%；污染严重的Ⅴ类及劣Ⅴ类水站点中，太湖流域相对较高，占45.3%；淮河流域、长江流域基本相当，分别为17.5%、17.2%。

按地级市评价，2015年全省各地级市优于Ⅲ类水比例介于8.6%~84.5%。优于Ⅲ类水比例70%以上的为淮安、镇江2个地级市；优于Ⅲ类水比例介于60%~70%之间的有盐城、南京、扬州3个地级市；优于Ⅲ类水比例介于50%~60%之间的有泰州、徐州、宿迁、南通4个地级市；优于Ⅲ类水比例介于30%~40%之间为连云港；苏州、常州、无锡优于Ⅲ类水比例较低，分别为26.7%、13.0%、8.6%。对于污染严重Ⅴ~劣Ⅴ类水质站点而言，无锡、常州较高，均超50%；苏州达35.0%；连云港、南京、宿迁相当，约30%；泰州、徐州、镇江相当，15%左右；扬州、淮安、盐城为10%左右；南通最低，为2.9%。

2015年江苏省区域水质类别示意如图3.12所示。

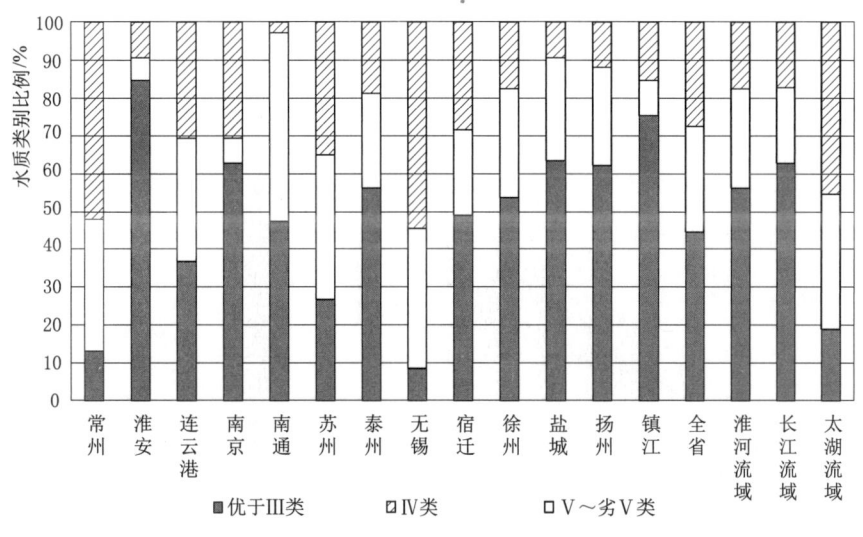

图 3.12 2015 年江苏省区域水质类别示意图

2. 变化情势

2003 年以来，江苏省水质站年均水质类别优于Ⅲ类比例介于 27.7%～44.4% 之间，2005 年最低，2015 年最高，多年年均值为 36.1%。多年以来，全省优于Ⅲ类水质站点总体呈好转趋势，不显著，年均变化率 3.45%；Ⅳ类水质站点呈下降趋势，年均变化率 4.41%；Ⅴ～劣Ⅴ类水质基本相当，年均变化率 1.64%。总体而言，全省污染水体趋于下降，优质水呈上升态势，但均不显著。江苏省多年水质类别变化趋势如图 3.13 所示。

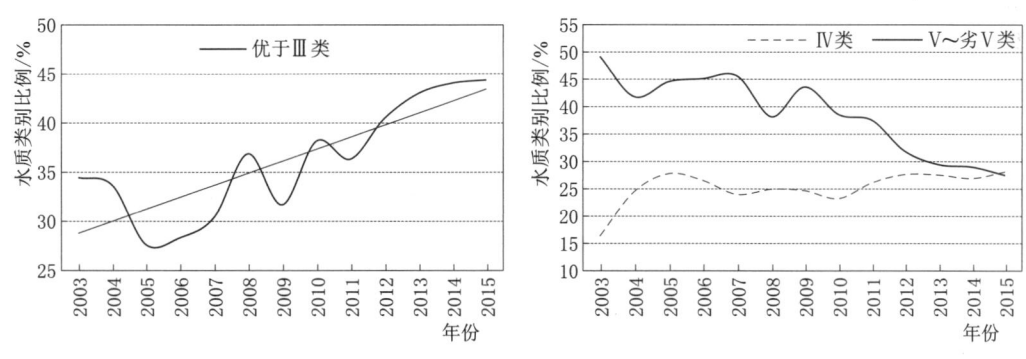

图 3.13 江苏省多年水质类别变化趋势示意图

近 10 余年来，江苏省淮河流域、长江流域、太湖流域水质总体呈好转态势，太湖流域好转相对明显，三大流域优于Ⅲ类水质的比例分别上升了 2.97%、4.63%、10.5%。淮河流域、长江流域Ⅳ类水质基本保持稳定，年均变化率分别为 0.37%、-0.39%；太湖流域年均上升率为 7.47%。淮河流域、长江流域、太湖流域Ⅴ～劣Ⅴ类水质趋势一致，均呈下降态势，年均下降百分率分别为 5.01%、7.14%、4.65%。江苏省流域水质类别变化趋势如图 3.14 所示。

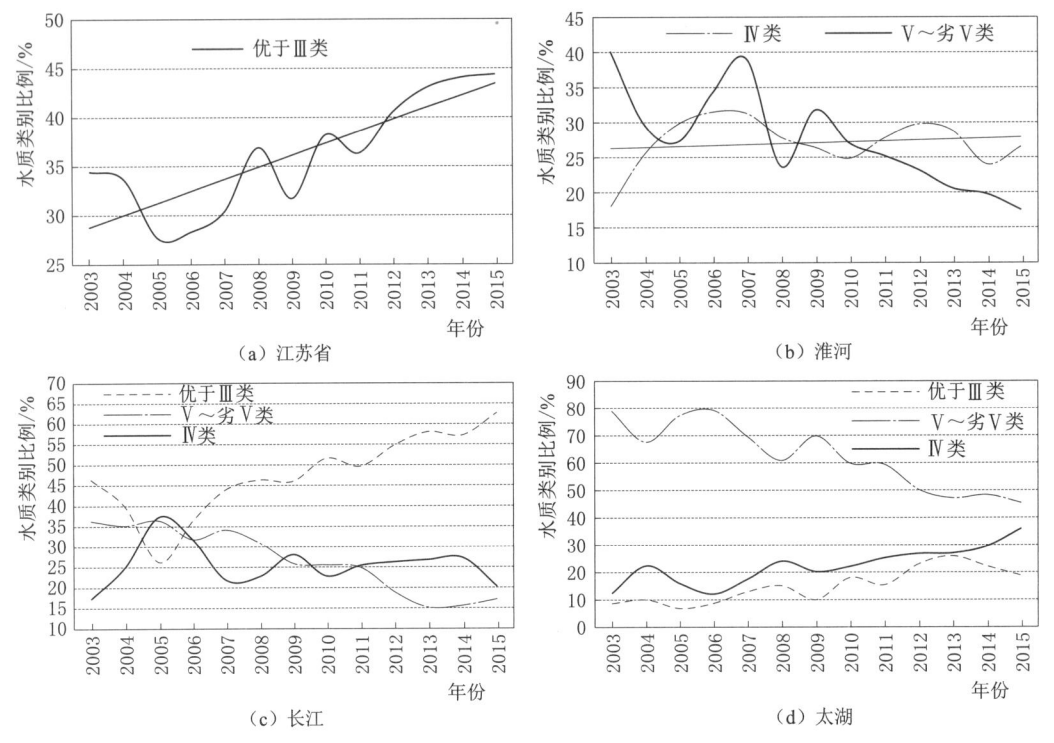

图 3.14 江苏省流域水质类别变化趋势示意图

3.5.2 主要河道水质

江苏省地处江淮沂沭泗流域的下游，是以平原水网为主的省份。境内河湖库密布，水面积占整个地域面积的 16% 以上，这为江苏的经济社会发展提供了良好的水资源和水生态环境条件。现据历年水质监测成果，采用与区域水质相同的评价参数、评价标准与方法对全省 32 条流域性河道水质进行分析。

1. 淮河流域性河道

淮河。江苏境内起于苏皖省界，讫于洪泽湖，全长 77.4km，涉及江苏省泗洪县、盱眙县。淮河江苏段现状水质较好，全线稳定达到Ⅱ～Ⅲ类，且以Ⅱ类为主，基本达到水功能区水质要求。2003 年以来，淮河江苏段水质趋于好转，尤其 2010 年以来，水功能区水质达标率基本达到 100%，水质基本优于Ⅲ类水（包含Ⅲ类）。

中运河。起于苏鲁界，讫于杨庄，全长 165.8km，涉及江苏省邳州市、新沂市、宿迁市区、泗阳县、淮安市区。中运河现状水质Ⅱ～Ⅲ类水占 100%，2013 年及以前出现超标水域主要水质影响因子为石油类，主要位于宿迁市区、泗阳县段，影响中运河水功能区稳定达标。2003 年以来，中运河水质基本稳定。与过去相比，中运河近 6 年水质好转明显，绝大部分时段水质均优于Ⅲ类水（包含Ⅲ类）。

新沂河。起于嶂山闸，讫于黄海（燕尾港），全长 146.7km，涉及江苏省宿迁市区、沭阳县、新沂市、灌云县、灌南县。新沂河现状水质Ⅱ～Ⅲ类水占 66.7%，Ⅴ～劣Ⅴ类水占 33.3%，主要水质影响因子为氨氮，主要位于宿迁市区、沭阳县段，严重影响新沂河水功能区达标。与过去相比，2008年以来，新沂河水质有所下降，Ⅴ类和劣Ⅴ类水时常出现，Ⅴ类和劣Ⅴ类水介于16.7%～50.0%，水功能区水质达标率介于33.3%～83.3%。

新沭河。起于苏鲁界，讫于黄海（三洋港），全长53.1km，涉及江苏省东海县、赣榆县、连云港市区。新沭河现状水质Ⅱ～Ⅲ类水占66.7%，Ⅳ～劣Ⅴ类水占33.3%，2003年以来新沭河出现超标水域主要水质影响因子为化学需氧量、氨氮，主要位于东海县段，严重影响新沭河水功能区达标。2003年以来几乎每年都有Ⅴ类或劣Ⅴ类水出现，尤其是2010—2013年，新沭河水质恶化明显，劣Ⅴ类水由0上升至33.3%，Ⅴ类和劣Ⅴ类水介于25.0%～66.6%，水功能区水质达标率介于33.3%～75.0%，2014—2015年新沭河水质好转明显，Ⅴ类和劣Ⅴ类水消失，绝大部分时段水质均优于Ⅲ类水（包含Ⅲ类）。

沂河。起于苏鲁界，讫于骆马湖（苗圩），全长45.5km，涉及江苏省邳州市、新沂市。沂河现状水质较好，全线稳定达到Ⅱ～Ⅲ类，基本达到水功能区水质要求。与过去相比，沂河近6年来水质改善明显，水功能区水质达标率基本达到100%。水质均优于Ⅲ类水（包含Ⅲ类）。

沭河。起于苏鲁界，讫于新沂河（口头），全长44.7km，涉及江苏省新沂市、东海县、宿迁市区。沭河现状水质较差，Ⅲ类水占62.5%，Ⅳ～劣Ⅴ类水占37.5%，主要水质影响因子为氨氮，主要位于新沂市段，严重影响新沭河水功能区达标。2003—2013年沭河水质没有得到有效改善，劣Ⅴ类水基本占1/3，水功能区水质达标率也基本在50%左右，2014—2015年沭河水功能区水质有所改善，劣Ⅴ类水明显减少，Ⅲ类水明显增多。

邳苍分洪道。起于苏鲁界，讫于中运河（柳林），全长33.5km，涉及江苏省邳州市。邳苍分洪道现状水质Ⅱ～Ⅲ类水占50%，Ⅳ类水占50%，主要水质影响因子为高锰酸盐指数、化学需氧量，主要位于邳州市段，对邳苍分洪道水功能区稳定达标有一定影响。与过去相比，邳苍分洪道近6年来水质好转相对明显，Ⅴ类、劣Ⅴ类水基本消失，水功能区水质达标率介于50.0%～100%，绝大部分时段均优于Ⅲ类水（包含Ⅲ类）。

分淮入沂。起于二河闸，讫于新沂河（沭城），全长97.9km，涉及江苏省淮安市区、泗阳县、沭阳县。分淮入沂现状水质较好，全线稳定达到Ⅱ～Ⅲ类，基本达到水功能区水质要求。2008年以来，分淮入沂水质趋于好转，Ⅴ类水基本消失，Ⅳ类水不断减少，水功能区水质达标率介于89.5%～100%。

怀洪新河（含下草湾引河）。起于苏皖界（杨庵），讫于洪泽湖（溧河洼），全长34.8km，涉及江苏省泗洪县、盱眙县。怀洪新河（含下草湾引河）现状水质较好，Ⅲ类水占50%，Ⅳ类水占50%，基本满足水功能区水质要求。2008年以来，怀洪新河（含下草湾引河）水质趋于好转，Ⅴ类水基本消失，Ⅳ类水不断减少，水功能区水质达标率超过（含）50.0%，绝大部分时段水质均优于Ⅲ类水（包含Ⅲ类）。

淮河入江水道。起于三河闸，讫于长江（三江营），全长157.2km，涉及江苏省盱眙县、洪泽县、金湖县、宝应县、高邮市、江都市、扬州市区。淮河入江水道现状水质Ⅱ～Ⅲ类水占100%，2003年以来出现超标水域，主要水质超标因子为石油类，主要位于金湖县段，对淮河入江水道水功能区达标有一定影响。与过去相比，2009年以来，水质好转明显，Ⅴ类水基本消失，2014—2015年水功能区水质达标率达到100%，绝大部分时段均优于Ⅲ类水（包含Ⅲ类）。

淮河入海水道。起于二河新泄洪闸,讫于黄海(扁担港),全长163.4km,涉及江苏省淮安市区、阜宁县、滨海县。淮河入海水道水质较差,现状水质Ⅲ类水占25.0%,Ⅴ~劣Ⅴ类水占75.0%,主要水质影响因子为氨氮与化学需氧量,主要位于淮安市区、阜宁县段,严重影响淮河入海水道水功能区达标。与过去相比,2009年以来,淮河入海水道水质继续恶化,并有加深的趋势,Ⅴ~劣Ⅴ类水明显增多,水功能区水质达标率基本低于50.0%。

苏北灌溉总渠。起于高良涧闸,讫于黄海(扁担港),全长168km,涉及江苏省洪泽县、淮安市区、阜宁县、滨海县、射阳县。苏北灌溉总渠现状水质较好,全线稳定达到Ⅱ~Ⅲ类,且以Ⅱ类为主,基本达到水功能区水质要求。2007年以来,苏北灌溉总渠水质趋于好转,尤其是2011年以来,水功能区水质达标率基本达到100%,水质全部优于Ⅲ类水(包含Ⅲ类)。

废黄河(杨庄以下段)。起于杨庄,讫于黄海(中山河口),全长167.8km,涉及江苏省淮安市区、涟水县、阜宁县、响水县、滨海县。废黄河(杨庄以下段)现状水质Ⅱ~Ⅲ类水占90.9%,并以Ⅱ类为主,Ⅳ类水占9.1%,废黄河(杨庄以下段)水质较好,基本达到水功能区水质要求,主要水质影响因子为高锰酸盐指数,主要位于淮安市区段,对废黄河(杨庄以下段)水质达标有一定影响,但影响较小。与过去相比,2008年以来,废黄河(杨庄以下段)水质好转相对明显,Ⅴ类水基本消失,水功能区水质达标率介于90.0%~100%,绝大部分时段均优于Ⅲ类水(包含Ⅲ类)。

里运河。起于杨庄,讫于长江,全长208.7km,涉及江苏省淮安市区、宝应县、高邮市、江都区。里运河现状水质Ⅱ~Ⅲ类水占81.2%,以Ⅱ类水为主,Ⅳ~Ⅴ类水占18.8%,主要水质影响因子为石油类、氨氮,主要位于淮安市区、扬州市区段,影响里运河水功能区稳定达标。与过去相比,近6年来,里运河水质好转明显,Ⅴ类、劣Ⅴ类水不断减少,劣Ⅴ类水减少到0,水功能区水质达标率介于66.7%~100%。

泰州引江河。起于长江(杨湾),讫于新通扬运河(泰州),全长23.9km,涉及江苏省泰州市区、江都区。泰州引江河现状水质非常好,全线稳定达到Ⅱ类,完全达到水功能区水质要求。2003年以来,泰州引江河绝大部分时段均优于Ⅲ类水(包含Ⅲ类),且以Ⅱ类水为主,水功能区水质达标率基本达到100%。

泰东河。起于新通扬运河(泰州),讫于通榆河(东台),全长55.1km,涉及江苏省泰州市区、姜堰市、东台市。泰东河现状水质Ⅱ~Ⅲ类水占100%,2003—2008年出现超标水域主要水质影响因子为五日生化需氧量,主要位于泰州市区段,对泰东河水功能区稳定达标有一定影响。与过去相比,2009年以来,泰东河水质好转明显,水功能区水质达标率介于80.0%~100%,绝大部分时段均优于Ⅲ类水(包含Ⅲ类)。

通榆河。起于新通扬运河(海安),讫于柘汪工业园(赣榆),全长368.1km,涉及江苏省涉及江苏省海安县、东台市、大丰市、盐城市区、建湖县、阜宁县、滨海县、响水县、灌南县、灌云县、东海县、连云港市区、赣榆县。通榆河现状水质Ⅱ~Ⅲ类水占76.2%,Ⅳ~劣Ⅴ类水占23.8%,主要水质影响因子为氨氮、氟化物,主要位于灌南县、灌云县段,严重影响通榆河水功能区达标。与过去相比,2011年以来,通榆河水质有所好转,Ⅴ类、劣Ⅴ类水不断减少,Ⅴ类和劣Ⅴ类水由最高时的41.7%降到2015年的 14.3%，水功能区水质达标率介于 38.9%～72.2%。

新通扬运河（泰西段）。起于芒稻河（江都西闸），讫于泰东河（泰州市区），全长 39.9km，涉及江苏省江都市、泰州市区。新通扬运河（泰西段）现状水质Ⅲ类水占 40%，Ⅳ类水占 40%，Ⅴ类水占 20%，主要水质影响因子为氨氮、化学需氧量，主要位于泰州市区、海安县段，严重影响通榆河水功能区达标。与过去相比，新通扬运河（泰西段）水质有所好转，2012 年及以前Ⅴ类和劣Ⅴ类水约占 1/3，2013 年Ⅴ类和劣Ⅴ类水由最高时的 33.3%降到 0，2014—2015 年Ⅴ类和劣Ⅴ类水基本低于 20%，水功能区水质达标率介于 50%～100%。

三阳河。起于新通扬运河（宜陵），讫于潼河（杜巷），全长 66.5km，涉及江苏省江都市、高邮市、宝应县。三阳河现状水质较好，Ⅲ类水占 75%，Ⅳ类水占 25%，基本满足水功能区的水质要求。与过去相比，2009 年以来，三阳河水质好转明显，水功能区水质达标率达到 100%，绝大部分时段均优于Ⅲ类水（包含Ⅲ类）。

潼河。起于三阳河（杜巷），讫于里运河（宝应站），全长 15.5km，涉及江苏省宝应县。潼河现状水质较好，Ⅲ类水占 100%，基本满足水功能区的水质要求。与过去相比，潼河水质稳中向好，近 3 年来水功能区水质达标率持续达到 100%，水质优于Ⅲ类水（包含Ⅲ类）。

金宝航道。起于里运河（南运西闸），讫于三河（石港站），全长 31.9km，涉及江苏省宝应县、金湖县。金宝航道现状水质较好，Ⅲ类水占 50%，Ⅳ类水占 50%，绝大部分时段达到水功能区的水质要求。与过去相比，2010 年以来，金宝航道水质好转相对明显，Ⅴ类水基本消失，水功能区水质达标率达到 50%～100%，绝大部分时段均优于Ⅲ类水（包含Ⅲ类）。

运西河—新河。起于里运河（北运西闸），讫于苏北灌溉总渠（淮安站），全长 27.7km，涉及江苏省宝应县、淮安市区。运西河-新河现状水质Ⅲ类水占 100%，2013 年及以前主要水质影响因子为石油类，主要位于淮安市区段，严重影响运西河-新河水功能区达标。与过去相比，2014 年以来，运西河-新河水质好转明显，水质均优于Ⅲ类水（包含Ⅲ类）。

徐洪河。起于房亭河（刘集），讫于成子湖（顾勒河口），全长 117km，涉及江苏省邳州市、睢宁县、宿迁市区、泗洪县。徐洪河现状水质Ⅲ类水占 71.4%，Ⅳ类水占 28.6%，主要水质影响因子为氨氮、化学需氧量、高锰酸盐指数，主要位于睢宁县、泗洪县段，影响了徐洪河水功能区稳定达标。与过去相比，2009 年以来，徐洪河水质好转非常明显，Ⅴ类、劣Ⅴ类水不断减少，Ⅴ类和劣Ⅴ类水由最高时的 80.0%降到近三年的 0，水功能区水质达标率介于 50.0%～100%。

房亭河。起于不牢河（大黄山）讫于中运河（张楼），全长 73.8km，涉及江苏省徐州市区、铜山县、邳州市。房亭河现状水质较差，Ⅲ类水占 25.0%，Ⅳ～劣Ⅴ类水占 75.0%，主要水质影响因子为氨氮，并以劣Ⅴ类为主，主要位于徐州市区段，严重影响房亭河水功能区达标。自 2003 年以来，房亭河水质一直较差，Ⅴ类和劣Ⅴ类水约均占 50.0%～75.0%，水功能区水质达标率基本处于 25.0%～50.0%。

大运河湖西段—不牢河起于上级湖（二级坝），讫于中运河（大王庙），全长

140.1km，涉及江苏省沛县、徐州市区、铜山县、邳州市。大运河湖西段—不牢河现状水质Ⅱ~Ⅲ类水占100%，2013年及以前主要水质影响因子为氨氮、化学需氧量、氟化物、高锰酸盐指数，主要位于沛县、徐州市区段，影响大运河湖西段—不牢河水功能区的稳定达标。与过去相比，2011年以来，大运河湖西段—不牢河水质好转非常明显，尤其是2015年水质全部达标；近年来Ⅴ~劣Ⅴ类水不断减少，Ⅴ~劣Ⅴ类水由最高时的100%降到0%，水功能区水质达标率为62.5%~100%。

2. 长江流域性河道

长江。江苏境内起于苏皖界，讫于黄海（启东），全长432.5km，涉及江苏省沿江8市。长江水质现状水质较好，Ⅱ~Ⅲ类水占97.2%，并以Ⅱ类为主，Ⅳ类水占1.4%，劣Ⅴ类占1.4%，主要水质影响因子为氨氮，主要位于南京栖霞区段、镇江市区段，对长江水功能区稳定达标有一定影响，但影响较小。2003年以来，长江江苏段水质趋于好转，尤其是2010年以来，Ⅴ类、劣Ⅴ类水不断减少，Ⅴ类和劣Ⅴ类水由最高时的11.0%降到1.4%，绝大部分时段均优于Ⅲ类水（包含Ⅲ类），水功能区水质达标率接近100%。

滁河（含驷马山河、马汊河）。江苏境内起于苏皖界（驷马山河），讫于长江（大河口），全长152.2km，涉及江苏省南京浦口区、六合区。滁河（含驷马山河、马汊河）现状水质较差，Ⅲ类水占41.7%，Ⅳ~劣Ⅴ类水占58.3%，主要水质影响因子为氨氮，主要位于南京六合区段，严重影响滁河（含驷马山河、马汊河）水功能区达标。自2003年以来，滁河（含驷马山河、马汊河）水质虽有所改善，Ⅴ类和劣Ⅴ类水有所减少，但Ⅴ类和劣Ⅴ类水总体不容乐观，Ⅴ类和劣Ⅴ类水介于33.3%~88.9%，水功能区水质达标率基本处在50.0%以下。

水阳江。起于苏皖界（水碧桥），讫于苏皖界（费家嘴），全长30.9km，涉及江苏省高淳县。水阳江现状水质较好，全线稳定达到Ⅱ~Ⅲ类，且以Ⅲ类为主，基本达到水功能区水质要求。2003年以来，水阳江水质一直较好，水功能区水质达标率达到100%，水质全部优于Ⅲ类水（包含Ⅲ类）。

秦淮河（含秦淮新河、外秦淮河）。起于西北村，讫于长江（秦淮新河枢纽、三汊河闸），全长51.9km，涉及江苏省南京江宁区、雨花台区、秦淮区、白下区、建邺区、鼓楼区、下关区。秦淮河（含秦淮新河、外秦淮河）现状水质较差，Ⅱ~Ⅲ类水占7.4%，Ⅳ~劣Ⅴ类水占92.6%，并以劣Ⅴ类为主，主要水质影响因子为氨氮，主要位于南京市区段，严重影响秦淮河（含秦淮新河、外秦淮河）水功能区达标。自2003年以来，秦淮河（含秦淮新河、外秦淮河）水质一直较差，并有恶化的趋势，Ⅴ类和劣Ⅴ类水介于60.0%~100%，水功能区水质达标率基本处在40.0%以下。

3. 太湖流域性河道

江南运河。起于长江（谏壁），讫于苏浙界，全长211.7km，涉及江苏省镇江市区、丹阳市、常州市区、无锡市区、苏州市区、吴江市。江南运河现状水质较差，Ⅲ类水占18.6%，Ⅳ~劣Ⅴ类水占81.4%，其中Ⅴ~劣Ⅴ类水达到53.5%，主要水质影响因子为氨氮、五日生化需氧量，主要位于镇江市区、常州市区、无锡市区、苏州市区段，严重影响江南运河水功能区达标。自2003年以来，江南运河水质一直较差，虽有所改善，Ⅴ类和劣Ⅴ类水总体有所减少，但Ⅴ类和劣Ⅴ类水总体不容乐观，Ⅴ类和劣Ⅴ类水介于

31.0%～84.2%,除 2013 年水功能区水质达标率较高,达到 64.2%以外,其余年份均在 50.0%左右。

望虞河,起于太湖(沙墩口),讫于长江(耿泾口),全长 60.3km,涉及江苏省无锡市区、苏州市区、常熟市。望虞河现状水质Ⅲ类水占 25.0%,Ⅳ类水占 75.0%,主要水质影响因子为五日生化需氧量、化学需氧量、氨氮,主要位于常熟市段,影响了望虞河水功能区达标。与过去相比,近年以来,望虞河水质好转非常明显,Ⅴ类、劣Ⅴ类水不断减少,Ⅴ类和劣Ⅴ类水由最高时的 100%降到 0%,水功能区水质达标率基本在 50.0%及以上。

太浦河,起于太湖(时家港),讫于苏沪界,全长 40.7km,涉及江苏省吴江市。太浦河现状水质有所下降,现状水质Ⅲ类水占 25.0%,Ⅳ类水占 75.0%,主要水质影响因子为五日生化需氧量,主要位于吴江段。与过去相比,太浦河近 4 年水质有所明显,Ⅴ类水不断减少,Ⅴ类水由最高时的 50.0%降到 0%,近些年水功能区水质达标率基本介于 50.0%～100%,尤其是 2012—2014 年,水功能区水质达标率基本为 100%,绝大部分时段均优于Ⅲ类水(包含Ⅲ类)。

3.5.3 省管湖泊水质

江苏省人民政府于 2005 年 2 月 26 日以苏政办发〔2005〕9 号公布的《江苏省湖泊保护名录》中,共有湖泊 137 个,其中省管湖泊有洪泽湖、太湖、骆马湖、微山湖、里下河腹部地区湖泊湖荡、白马湖、高邮湖、宝应湖、邵伯湖、滆湖、长荡湖、石白湖、固城湖等 13 个,鉴于微山湖涉及苏鲁边界,故仅对另外 12 个湖泊进行分析评价。

水质类别评价指标根据《地表水环境质量标准》(GB 3838—2002),采用 pH、溶解氧、高锰酸盐指数、化学需氧量、五日生化需氧量、氨氮、总磷、铜、锌、氟化物、砷、汞、镉、六价铬、铅、氰化物、挥发酚 17 个项目,营养化评价采用总磷、总氮、高锰酸盐指数、叶绿素 a、透明度 5 个指标。

1. 水质现状

根据《江苏省湖泊保护条例》及相关水环境监测规范要求,江苏省水环境监测中心对全省省管湖泊进行了现场调研与踏勘,编制了《江苏省省管湖泊水质保护规划》,重新优化调整了湖泊监测站点,截至 2015 年年底,全省 12 个省管湖泊(除微山湖)共设置水质监测站 103 个,并于 2008 年开始全面开展了省管湖泊的水质监测工作。

现根据江苏省水环境监测中心 2015 年水质监测结果进行水质现状分析评价。评价结果显示:2015 年省管湖泊水质总体状况不容乐观,水质类别以Ⅳ类为主,营养状况以轻度富营养为主。其中,水质为Ⅲ类的省管湖泊有 3 个,即骆马湖、邵伯湖、大纵湖,占参评省管湖总数据的 25%;水质为Ⅳ类的省管湖泊有 6 个,即太湖、洪泽湖、白马湖、宝应湖、固城湖、高邮湖,占参评省管湖总数据的 50%;水质为Ⅴ类的省管湖泊有 3 个,即滆湖、石白湖、长荡湖,占参评省管湖总数据的 25%。主要污染指标为总磷、化学需氧量、五日生化需氧量、高锰酸盐指数、氨氮等。

12 个省管湖泊营养指数介于 48.2～65.8,骆马湖最低,滆湖最高。骆马湖为中营养,滆湖、长荡湖为中度富营养,其他湖泊均为轻度富营养。

2. 变化情势

自2008年全面启动省管湖泊水质监测以来，12个省管湖泊中，年均综合水质类别达到Ⅲ类水的湖泊最多为6个（2008年），最少为2个（2009年、2011年），Ⅲ类水湖泊所占比例总体呈下降趋势；年均综合水质类别达到Ⅳ类水的湖泊最多为8个（2009年），最少5个（2010年），Ⅳ类水湖泊所占比例呈上升趋势；年均综合水质类别为Ⅴ～劣Ⅴ类水的湖泊最多为3个（2011年、2014年、2015年），其余年份均为2个，有微幅上升趋势，但从2012年开始没有劣Ⅴ水的湖泊出现。2008—2015年江苏省管湖泊年均水质类别比例变化如图3.15所示。

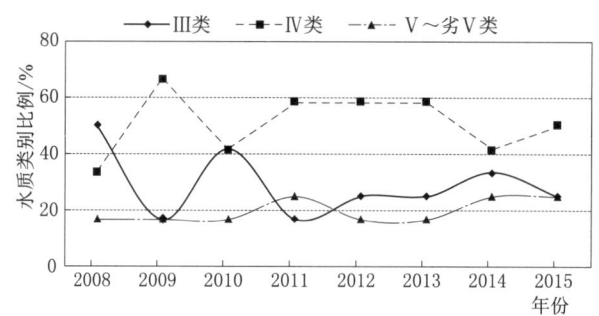

图3.15 2008—2015年江苏省管湖泊年均水质类别比例变化图

2008—2015年，从站点水质类别来看，年均水质类别为Ⅱ～Ⅲ类的站点所占比例最高为2008年、2010年的38.5%，最低为2015年的21.4%，总体有所下降；年均水质类别为Ⅳ类水站点所占比例最高为2015年47.6%，最低为2008年34.6%，总体有所上升；年均水质类别为Ⅴ～劣Ⅴ类水站点所占比例最高为2015年的31.1%，最低为2013年的22.1%，总体有所上升，但从2014年开始没有劣Ⅴ类水的站点出现。2008—2015年江苏省管湖泊站点水质类别比例变化如图3.16所示。

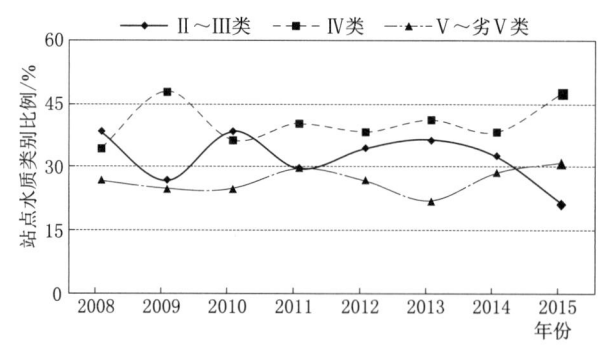

图3.16 2008—2015年江苏省管湖泊站点水质类别比例变化图

2008—2015年，12个省管湖泊中，年均综合营养化水平为中度营养化的湖泊数最多的年份为2009年（5个），最少的年份为2008年、2012—2015年（均为2个），中营养湖泊所占比例总体呈较为明显的下降趋势，并趋于稳定；年均综合营养化水平为轻度富营养的湖泊数最多的年份为2008年、2012年、2013年（10个），最少的年份为2009年（7

个），轻度富营养化湖泊所占比例总体较为稳定；近些年湖泊治理的力度不断加大，2014—2015年有年均综合营养化水平为中营养的湖泊出现（每年均为1个），湖泊富营养化总体得到改善。2008—2015年江苏省管湖泊不同营养化水平比例变化如图3.17所示。

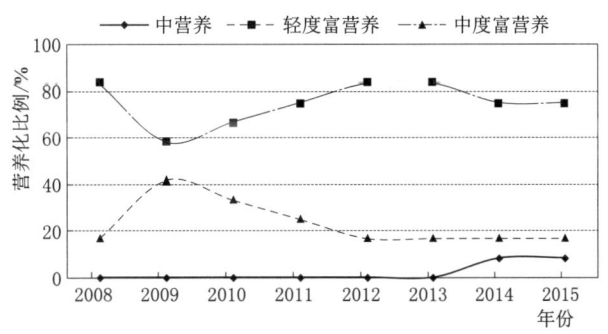

图3.17　2008—2015年江苏省管湖泊不同营养化水平比例变化图

3. 湖泊水质

（1）洪泽湖。洪泽湖位于淮河下游、江苏省淮安市西北部，是"南水北调"工程东线部分的过水通道。洪泽湖在正常蓄水水位12.5m时，面积达2069km²，容积为31.27亿m³，是我国的第四大淡水湖。

2008—2015年，洪泽湖年均综合水质类别均为Ⅳ类，水质总体较为稳定，水质类别为Ⅲ类的站点所占比例总体有所上升，Ⅳ类水站点所占比例略有回升，Ⅴ～劣Ⅴ类的站点所占比例呈微幅下降趋势。2008—2015年洪泽湖站点水质类别比例变化如图3.18所示。

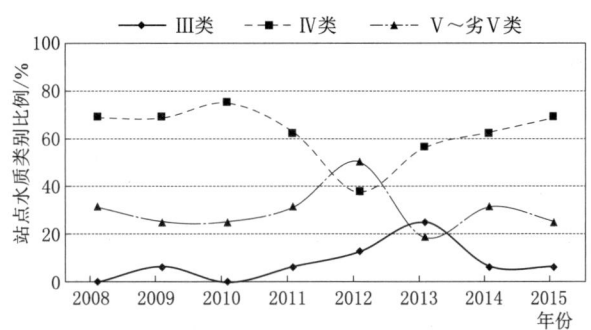

图3.18　2008—2015年洪泽湖站点水质类别比例变化图

2008—2011年，洪泽湖年均综合营养化水平均为中度富营养，2012—2015年均为轻度富营养，营养指数介于56.6～66.6，2008年最高，逐年呈明显下降趋势。2008—2015年洪泽湖营养指数变化如图3.19所示。

2008—2015年，洪泽湖全湖区总磷浓度基本稳定，水质类别均为Ⅳ类。总氮浓度有下降趋势，水质有所改善，2009

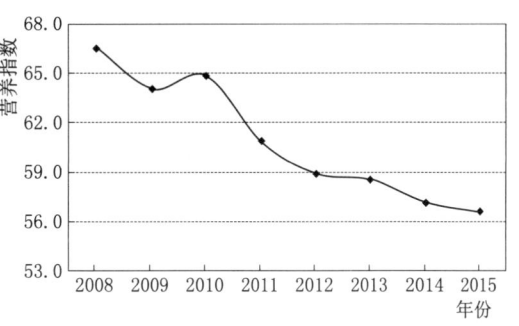

图3.19　2008—2015年洪泽湖营养指数变化图

年、2015年为Ⅳ类，其余年份水质类别均为Ⅴ～劣Ⅴ类。2011—2015年全湖区叶绿素浓度总体呈下降趋势，介于0.0063～0.0133mg/L。高锰酸盐指数在2008—2015年间总体呈下降趋势，但变幅较小，水质类别均为Ⅲ类，浓度介于4.2～4.9mg/L。2008—2015年洪泽湖重点水质指标变化如图3.20所示。

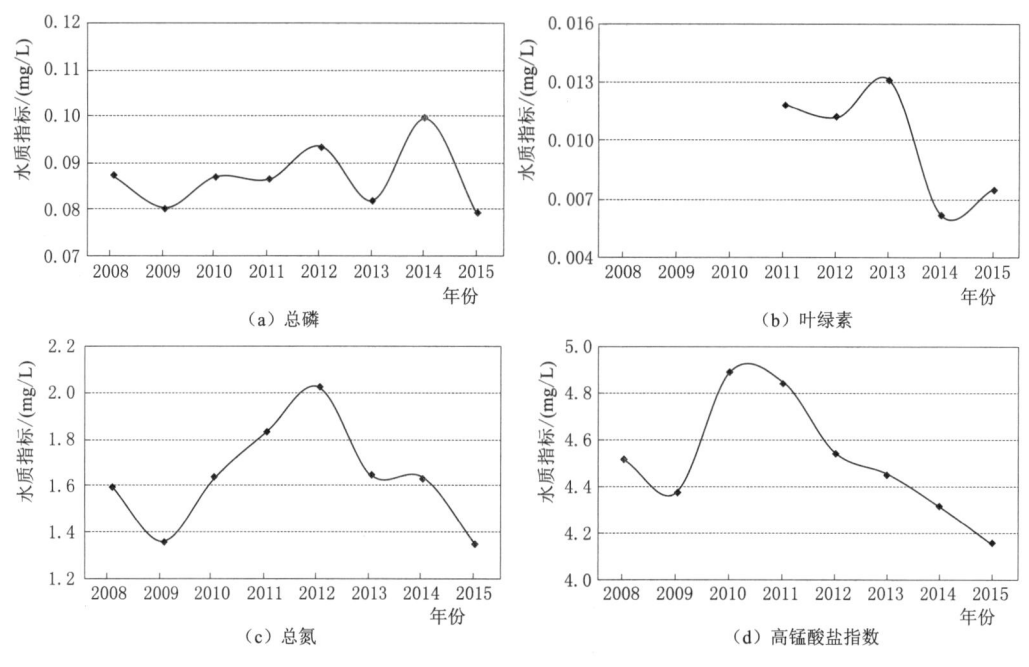

图3.20　2008—2015年洪泽湖重点水质指标变化图

（2）太湖。太湖是我国的第三大淡水湖，位于今江苏省南部，居太湖流域中部，属典型的浅水型湖泊。太湖南北长68.5km，东西宽56km，湖底平均高程为1.10m，平均水深2.00m。湖面分为太湖湖体区、竺山湖、梅梁湖、贡湖、胥湖、东太湖六大湖区。现有水域面积2338km^2，其中江苏境内2334km^2。

2008—2015年，太湖年均综合水质类别均为Ⅳ类，水质类别为Ⅱ～Ⅲ类的站点所占比例总体呈下降趋势，Ⅳ类水站点所占比例总体有所上升，Ⅴ～劣Ⅴ类的站点所占比例呈微幅上升趋势。2008—2015年太湖站点水质类别比例变化见图3.21。

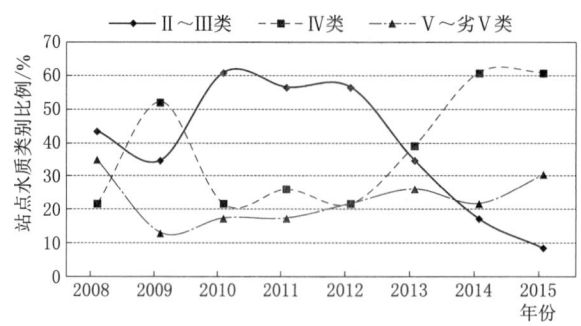

图3.21　2008—2015年太湖站点水质类别比例变化图

2008—2015年，太湖年均综合营养化水平均为轻度富营养，营养化程度较高，营养指数介于53.9~59.1，呈缓步下降趋势。2008—2015年太湖营养指数变化如图3.22所示。

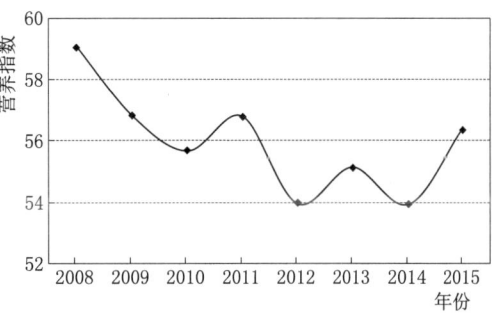

2008—2015年，全湖区总磷浓度基本稳定，近年来略有上升，年均水质类别均为Ⅳ类。总氮浓度总体呈波动趋势，变化较大，总体呈下降趋势，年均水质类别在Ⅳ~劣Ⅴ类之间。2008—2015年全湖区叶绿素浓度除2011年较大外，其余年份基本稳定，介于0.0052~0.0417mg/L。高锰酸盐指数2008—2015年总体呈下降的趋势，但2015年有所回升。2008—2015年太湖重点水质指标变化如图3.23所示。

图3.22 2008—2015年太湖营养指数变化图

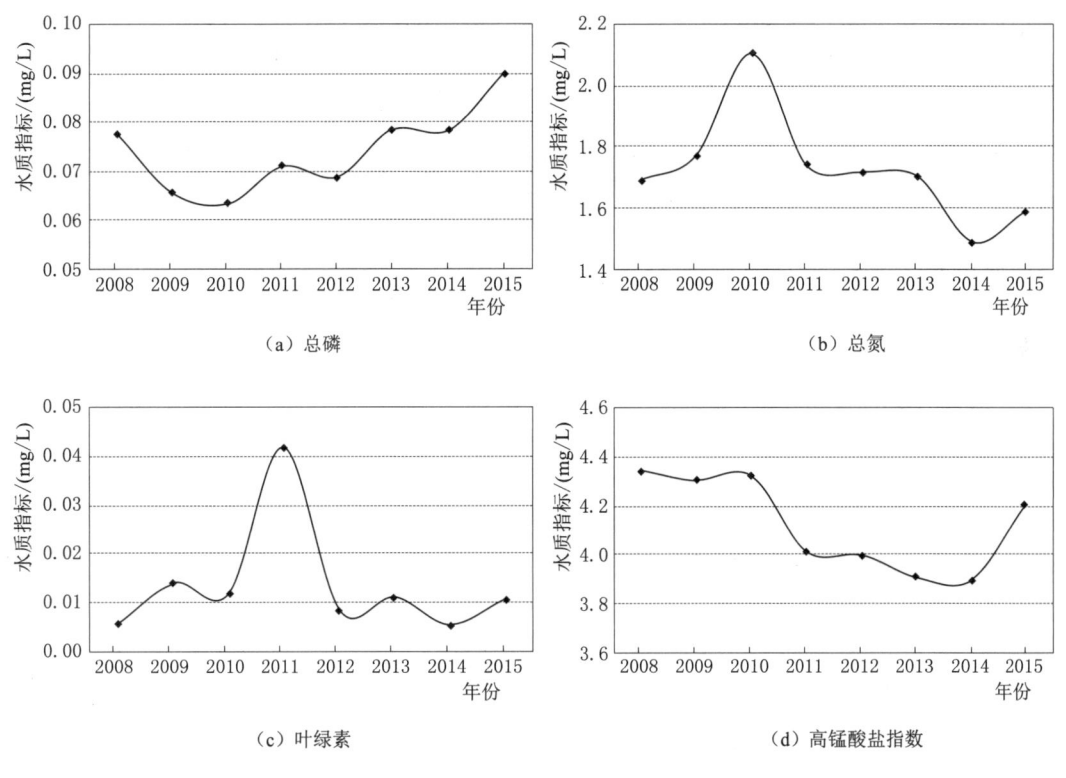

(a) 总磷

(b) 总氮

(c) 叶绿素

(d) 高锰酸盐指数

图3.23 2008—2015年太湖重点水质指标变化图

(3) 骆马湖。骆马湖位于苏北平原，跨新沂、宿迁二市，湖水面积260km²，它似菱形，东岸为丘陵山区，北、西、南岸为堤岸平原，最大宽度20km，是江苏省四大湖泊之一。

2008—2015年，骆马湖的综合水质类别除2014年为Ⅳ类外，其余均为Ⅲ类，水质较为稳定，无明显变化趋势；营养状态以轻度富营养化为主，2014—2015年均为中营养，营养指数介于48.2～58.2，呈微幅下降趋势。

2008—2015年，骆马湖的综合水质类别除2014年为Ⅳ类外，其余均为Ⅲ类，水质较为稳定，无明显变化趋势，水质类别为Ⅱ～Ⅲ类的站点所占比例总体呈上升趋势，Ⅳ类水站点所占比例总体呈下降趋势，Ⅴ～劣Ⅴ类的站点所占比例均为0。2008—2015年骆马湖站点水质类别比例变化如图3.24所示。

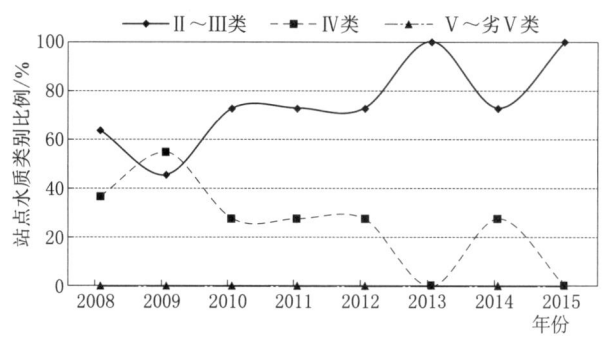

图3.24　2008—2015年骆马湖站点水质类别比例变化图

2008—2015年，骆马湖年均综合营养化水平均为轻度富营养，营养状态以轻度富营养化为主，2014—2015年均为中营养，营养指数介于48.2～58.2，2008年最高，营养指数逐年显著下降。2008—2015年骆马湖营养指数变化如图3.25所示。

2008—2015年，骆马湖全湖区总磷浓度总体呈下降趋势，水质类别除2009年为Ⅳ类外，其余均为Ⅲ类。总氮浓度总体有下降趋势，水质有所改善，2014—2015年为Ⅳ类，其余年份水质类别均为Ⅴ～劣Ⅴ类。2011—2015年全湖区叶绿素浓度总体呈下降趋势，介于0.0055～0.0109mg/L。高锰酸盐指数在2008—2015年间总体呈下降趋势，但变幅较小，除2011年水质类别Ⅲ类外，其余均为Ⅱ类，浓度介于3.0～4.3mg/L。2008—2015年骆马湖重点水质指标变化如图3.26所示。

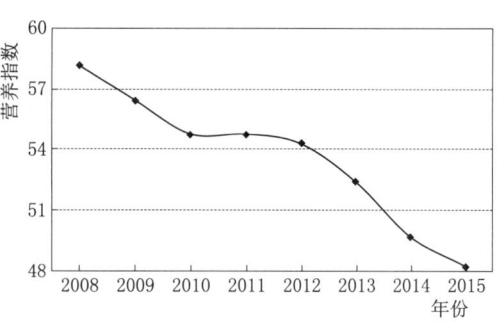

图3.25　2008—2015年骆马湖营养指数变化图

（4）大纵湖。大纵湖位于江苏省盐城市盐都区、泰州市兴化两市之间，地处里下河平原腹地，是运东湖群中地势最为低下的地区，当地又名平湖。大纵湖南北宽5.5km，东西长6km，略呈圆形，总面积为26.67km²。2008—2015年，大纵湖的综合水质类别以Ⅳ类为主，2014年为Ⅴ类，2008年、2009年、2015年均为Ⅲ类，总体有逐步好转趋势；营养状态均为轻度富营养，营养指数介于53.8～56.1，总体呈缓步上升趋势。

（5）白马湖。白马湖地处淮河流域下游，位于淮安市境东南边缘，分属淮安市金湖

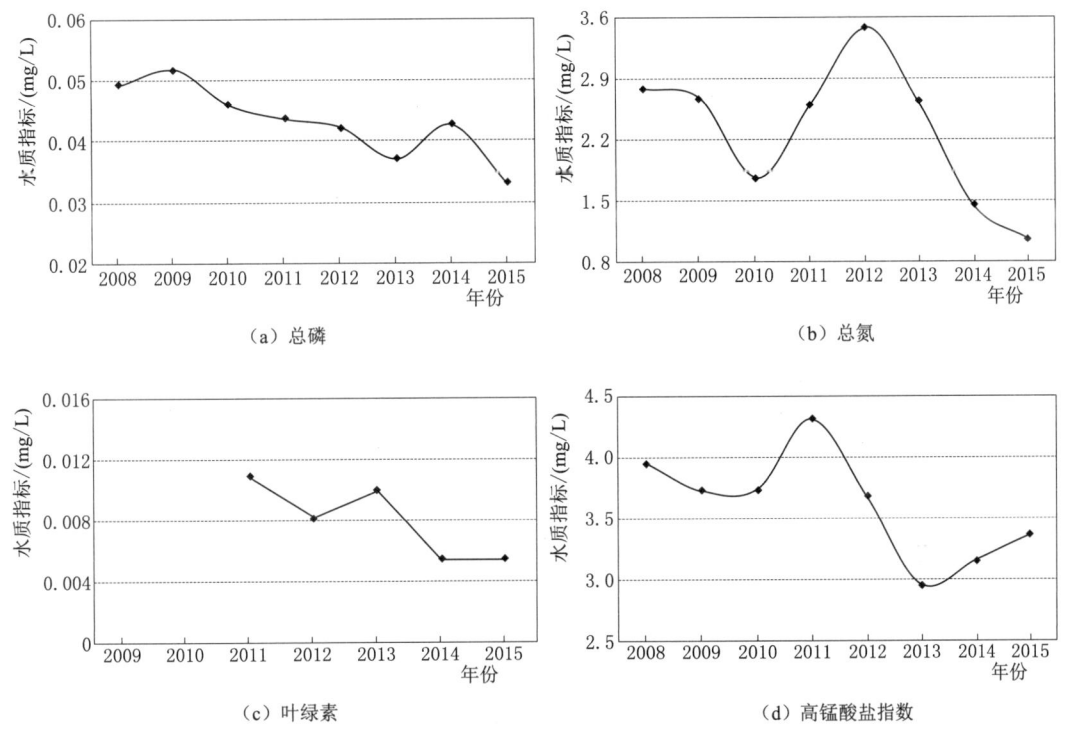

图 3.26 2008—2015 年骆马湖重点水质指标变化图

县、洪泽县、淮安区和扬州市宝应县,南北长 17.8km,东西平均宽 6.4km,总面积 113.4km²。2008—2015 年,白马湖的综合水质类别除 2008 年为Ⅲ类外,其余均为Ⅳ类,水质有所下降,但总体趋于稳定;营养状态均为轻度富营养,营养指数介于 54.3~58.5,逐步上升,2010 年达到顶点后又有所回落。

(6) 高邮湖。高邮湖位于淮河下游地区,宝应湖以南,京杭运河以西,是江苏省第三大淡水湖,也是全国第六大淡水湖,水域总面积为 780km²。2008—2015 年,高邮湖的综合水质类别除 2008 年、2014 年为Ⅲ类外,其余年份均为Ⅳ类,总体呈缓步下降趋势;营养状态除 2009 年中度富营养外,其余年份均为轻度富营养,营养指数介于 54.7~60.8,呈缓步下降趋势。

(7) 宝应湖。宝应湖属淮河流域高宝湖区淮河入江水道水系,地跨扬州市宝应县和淮安市金湖县,东为京杭大运河,南邻高邮湖,西侧为淮河入江水道,北接白马湖。湖面长 20.7km,最宽处 1.6km,最窄处仅 0.8km,平均宽 1.2km。2008—2013 年,宝应湖综合水质类别均为Ⅲ类,2014—2015 年,水质有所下降,均为Ⅳ类;营养状态均为轻度富营养,营养指数较为稳定,介于 51.3~55.7,总体呈缓步上升趋势。

(8) 邵伯湖。邵伯湖位于里运河江都市邵伯镇西侧、邗江区的东北部,北起高邮湖新民滩,南至江都市邵伯六闸,总面积 139km²。2008—2015 年,邵伯湖的综合水质类别以Ⅲ类为主,2009 年、2012 年、2013 年均为Ⅳ类,2011 年为Ⅴ类,水质总体有所好转;营养状态除 2009 年和 2010 年为中度富营养外，其余年份均为轻度富营养，营养指数介于 53.7～62.8，呈缓步下降趋势。

（9）滆湖。滆湖位于太湖上游，纵跨武进区和宜兴两市（区），东临太湖，西接长荡湖，南连宜兴氿湖，北经扁担河、德胜河通长江。它是苏南地区仅次于太湖的第二大淡水湖，江苏五大湖泊之一。滆湖南北长 25km，东西平均宽 6.6km。正常蓄水位 3.2m（吴淞高程）时，相应蓄水面积为 144.1km²。

2008—2015 年，滆湖年均综合水质类别均为Ⅴ～劣Ⅴ类，没有达到Ⅱ～Ⅲ类的站点；年均水质类别为Ⅳ类的水站点所占比例减少为 0，Ⅴ类的站点所占比例呈上升趋势，劣Ⅴ类的站点所占比例呈下降趋势。2008—2015 年滆湖站点水质类别比例变化如图 3.27 所示。

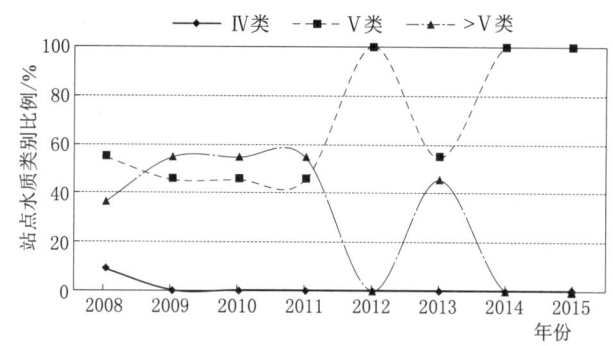

图 3.27　2008—2015 年滆湖站点水质类别比例变化图

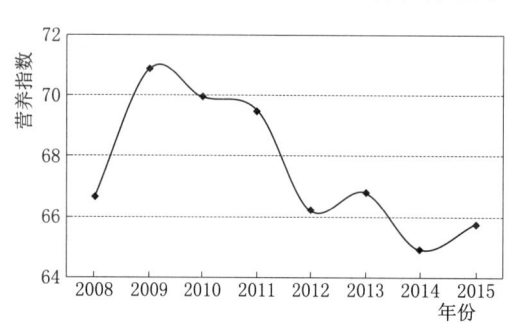

图 3.28　2008—2015 年滆湖营养指数变化图

2008—2013 年，滆湖年均综合营养化水平均为中度富营养，营养化程度较高，营养指数介于 64.9～70.9；2014—2015 年，滆湖均轻度富营养，营养指数总体呈下降趋势。2008—2015 年滆湖营养指数变化如图 3.28 所示。

2008—2010 年，总磷浓度近年来总体有所下降，水质类别由Ⅴ类至劣Ⅴ类；2011—2015 年，浓度有所下降，水质类别由劣Ⅴ类好转至Ⅴ类。总氮浓度近年来总体有所下降，水质类别均为劣Ⅴ类。2011—2015 年全湖区叶绿素浓度呈明显下降趋势，介于 0.0209～0.0633mg/L。2008—2010 年高锰酸盐指数浓度明显上升，2011—2015 年呈下降趋势。2008—2015 年滆湖重点水质指标变化如图 3.29 所示。

（10）长荡湖。长荡湖，又名洮湖，系古太湖分化湖之一，位于江苏省金坛市与溧阳市的交界处，京杭运河以南，滆湖以西，属太湖水系。长荡湖水位为 3.36m 时，东西最宽 9.3km，南北最长 13.6km，面积 81.9km²。2008—2015 年，长荡湖的综合水质类别以Ⅴ类为主，2009 年为劣Ⅴ类，2012—2013 年为Ⅳ类，有逐步好转的趋势；营养状态

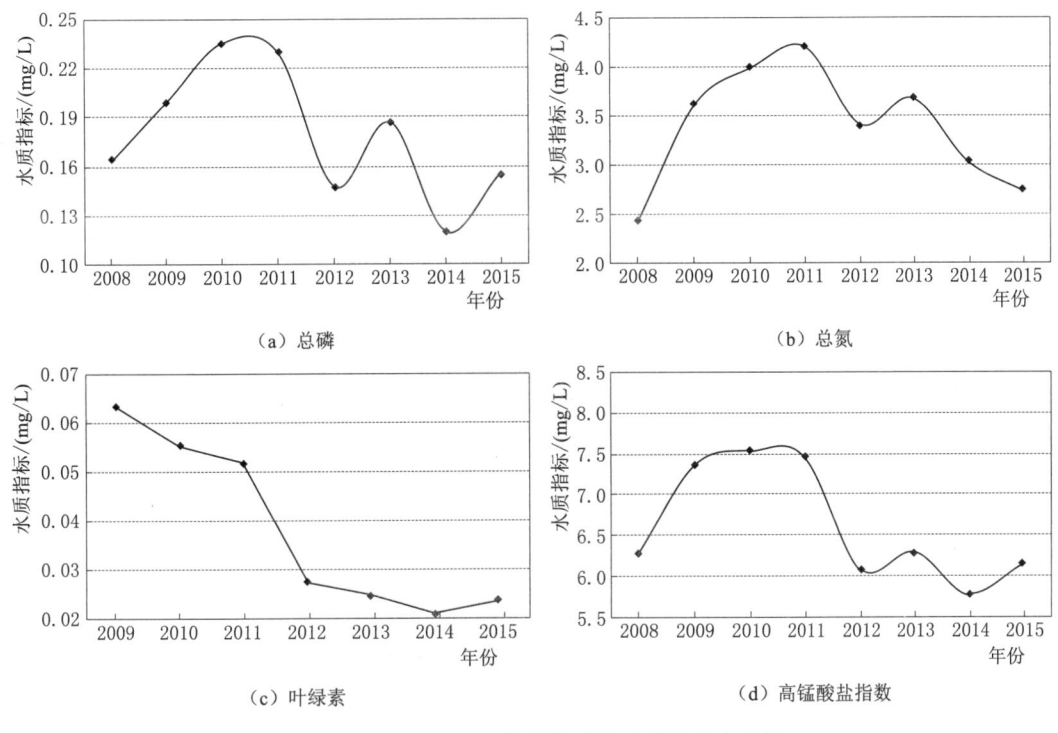

图 3.29 2008—2015 年滆湖重点水质指标变化图

2009—2015 年为中度富营养，2008 年为轻度富营养，营养化程度较高，营养指数介于 59.9~68.7，呈缓步下降趋势。

(11) 石臼湖。石臼湖是江苏高淳县、溧水县和安徽当涂县三县间的界湖，又名北湖，由古丹阳湖分化而成，总面积 214.7km²。2008—2015 年，石臼湖的综合水质类别除 2015 年为 V 类外，其余部分均为 IV 类，水质较为稳定，无明显变化趋势；营养状态均为轻度富营养化，营养指数介于 53.6~59.4，呈微幅下降趋势。

(12) 固城湖。固城湖位于江苏高淳县，湖泊面积 31.9km²。固城湖是典型的草型湖泊，属长江下游青弋江、水阳江水系，主要进水河流为胥河。2008—2015 年，固城湖的综合水质类别以 III 类为主，2009 年、2011 年、2015 年为 IV 类，水质有小幅波动，总体较为稳定；营养状态均为轻度富营养，营养指数介于 50.8~55.3，呈微幅下降趋势。

3.5.4 水功能区水质

为加强全省水功能区的监督管理，及时掌握水功能区水质状况，根据《中华人民共和国水法》的有关规定，按照《省政府关于江苏省地表水（环境）功能区划的批复》（苏政复〔2003〕29 号）要求，江苏省水利厅于 2003 年 7 月起以水功能区为监测对象开展水质监测并逐月编制水功能区通报。

1. 水质现状

(1) 省级水功能区。目前，江苏省人民政府批复全省地表水功能区划 1343 个，各类

水功能区划40～336不等，各市水功能区数介于38～193个，江苏省水功能区划统计见表3.10。

表3.10　　　　　　　　　　江苏省水功能区划统计表

地级市	水功能区类型										
	保护区	保留区	缓冲区	工业用水区	过渡区	景观娱乐用水区	农业用水区	排污控制区	饮用水源区	渔业用水区	总计
常州	3	6	3	51	7	16	8		15	6	115
淮安	14	4	1		2	1	10	4	2		38
连云港	1	2	5	4	11	1	38		9	15	86
南京		31	7	11	4	6	18		25	11	113
南通	3	2		62	16	8	46	1	22	28	188
苏州	9	1	39	97	4	23			15	5	193
宿迁	6	4	5		7	1	59		6	1	89
泰州	3	3		10	3	6	26	4	15	7	77
无锡	3	1	22	41	1	17	5		9	12	111
徐州	6	2	16		2	4	13	5	2		50
盐城	1	6		21	2	2	31	5	12	17	97
扬州	14	2		6	3	3	30	6	3	1	68
镇江	1	4		33	2	6	26		29	17	118
总计	64	68	98	336	64	94	310	40	165	104	1343

据2015年江苏省水环境监测中心水质监测结果，监测的1343个水功能区的1848个水质断面中，优于（含）Ⅲ类水标准的断面占35.3%，主要超标项目为氨氮、化学需氧量、五日生化需氧量、高锰酸盐指数、溶解氧，超标率分别为38.4%、32.3%、31.2%、22.1%、7.9%。

其中，淮河流域451个水功能区的668个水质断面中，优于（含）Ⅲ类水标准的断面占45.3%；太湖流域451个水功能区的625个水质断面中，优于（含）Ⅲ类水标准的断面占16.6%；长江流域439个水功能区的555个断面中，优于（含）Ⅲ类水标准的断面占46.9%。

江苏省及省辖淮河流域、太湖流域、长江流域水质断面类别示意图如图3.30所示。

对照水功能区水质目标，采用双指标（高锰酸盐指数、氨氮）评价，2015年全省水功能区达标率为56.0%。各类水功能区达标率介于37.5%～82.8%，其中保护区达标率最高，其次为饮用水源区，排污控制区达标率最低，2015年江苏省各类省级水功能区达标率如图3.31所示。

对于流域而言，长江流域水功能区达标率最高，太湖流域最低。长江、淮河、太湖流

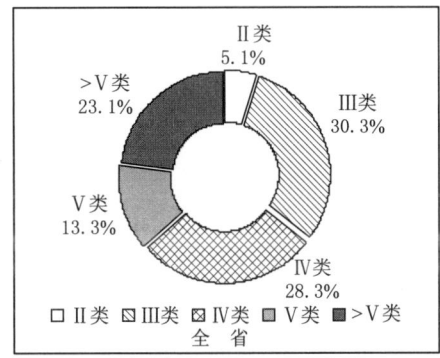
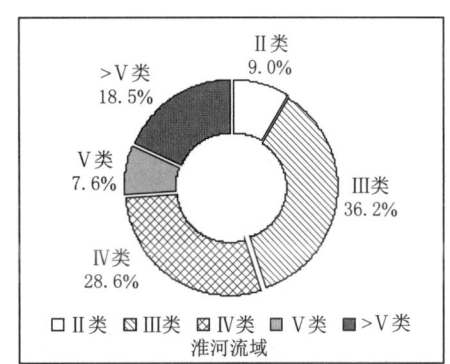
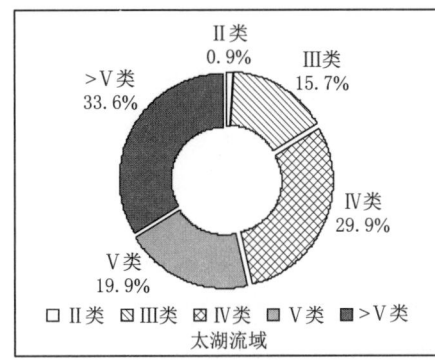
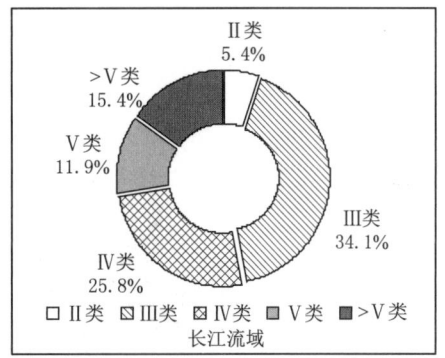

图 3.30 2015 年江苏省及省辖淮河流域、太湖流域、长江流域水质断面类别示意图

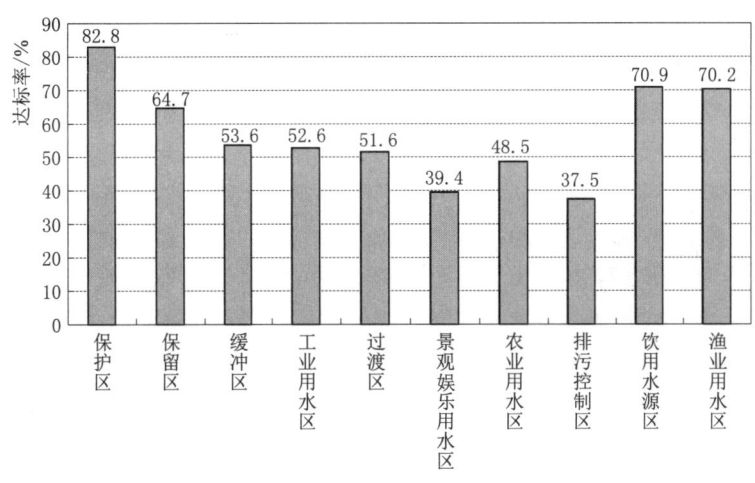

图 3.31 2015 年江苏省各类省级水功能区达标率示意图

域水功能区达标率分别为 71.4%、50.7%、46.3%。对于各地级市而言，各市水功能区达标率为 28.8%~78.7%。2015 年江苏省区域省级水功能区达标率如图 3.32 所示。

（2）国家级水功能区。国务院批复的《全国重要江河湖泊水功能区划（2011—2030年）》中，江苏省涉及 417 个水功能区（以下简称国家级水功能区）。各类水功能区划 4~86 不等，各市水功能区数介于 13~97 个，江苏省辖国家级水功能区划统计见表 3.11。

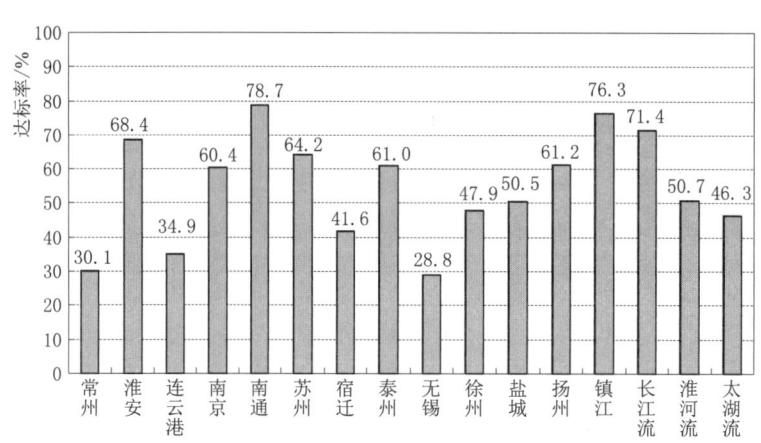

图 3.32 2015年江苏省区域省级水功能区达标率示意图

表 3.11 江苏省辖国家级水功能区划统计表

地级市	保护区	保留区	缓冲区	工业用水区	过渡区	景观娱乐用水区	农业用水区	排污控制区	饮用水源区	渔业用水区	总计
常州	3	1	2	16	6	3	4		3	4	42
淮安	13	1	1		1			1	1		18
连云港	1		5		1		4		5		16
南京		6	5	6	3	1	3		8	4	36
南通	3	2		2	4	1			5		17
苏州	6	1		33	31	4	14		8		97
宿迁	6	2	5		1		4				18
泰州	3	3		5	2	1	4	1	4	1	24
无锡	3	1		16	9	1	11		8	7	56
徐州	6			13		1	1	7	2		30
盐城	1	3			3		1		4	1	13
扬州	14	2			2	1	2		2	1	24
镇江	1	3		12	2	2	3		3		26
总计	60	25	80	86	27	35	31	4	51	18	417

2015年全省监测的417个水功能区的676个水质断面中，优于（含）Ⅲ类水标准的断面占55.3%，主要超标项目为氨氮、化学需氧量、五日生化需氧量、高锰酸盐指数、溶解氧，超标率分别为37.7%、31.7%、30.7%、22.1%、6.8%。

其中，淮河流域、太湖流域、长江流域优于（含）Ⅲ类水标准的断面分别占53.4%、20.4%、60.8%。江苏省及省辖淮河流域、太湖流域、长江流域水质类别见表3.12。

表 3.12　　　江苏省及省辖淮河流域、太湖流域、国家级水功能区水质类别表

流域	Ⅱ类	Ⅲ类	Ⅳ类	Ⅴ类	>Ⅴ类
淮河	13.4%	40.0%	27.9%	5.8%	12.9%
太湖	6.5%	13.9%	38.5%	20.8%	20.3%
长江	27.1%	33.7%	22.8%	7.2%	9.2%
江苏省	13.4%	40.0%	27.9%	5.8%	12.9%

对照水功能区水质目标，2015 年江苏省辖国家级水功能区达标率为 63.7%。各类水功能区达标率介于 25.0%~88.0%，其中保留区达标率最高，其次为保护区，排污控制区达标率最低。2015 年江苏省辖国家级水功能区达标率示意图如图 3.33 所示。

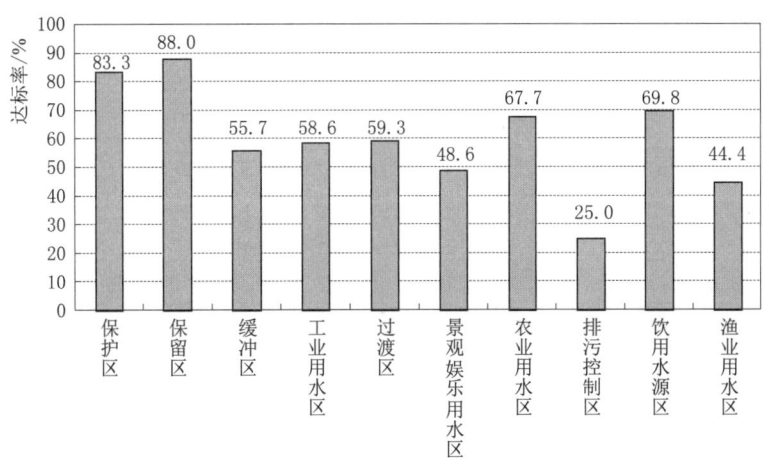

图 3.33　2015 年江苏省辖国家级水功能区达标率示意图

对于流域而言，长江流域水功能区达标率最高，太湖流域最低。长江、淮河、太湖流域水功能区达标率分别为 85.8%、73.0%、44.9%。对于各地级市而言，各市水功能区达标率为 32.1%~100%。2015 年江苏省区域国家级水功能区达标率示意图如图 3.34 所示。

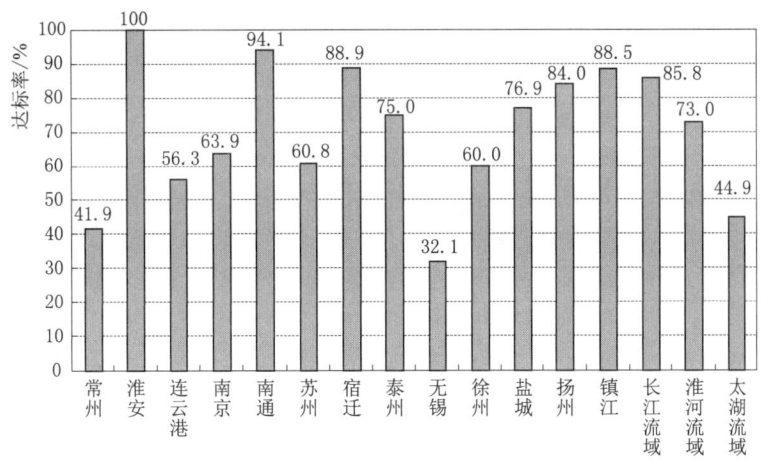

图 3.34　2015 年江苏省区域国家级水功能区达标率示意图

2. 变化情势

（1）省级水功能区。2003年以来，江苏省水功能区水质达标率呈好转趋势，年均变化率6.1个百分点。除2003—2005年水质达标率呈小幅下降趋势外，2005年之后，尤其是2007年至今，全省水功能区水质达标率逐年稳步上升，2015年较为2007年上升33.5个百分点。

对于流域而言，淮河流域、长江流域、太湖流域呈好转趋势，淮河流域变化不显著，太湖流域较明显，3个流域水功能区水质达标率年均变化幅度分别为1.84%、7.24%、24.0%。总体而言，长江流域与太湖流域水功能区达标率变化态势相关性较好，除淮河流域外，2005年达标率均为多年最低，2005年之后变化趋势相似度较高。

江苏省省级水功能区达标率变化趋势示意如图3.35所示。

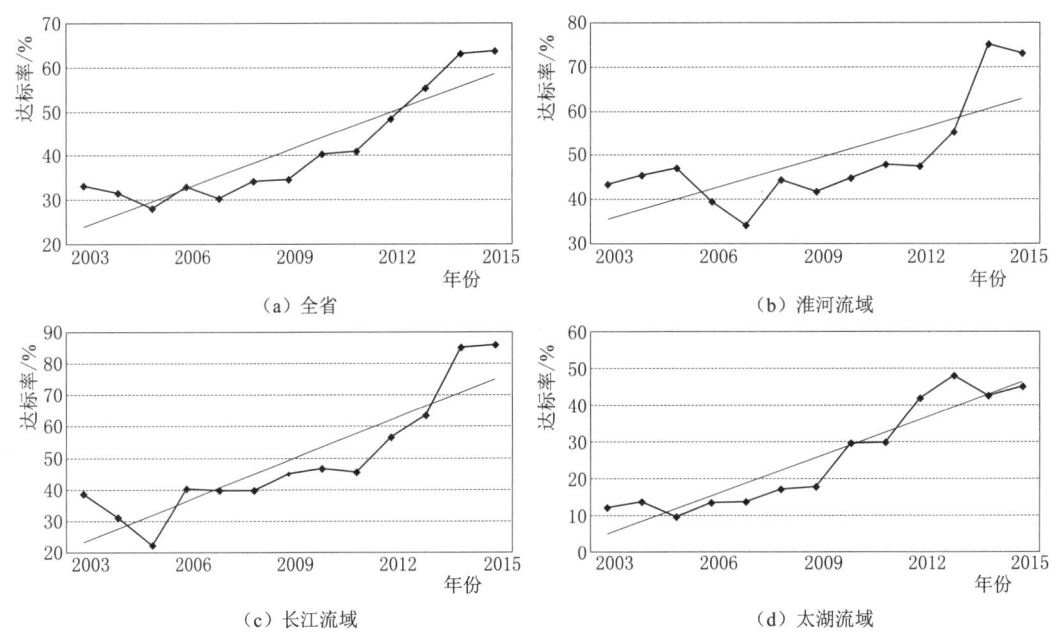

图3.35 江苏省省级水功能区达标率变化趋势示意图

（2）国家级水功能区。2003年以来，江苏省辖国家级水功能区水质达标率总体呈缓步好转趋势，年均变化率8.0个百分点。2003—2007年基本稳定，2007—2008年、2011—2015年呈上升趋势。

对于流域而言，淮河流域、长江流域、太湖流域均呈好转趋势，长江流域与太湖流域水功能区达标率变化态势相关性较好，2005年达标率基本为多年最低，2005年之后变化趋势相似度较高；淮河流域2005—2007年呈现较大幅度下降，其余时段基本呈上升趋势。3个流域国家级水功能区水质达标率年均变化幅度分别为4.1%、8.7%、3.1%。

江苏省国家级水功能区达标率变化趋势示意如图3.36所示。

3.5.5 水源地水质

为加强饮用水水源地的管理与保护，保障供水安全，根据江苏省水利厅公布的集中式饮用水水源地核准名录，自2007年10月开始，江苏省水文系统开展了相应水源地水质监

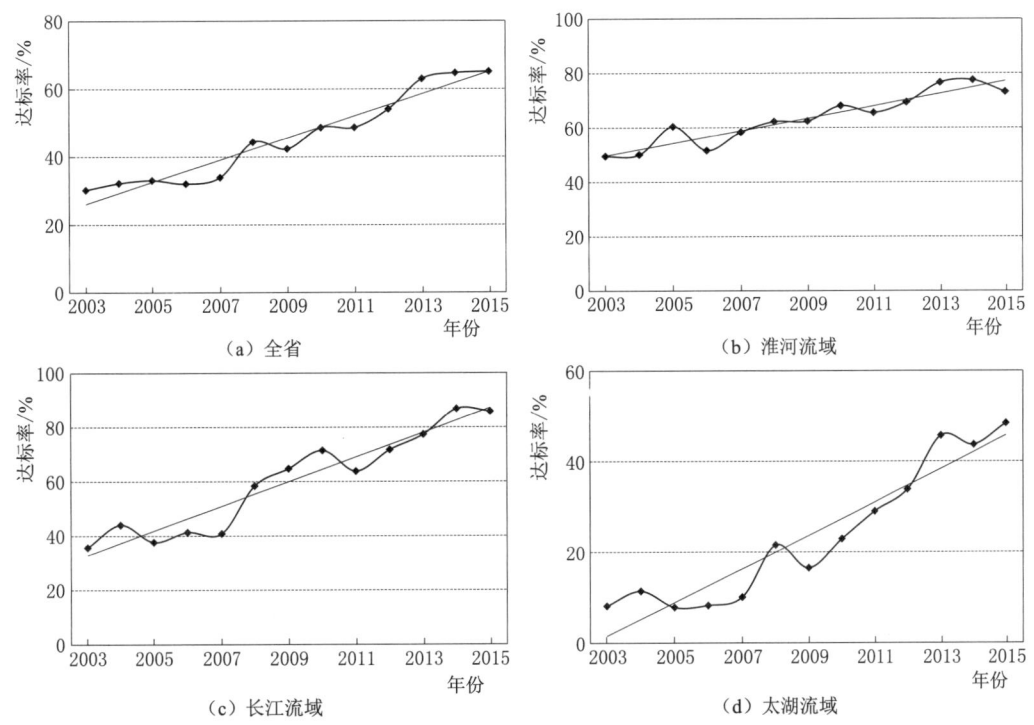

图 3.36 江苏省国家级水功能区达标率变化趋势示意图

测工作。目前,监测饮用水源地 104 处,监测频次为每半月 1 次,主要水质监测指标为水温、电导率、溶解氧、pH 值、高锰酸盐指数、氨氮、总磷、氯化物、氟化物等。

1. 水质现状

据 2015 年均监测结果,全省水源地达标率(水质达到或优于Ⅲ类水标准,且符合水源地补充项目标准限值)为 99.1%。除扬州水源地达标率为 91.7% 外,其他 12 个地级市水源地均为 100%。总体而言,全省饮用水源地水质较好,供水安全保障程度较高。按流域评价,除淮河流域水源地达标率为 98.1% 外,长江流域、太湖流域水源地均为 100%。

由于受突发性水污事故、汛期排涝、区域河网水系或城区生活污水排放等影响,连云港、盐城、泰州、扬州、宿迁个别饮用水源地个别测次水质会出现水质异常现象,水质为Ⅳ~Ⅴ类,主要水质影响因子为溶解氧、氨氮、高锰酸盐指数、氟化物等。

2. 变化情势

2008 年以来(2007 年因测次较少,未参与分析),全省水源地水质达标率介于 94.4%~99.1%,水质达标率在 97% 上下小幅波动,保持平稳态势,水源地供水安全保障度高。

南京、苏州、无锡、常州、镇江、淮安、宿迁 7 市,自 2008 年以来,逐年水源地达标率均为 100%,水源地水质稳定。

徐州水源地经优化调整及整治,除 2008 年达标率为 50% 外,其余年份均为 100%。

南通水源地除外 2008 年、2009 年达标率为 87.5%、75% 外,近 6 年均为 100%。

连云港水源地达标率总体呈好转态势,2015 水质达标率达到 100%,年均达标率 76.8%。

扬州水源地年均达标率为 91% 以上，近两年略有下降，总体水质较好。

泰州水源地年均达标率为 90.3%，近 4 年稳定于 100%，总体呈好转态势。

江苏省 2008—2015 年水源地达标率统计成果见表 3.13。

表 3.13　　　　　　江苏省 2008—2015 年水源地达标率统计成果表

区域	达 标 率/%							
	2008 年	2009 年	2010 年	2011 年	2012 年	2013 年	2014 年	2015 年
南京	100	100	100	100	100	100	100	100
苏州	100	100	100	100	100	100	100	100
无锡	100	100	100	100	100	100	100	100
常州	100	100	100	100	100	100	100	100
镇江	100	100	100	100	100	100	100	100
淮安	100	100	100	100	100	100	100	100
宿迁	100	100	100	100	100	100	100	100
徐州	50	100	100	100	100	100	100	100
南通	87.5	75	100	100	100	100	100	100
连云港	57.1	85.7	57.1	85.7	85.7	71.4	71.4	100
盐城	100	100	100	100	100	100	100	100
扬州	100	100	100	100	100	100	91.7	91.7
泰州	100	75.0	83.3	83.3	100	100	100	100
淮河流域	88.2	94.1	92.0	96.0	98.0	95.8	92.9	98.1
长江流域	97.5	95.0	100	100	100	100	100	100
太湖流域	100	100	100	100	100	100	100	100
全省	94.4	95.5	96.2	98.1	99.0	98.1	96.9	99.1

4 重要水文站及巡测线

水文站是观测及搜集河流、湖泊、水库等水体的水文、气象资料的基层水文机构。水文站观测的水文要素包括水位、流速、流向、波浪、含沙量、水温、冰情、地下水、水质等；气象要素包括降水量、蒸发量、气温、湿度、气压和风等。在一定地区、按一定原则布设的各类水文测站构成了水文监测站网。水文站网的功能包括按照规定的精度标准和技术要求收集设站地点的水位、流量、泥沙、降水、蒸发等资料；为防汛抗旱提供实时水情资料；插补延长网内短系列资料；利用空间内插和资料移用技术，在网内任何地点为水环境保护、水资源开发利用、水工程规划建设运行管理及科学研究和其他涉水需求提供基本数据。

江苏省水文站网经过多次规划和调整，目前站网密度已基本达到《水文站网规划技术导则》(SL 34—92)和世界气象组织标准要求，站网布局总体合理、控制有效，站网功能已由传统单一向综合发展；专用站网的布设初步满足地方水资源管理和重大水事活动的需求。因此，江苏省水文站网布局基本合理，项目比较齐全，主要功能发挥正常，覆盖全省主要江、河、湖、库。在长期的防汛防旱、工程规划设计以及近年来的水资源管理和保护等工作中发挥了重要作用，为人类认识自然、研究自然、改善人与自然的关系提供了系统、可靠的依据。本章主要介绍布设在江苏省32条流域性河道上的大河控制水文站和布设在22个水资源分区四级区上的区域代表水文站情况，按所在流域描述其地理位置、设站目的（为防汛防旱、水资源管理和保护服务，闸坝站、水库站为水利工程管理服务等测站共性的设站目的，不再分别描述。）、测站沿革、观测项目及监测成果等，旨在通过对水文测站水文观测项目特征值成果的展示，揭示全省流域性河道及区域代表性河道的水文特性。

另外，本章还对主要省级巡测线的巡测方案、计算方法和监测成果进行了分析。

4.1 淮河流域重要水文站

淮河流域地处中国东部，是相对独立于长江流域和黄河流域的较大流域，位于东经$111°55'\sim121°25'$、北纬$30°55'\sim36°36'$。流域西起桐柏山、伏牛山，东临黄海，南以大别山、江淮丘陵、通扬运河及如泰运河南堤与长江分界，北以黄河南堤和泰山为界与黄河流域毗邻。流域总面积18.7万 km^2，其中江苏境内面积3.71万 km^2。根据江苏省河湖基本

情况普查成果及《江苏省骨干河道名录表》，江苏境内淮河流域乡镇（大沟）级及以上河流4867条，面积0.5km² 及以上的湖泊12个，其中流域性河道16条，重要湖泊2个（洪泽湖、高邮湖）。根据水资源的自然、社会和经济属性，依据开发、利用、治理、配置、节约、保护要求，将江苏境内淮河流域划分为2个水资源二级区，4个水资源三级区，7个水资源四级区。

本章主要对江苏境内淮河流域流域性河道控制站及水资源四级区区域代表站进行概述。洪泽湖、高邮湖、里下河地区控制站部分已涵盖在流域性河道控制站及水资源四级区区域代表站中，不再另起章节，仅在此处予以说明。其中：洪泽湖湖西入湖主要监测站点有泗洪（濉）、泗洪（老）、双沟、下草湾水文站及盱眙水位站；湖东出湖主要监测站点有蒋坝抽水站、三河闸、二河闸、高良涧闸及高良涧水电站水文站。高邮湖与洪泽湖、宝应湖、邵伯湖之间有水量交换，主要监测站点有石港抽水站、南运西闸、大汕子闸水文站及高邮（高）、高邮（大）水位站。另外，里下河地区形成了独立排灌水系，东部入海"四大港"（射阳河、黄沙港、新洋港、斗龙港）为排泄里下河腹部地区涝水入海的主要骨干河道。

4.1.1 流域性河道控制站

全省淮河流域16条流域性河道分别为淮河、怀洪新河（含下草湾引河）、淮河入江水道、淮河入海水道、苏北灌溉总渠、废黄河（杨庄以下段）、里运河、泰州引江河、泰东河、通榆河、新通扬运河（泰西段）、三阳河、潼河、金宝航道、运西河—新河、徐洪河；流域性河道控制站包括盱眙、双沟、三河闸（中渡）、万福闸、太平闸、金湾闸、高邮（高）、二河闸、二河新闸、海口闸、高良涧闸、高良涧水电站、六垛南闸、杨庄闸、滨海新闸、高邮（大）、江都引江抽水站、高港闸、东台（泰）、阜宁（通）、江都东闸、樊川（三）、宝应抽水站、南运西闸、运西闸、金锁镇、沙集闸等27处水文、水位站。淮河流域流域性河道水文站点分布如附图8所示，淮河流域流域性河道控制站水位特征值和流量特征值见表4.1和表4.2。

表 4.1 淮河流域流域性河道控制站水位特征值表

序号	河 道	控制站	站别	最高水位		最低水位		多年平均水位/m
				数值/m	出现时间	数值/m	出现时间	
1	淮河干流	盱眙	水位	16.57	1931-08-08	9.94	1936-06-21	12.27
2	怀洪新河（含下草湾引河）	双沟	水文	15.87（双沟）15.59（下草湾）	2003-07-07（双沟）2003-07-07（下草湾）	10.48	2001-07-26	—
3	淮河入江水道	高邮（高）	水位	9.38	2003-07-13	河干	1978-08-28	—
4	里运河	高邮（大）	水位	9.32	1931-08-15	2.96	1936-11-18	5.90
5	三阳河	樊川（三）	水位	3.37	1991-07-11	1.76	1983-07-24	2.55

表 4.2　　　　　　　　淮河流域流域性河道控制站流量特征值表

序号	河道	控制站	站别	最大流量 数值/(m³/s)	最大流量 出现时间	多年平均流量 /(m³/s)
1	怀洪新河（含下草湾引河）	双沟	水文	2380	1954-08-14	—
2	淮河入江水道	三河闸（中渡）	水文	10700	1954-08-06	702
		万福闸	水文	7600	1991-07-12	513
		太平闸	水文	1160	1991-07-11	41.2
		金湾闸	水文	1080	1991-07-11	44.9
		芒稻闸	水文	1180	1969-07-27	33.0
3	淮河入海水道	二河闸	水文	3250	2003-07-11	233
		二河新闸	水文	2080	2007-07-24	3.65
		海口闸	水文	2080	2007-07-24	—
4	苏北灌溉总渠	高良涧闸	水文	1080	1975-07-19	174
		高良涧水电站	水文	196	2000-10-11	85.3
		六垛南闸	水文	898	1960-07-11	84.7
5	废黄河（杨庄以下段）	杨庄闸（闸上游）	水文	681	1958-08-13	7.61
		杨庄闸（活动坝水电站）	水文	88.3	1995-08-14	34.2
		滨海新闸	水文	936	1960-07-06	39.5
		江都引江抽水站	水文	542（引水）；548（排水）；147（发电）	1989-06-04（引水）；1984-09-15（排水）；1974-05-27（发电）	79.9（引水）
6	泰州引江河	高港闸	水文	475（节制闸）；492（抽水站）	2004-03-24（节制闸）；2003-07-07（抽水站）	70.2（节制闸）；8.35（抽水站）
7	泰东河	东台（泰）	水文	97.4	2011-06-24	44.1
8	通榆河	阜宁（通）	水文	216	2006-07-04	20.4
9	新通扬运河（泰西段）	江都东闸	水文	1140（引水）；548（排水）	1980-10-13（引水）；1984-09-15（排水）	—
10	金宝航道	南运西闸	水文	221	1980-08-03	2.92
11	运西河—新河	运西闸	水文	285	2012-07-07	8.73
12	徐洪河	金锁镇	水文	1240	1998-08-15	15.72
		沙集闸	水文	270	1996-06-30	4.33

1. 淮河干流

淮河为跨省河流，河道长度833km，在江苏境内河道长度为77.4km，流经的行政区包括泗洪县、盱眙县、洪泽县。江苏境内淮河水文控制站为盱眙水位站。

盱眙水位站位于盱眙县盱城镇,地理坐标为东经118°29′,北纬33°01′。该站于1912年4月由江淮水利测量局设立,观测至今。该站主要对淮河入洪泽湖水位进行观测,观测项目为水位、降水量。

该站历年最高水位为16.57m,发生时间为1931年8月8日;历年最低水位为9.94m,发生时间为1936年6月21日;历年平均水位为12.27m。该站水位数据采用黄海基面,本篇其他各站水位数据采用黄海基面的,均不再注明。

2. 怀洪新河(含下草湾引河)

怀洪新河(含下草湾引河)为跨省河流,在江苏境内河道长度为34.8km,流经的行政区包括泗洪县、盱眙县。怀洪新河(含下草湾引河)水文控制站为双沟水文站。

双沟水文站为国家重要水文站,位于泗洪县双沟镇,包含两个监测断面,即双沟和下草湾,分别位于怀洪新河、下草湾引河,地理坐标分别为东经118°12′、北纬33°14′及东经118°14′、北纬33°12′。该站于1953年5月由治淮委员会设立,原站名为"峰山",站址位于窑河;1954年5月停测;1954年6月,测站迁移至潼河;2001年1月,测站分别迁移至怀洪新河、下草湾引河,观测至今,站名更改为"双沟",下草湾引河测流断面为"下草湾"。该站作为洪泽湖入湖的重要监测站,对怀洪新河及下草湾引河进入洪泽湖水量及过程进行监测,为何巷闸开闸分泄淮河洪水提供技术支撑。该站观测项目为两断面水位、流量、泥沙及双沟断面降水量。

该站两断面历年最大洪峰流量为2380m³/s,发生时间为1954年8月14日。双沟断面历年最高水位为15.87m,发生时间为2003年7月7日;下草湾断面历年最高水位为15.59m,发生时间为2003年7月7日;两断面历年最低水位为10.48m,发生时间为2001年7月26日。

3. 淮河入江水道

淮河入江水道为跨市河流,河道长度为157.2km,流经的行政区包括盱眙县、洪泽县、金湖县、宝应县、高邮市、江都市及扬州市区。淮河入江水道控制站为三河闸(中渡)、万福闸、太平闸、金湾闸、芒稻闸水文站及高邮(高)水位站。

(1) 三河闸(中渡)水文站。三河闸(中渡)水文站为国家重要水文站,位于洪泽县蒋坝镇三河闸,地理坐标为东经118°46′,北纬33°06′。该站于1912年5月由伪江淮水利测量局设立,原站名为"中渡";1953年7月,站名变更为"三河闸(中渡)"。该站主要用于掌握洪泽湖通过三河闸下泄进入入江水道的流量,观测项目为闸上游水位、中渡断面水位、流量、泥沙。

该站历年最大洪峰流量为10700m³/s,发生时间为1954年8月6日;历年平均流量为702m³/s。

(2) 万福水文站、太平水文站、金湾水文站、芒稻闸水文站。万福水文站、太平水文站、金湾水文站、芒稻闸水文站均为国家重要水文站,分别位于扬州市万福闸、太平闸、金湾闸及芒稻闸,所在河流分别为廖家沟、太平河、金湾河及芒稻河。设站目的是作为淮河入江水道主要监测站,掌握入江水道通过该四闸下泄洪水过程及洪量。

万福闸地理坐标为东经119°31′,北纬32°25′。于1961年1月由江苏省水文总站设立,观测至今。该站观测项目为闸上游水位、闸下游潮位、流量及降水量。该站历年最大洪峰流量为 7600m³/s，发生时间为 1991 年 7 月 12 日；历年平均流量为 513m³/s。

太平闸地理坐标为东经 119°31′，北纬 32°25′。于 1973 年 1 月由江苏省水文总站设立，观测至今。该站观测项目为闸上游水位、闸下游潮位及流量，但水位、潮位资料不予刊印。该站历年最大洪峰流量为 1160m³/s，发生时间为 1991 年 7 月 11 日；历年平均流量为 41.2m³/s。

金湾闸地理坐标为东经 119°32′，北纬 32°26′。于 1974 年 1 月由江苏省水文总站设立，观测至今。该站观测项目为闸上游水位、闸下游潮位及流量，但水位、潮位资料不予刊印。该站历年最大洪峰流量为 1080m³/s，发生时间为 1991 年 7 月 11 日；历年平均流量为 44.9m³/s。

芒稻闸水文站地理坐标为东径 119°33′，北纬 32°25′。于 1966 年 1 月由江苏省水文总站设立，观测至今。该站观测项目为闸上游水位、闸下游潮位及流量，但潮位资料不予刊印。该站历年最大洪峰流量为 1180m³/s，发生时间为 1969 年 7 月 27 日；历年平均流量为 33.0m³/s。

（3）高邮（高）水位站。高邮（高）水位站位于高邮市高邮镇，地理坐标为东经 119°26′，北纬 32°48′。该站于 1951 年 6 月由治淮委员会设立，站别为汛期水位站；1952 年 6 月，站别变更为常年水位站，观测至今。该站作为高邮湖水位代表站，是入江水道防洪调度的重要水情监测站，观测项目为水位、降水量。

该站历年最高水位为 9.38m，发生时间为 2003 年 7 月 13 日；历年最低水位为河干，发生时间为 1978 年 8 月 28 日；因曾发生河干，故无法统计历年平均水位。

4. 淮河入海水道

淮河入海水道为跨市河流，河道长度 163.4km，流经的行政区包括淮安市区、阜宁县、滨海县。淮河入海水道控制站为二河闸、二河新闸、海口闸水文站。

（1）二河闸水文站。二河闸水文站于江苏省洪泽县西顺河乡二河闸，地理坐标为东经 118°53′，北纬 33°21′。该站于 1959 年 3 月由江苏省水文总站设立，观测至今。该站主要用于掌握洪泽湖通过二河闸下泄进入淮沭新河的流量，观测项目为闸上游水位、闸下游水位、流量及泥沙。该站历年最大洪峰流量为 3250m³/s，发生时间为 2003 年 7 月 11 日；历年平均流量为 233m³/s。

（2）二河新闸水文站。二河新闸水文站为国家重要水文站，位于淮安市清浦区二河新闸，地理坐标为东经 118°52′，北纬 33°20′。该站于 2009 年 1 月由江苏省水文水资源勘测局设立，站别为汛期水文站。2003 年二河新闸工程竣工后，发生大洪水时，水文部门组织了应急测验，因而存在早于设站日期的水文资料。该站作为淮河入海水道入口站，主要掌握洪泽湖通过二河新闸进入入海水道的流量，观测项目为闸上游水位、闸下游水位及流量。

该站历年最大洪峰流量为 2080m³/s，发生时间为 2007 年 7 月 24 日；历年平均流量为 3.65m³/s。

（3）海口闸水文站。海口闸水文站位于滨海县振东乡海口新闸，地理坐标为东经 120°19′，北纬 34°07′。该站于 2009 年 1 月由江苏省水文水资源勘测局设立，站别为汛期水文站。2007 年海口闸工程竣工后，发生大洪水时，水文部门组织了应急测验，因而存

在早于设站日期的水文资料。该站作为淮河入海水道入海控制站,主要监测入海水道入海水量,为入海水道行洪、排涝、冲污、冲淤收集资料,观测项目为海口闸(南闸上)水位及流量、海口闸(北闸上)水位及流量。

该站历年最大洪峰流量为2080m³/s,发生时间为2007年7月24日。

5. 苏北灌溉总渠

苏北灌溉总渠为跨市河流,河道长度168.0km,流经的行政区包括洪泽县、淮安市区、阜宁县、滨海县、射阳县。苏北灌溉总渠控制站为高良涧闸、高良涧水电站、六垛南闸。

(1) 高良涧闸、高良涧水电站。高良涧闸、高良涧水电站水文站均为国家重要水文站,分别位于洪泽县高良涧闸、高良涧水电站,地理坐标均为东经118°50′,北纬33°18′。高良涧闸水文站于1952年11月由江苏省水文总站设立,高良涧水电站于1972年3月由江苏省水文总站设立,观测至今。两站作为苏北灌溉总渠渠首站,主要用于掌握洪泽湖进入灌溉总渠水量。高良涧闸水文站观测项目为闸上游水位、闸下游水位、流量、泥沙及降水量。高良涧水电站观测项目为水位、流量,但水位资料不予刊印。

高良涧闸水文站历年最大洪峰流量为1080m³/s,发生时间为1975年7月19日;历年平均流量为174m³/s。高良涧水电站水文站历年最大洪峰流量为196m³/s,发生时间为2000年10月11日;历年平均流量为85.3m³/s。

(2) 六垛南闸水文站。六垛南闸水文站为国家重要水文站,位于滨海县六垛南闸,地理坐标为东经120°14′,北纬34°05′。该站于1953年6月由治淮委员会设立,原站别为水位站;1954年1月,站别变更为水文站,观测至今。该站主要用于掌握灌溉总渠入海水量,并为工程管理服务,观测项目为闸上游潮位、闸下游潮位、流量及降水量。

该站历年最大洪峰流量为898m³/s,发生时间为1960年7月11日;历年平均流量为84.7m³/s。

6. 废黄河(杨庄以下段)

废黄河(杨庄以下段)为跨市河流,河道长度167.8km,流经的行政区包括淮安市区、涟水县、阜宁县、响水县、滨海县。废黄河(杨庄以下段)控制站为杨庄闸、滨海新闸。

(1) 杨庄闸水文站。杨庄闸水文站为国家重要水文站,位于淮安市西郊活动坝,地理坐标为东经118°58′,北纬33°36′。该站于1931年9月由导淮委员会设立;1947年11月撤销;1949年8月恢复观测;1982年增设杨庄闸(活动坝水电站),观测至今。该站作为废黄河入口站,对二河闸下泄进入废黄河水量进行监测,观测项目为闸上游水位、闸下游水位、闸上游流量、活动坝水电站流量。

该站闸上历年最大洪峰流量为681m³/s,发生时间为1958年8月13日;历年平均流量为7.61m³/s;活动坝水电站历年最大洪峰流量为88.3m³/s,发生时间为1995年8月14日;历年平均流量为34.2m³/s。

(2) 滨海新闸水文站。滨海新闸水文站为国家重要水文站,位于响水县中山河闸,地理坐标为东经120°05′,北纬34°22′。该站于1955年由江苏省水文总站设立,原站名为"套子口",原站别为水位站;1960年4月,测站上迁100m,站别变更为水文站,站名变更为"滨海闸"；2008年8月，测站下迁7.5km，站名变更为"中山河闸"；2010年1月，站名变更为"滨海新闸"。该站用于掌握废黄河入海水量，观测项目为闸上游潮位、闸下游潮位、流量及降水量。

该站历年最大洪峰流量为936m³/s，发生时间为1960年7月6日；历年平均流量为39.5m³/s。

7．里运河

里运河为跨市河流，河道长度208.7km，流经的行政区包括淮安市区、宝应县、高邮市、江都市。里运河控制站为高邮（大）水位站、江都引江抽水站水文站。

（1）高邮（大）水文站。高邮（大）水位站位于高邮市高邮镇，地理坐标为东经119°26′，北纬32°48′。该站于1913年2月由江淮水利测量局设立，站别为水位站；1938年1月停测；1940年5月恢复观测；1945年1月停测；1946年7月恢复观测；1948年12月停测；1950年6月，站别更改为水文站；1953年1月，站别更改为水位站，观测至今。该站是里运河高邮段的水位代表站，观测项目包括水位、降水量及地下水位。

该站历年最高水位为9.32m，发生时间为1931年8月15日；历年最低水位为2.96m，发生时间为1936年11月18日；历年平均水位为5.90m。

（2）江都引江抽水站水文站。江都引江抽水站水文站为国家重要水文站，位于扬州市江都区引江抽水站，地理坐标为东经119°33′，北纬32°25′。该站于1963年8月由江苏省水文总站设立，观测至今。设站目的为掌握江都抽水站引江和排涝水量，观测项目为江都引江抽水二站下游水位、江都引江抽一、二、三、四站流量及排水量、江都引江抽水三站发电流量，但水位资料不予刊印。

该站历年最大引水洪峰流量为542m³/s，发生时间为1989年6月4日；历年最大排涝洪峰流量为548m³/s，发生时间为1984年9月15日；历年最大发电洪峰流量为147m³/s，发生时间为1974年5月27日。历年平均引水流量为79.9m³/s。

8．泰州引江河

泰州引江河为跨市河流，河道长度23.9km，流经的行政区包括泰州市区、江都市。泰州引江河控制站为高港闸。

高港闸水文站为国家重要水文站，位于泰州市口岸镇生宁村，地理坐标为东经119°51′，北纬32°19′。该站于2002年6月由江苏省水文水资源勘测局设立。该站为南水北调东线源头监测站之一，主要掌握泰州引江河与长江之间的引、排水量，观测项目为闸上游水位、闸下游潮位、节制闸流量、抽水站流量、送水闸流量、泥沙及降水量。

该站节制闸历年最大洪峰流量为475m³/s，发生时间为2004年3月24日；历年平均流量70.2m³/s。抽水站历年最大洪峰流量为492m³/s，发生时间为2003年7月7日；历年平均流量为8.35m³/s。

9．泰东河

泰东河为跨市河流，河道长度55.1km，流经的行政区包括泰州市区、姜堰市、东台市。泰东河控制站为东台（泰）水文站。

东台（泰）水文站为国家重要水文站，位于东台市东台镇长青村，地理坐标为东经120°21′，北纬32°50′。该站于2003年1月由江苏省水文水资源勘测局设立，设站目的为

掌握泰东河进入通榆河的水量，观测项目为水位、流量、降水量及地下水位。

该站历年最大洪峰流量为 97.4m^3/s，发生时间为 2011 年 6 月 24 日；历年平均流量为 44.1m^3/s。

10. 通榆河

通榆河为跨市河流，河道长度 368.1km，流经的行政区包括海安县、东台市、大丰市、盐城市区、建湖县、阜宁县、滨海县、响水县、灌南县、灌云县、东海县、连云港市区、赣榆县。通榆河控制站为省级水文站阜宁（通）。

阜宁（通）水文站位于阜宁县施庄镇北陈村，地理坐标为东经 119°51′，北纬 33°45′。该站于 1970 年 7 月由江苏省水文总站设立，为巡测水文站；1973 年 5 月，站别变更为汛期水文站；1975 年 5 月，站别变更为巡测水文站；1979 年 5 月，站别变更为汛期水文站；1983 年 1 月，站别变更为常年水文站；1997 年 10 月停测；2003 年 1 月恢复观测，测站上迁 2.0km。该站设站目的为掌握通榆河北送水量，观测项目为水位、流量。

该站历年最大洪峰流量为 216m^3/s，发生时间为 2006 年 7 月 4 日；历年平均流量为 20.4m^3/s。

11. 新通扬运河（泰西段）

新通扬运河（泰西段）为跨市河流，河道长度 39.9km，流经的行政区包括江都市、泰州市区。新通扬运河控制站为江都东闸水文站。

江都东闸水文站为国家重要水文站，位于扬州市江都区江都东闸，地理坐标为东经 119°36′，北纬 32°28′。该站于 1961 年 1 月由江苏省水利厅设立，原站名为"江都闸"；1966 年 12 月撤销；1973 年 5 月复设；1977 年 11 月因整治河道建新东闸停测；1980 年 4 月恢复观测，站名变更为"江都东闸"。该站设站目的为掌握江都东闸引排水量，观测项目为闸上游水位、闸下游水位、流量。

该站引水历年最大洪峰流量为 1140m^3/s，发生时间为 1980 年 10 月 13 日；排涝历年最大洪峰流量为 548m^3/s，发生时间为 1984 年 9 月 15 日。

12. 三阳河

三阳河为跨县河流，河道长度 66.5km，在江苏省内流经的行政区包括江都市、高邮市、宝应县。三阳河控制站为省级水位站樊川（三）水位站。

樊川（三）水位站位于扬州市江都区樊川镇，地理坐标为东经 119°41′，北纬 32°40′。该站于 1978 年 1 月由江苏省水文总站设立，观测至今。该站是三阳河水位代表站，设站目的为监测三阳河江都段水位，观测项目为水位。

该站历年最高水位为 3.37m，发生时间为 1991 年 7 月 11 日；历年最低水位为 1.76m，发生时间为 1983 年 7 月 24 日；历年平均水位为 2.55m。

13. 潼河

潼河河道长度 15.5km，在江苏省内流经的行政区包括宝应县。控制站为宝应抽水站水文站。

宝应抽水站水文站为专用站，位于扬州市宝应县范水镇新民村。该站于 2005 年 10 月由江苏省水文水资源勘测局设立，观测至今。该站用于监测大运河、潼河水位以及宝应抽水站抽水流量，观测项目为水位、流量及降水量。

因该站为专用站，暂无历史资料。

14. 金宝航道

金宝航道为跨市河流，为南水北调支线，河道长度31.9km，流经的行政区包括宝应县、金湖县。金宝航道控制站为南运西闸水文站。

南运西闸水文站位于宝应县南运西闸，地理坐标为东经119°25′，北纬33°03′。该站于1972年7月由江苏省水文总站设立，观测至今。该站设站目的为掌握宝应湖与大运河交换水量，观测项目为闸上游水位、闸下游水位、流量。

该站历年最大洪峰流量为221m³/s，发生时间为1980年8月3日；历年平均流量为2.92m³/s。

15. 运西河—新河

运西河—新河为跨市河流，河道长度27.7km，流经的行政区包括宝应县、淮安市区。运西河—新河控制站为运西闸水文站。

运西闸水文站位于淮安市运西闸，地理坐标为东经119°15′，北纬33°18′。该站于1966年6月由江苏省水文总站设立，观测至今。该站设站目的为掌握里运河与白马湖交换水量，观测项目为闸上游水位、闸下游水位、流量。

该站历年最大洪峰流量为285m³/s，发生时间为2012年7月7日；历年平均流量为8.73m³/s。

16. 徐洪河

徐洪河为跨市河流，河道长度117.0km，流经的行政区包括邳州市、睢宁县、宿迁市区、泗洪县。徐洪河控制站为金锁镇水文站、沙集闸水文站。

(1) 金锁镇水文站。金锁镇水文站位于泗洪县金锁镇，地理坐标为东经119°15′，北纬33°18′。该站于1951年4月由治淮委员会设立；1979年，测站上迁20m，观测至今。该站设站目的为掌握入洪泽湖河口的水位变化过程，推求入湖水量，观测项目为水位、流量、泥沙及降水量。

该站历年最大洪峰流量为1240m³/s，发生时间为1998年8月15日；历年平均流量为15.72m³/s。

(2) 沙集闸水文站。沙集闸水文站位于睢宁沙集镇沙圩村，地理坐标为东经118°08′，北纬33°54′。该站于1994年1月由江苏省水文总站设立，设站目的为掌握徐洪河上游流量，观测项目为闸上游水位、闸下游水位、流量。

该站历年最大洪峰流量为270m³/s，发生时间为1996年6月30日；历年平均流量为4.33m³/s。

4.1.2 区域代表站

淮河流域涉及的7个水资源四级区分别为安河区、盱眙区、高宝湖区、渠北区、里下河腹部区、斗北区、斗南区；区域代表站包括老濉河泗洪（姚圩）、濉河泗洪（姚圩）、临淮头、龙王山水库、岗板头、石港抽水站、滨海、新港、兴化、黄土沟、射阳河闸、黄沙港闸、斗龙港闸、新洋港闸、川东港闸、小洋口闸等16处水文站、水位站。淮河流域区域代表站分布如附图9所示，淮河流域区域代表站水位特征值和流量特征值见表4.3和表4.4。

表 4.3　　　　　　　　　　淮河流域区域代表站水位特征值表

序号	水资源四级区	代表站	站别	最高水位		最低水位		多年平均水位/m
				数值/m	出现时间	数值/m	出现时间	
1	安河区	临淮头	水位站	15.26	1954-08-19	河干	1994-11-20	—
2	盱眙区	龙王山水库	水位站	33.02	2011-07-26	27.58	1984-08-14	31.08
3	高宝湖区	岗板头	水位站	9.39	2003-07-13	河干	1979-03-26	—
4	渠北区	滨海	水位站	3.10	1983-07-21	-0.07	1968-11-05	0.99
		新港	水位站	1.40	1998-06-30	河干	2002-02-03	—
5	里下河腹部区	兴化	水位站	4.46	1931-08-31	-0.25	1925-06-04	1.22

表 4.4　　　　　　　　　　淮河流域区域代表站流量特征值表

序号	河道	控制站	站别	最大流量		多年平均流量/(m³/s)
				数值/(m³/s)	出现时间	
1	安河区	泗洪(姚圩)(老濉河)	水文	277	2003-08-30	3.68
		泗洪(姚圩)(濉河)	水文	930	2007-07-07	17.6
2	高宝湖区	石港抽水站	水文	130	1998-07-04	6.08
3	里下河腹部区	黄土沟	水文	140	1991-07-24	35.3
4	斗北区	射阳河闸	水文	2560	1956-06-12	134
		黄沙港闸	水文	984	1991-07-22	44.3
		斗龙港闸	水文	647	1991-07-14	44.9
		新洋港闸	水文	1640	1957-07-26	72.2
5	斗南区	川东港闸	水文	526	1996-07-04	9.61
		小洋口闸	水文	826	1993-08-06	13.9

1. 安河区

安河区区域代表站为老濉河泗洪(姚圩)、濉河泗洪(姚圩)、临淮头水文站。

(1) 老濉河泗洪(姚圩)水文站。老濉河泗洪(姚圩)水文站位于泗洪县青阳镇，所在河流为老濉河，地理坐标为东经118°10′，北纬33°27′。该站于1937年1月由导淮委员会设立，原站名为"泗洪"；1966年6月，河道改变，断面迁移，站名变更为"泗洪(姚圩)"；1975年8月，因新建电动缆道，断面上迁50m。该站设站目的是作为洪泽湖入口的重要控制站，监测入湖水量、沙量变化情况，观测项目为水位、流量、泥沙、蒸发和降水量。

该站历年最大洪峰流量为277m³/s，发生时间为2003年8月30日；历年平均流量为3.68m³/s。

(2) 濉河泗洪(姚圩)站水文站。濉河泗洪(姚圩)水文站位于江苏省泗洪县青阳镇，所在河流为濉河，地理坐标为东经118°10′，北纬33°27′。该站于1937年1月由导淮委员会设立，原站名为"泗洪"；1966年6月，河道改变，断面迁移，站名变更为"泗洪(姚圩)"；1975年8月，因新设缆道，断面上迁50m；2005年11月26日因濉河治理施工开始停测，施工结束后立即恢复观测。设站目的是作为洪泽湖入口的重要控制站，监测入湖水量、沙量变化情况，观测项目为水位、流量。

历年最大洪峰流量为 930m³/s，发生时间为 2007 年 7 月 7 日；历年平均流量为 17.6m³/s。

（3）临淮头水文站。临淮头水文站位于泗洪县临淮镇小街居委会，所在河流为老汴河，地理坐标为东经 118°25′，北纬 33°14′。该站于 1931 年 5 月由导淮委员会设立；1933 年 4 月开始停测；1953 年 6 月恢复观测；1962 年 1 月撤销；1963 年复设；1968 年 1 月撤销；1979 年 5 月复设。该站设站目的是掌握进入洪泽湖河口的水位变化过程，观测项目为水位及降水量。

该站历年最高水位为 15.26m，发生时间为 1954 年 8 月 19 日；历年最低水位为河干，发生时间为 1994 年 11 月 20 日。

2. 盱眙区

盱眙区区域代表站为龙王山水库站。

龙王山水库站位于盱眙县穆店乡龙王山村，所在河流为维桥河，地理坐标为东经 118°34′，北纬 32°56′。该站于 1972 年 6 月由江苏省水利局设立，原站名为"滚之涧"，原站别为汛期水文站；1973 年 10 月撤销；1977 年 5 月复设，站名变更为"龙王山水库"；1980 年 5 月，站别变更为常年水位站。该站设站目的是作为龙王山水库水位代表站，掌握龙王山水库坝上水位及其变化过程，观测项目为水位及降水量。

该站历年最高水位为 33.02m，发生时间为 2011 年 7 月 26 日；历年最低水位为 27.58m，发生时间为 1984 年 8 月 14 日；历年平均水位为 31.08m。

3. 高宝湖区

高宝湖区区域代表站为岗板头水位站、石港抽水站水文站。

（1）岗板头水位站。岗板头水位站位于高邮市菱塘乡备战村，所在河湖为高邮湖，地理坐标为东经 119°12′，北纬 32°43′。该站于 1955 年 5 月由治淮委员会设立；1962 年 1 月停测；1976 年 6 月开始恢复观测。该站设站目的是监测高邮湖湖西水位，观测项目为水位及降水量。

该站历年最高水位为 9.39m，发生时间为 2003 年 7 月 13 日；历年最低水位为河干，发生时间为 1979 年 3 月 26 日。

（2）石港抽水站水文站。石港抽水站水文站位于金湖县，所在河流为金宝航道，地理坐标为东经 119°05′，北纬 32°03′。该站于 1974 年由江苏省水文总站设立，为常年水文站；2013 年 9 月因石港抽水站工程重建开始停测，水文设施正在建设中。该站设站目的为掌握金宝航道进入入江水道的水量，观测项目为水位、流量。

该站历年最大洪峰流量为 130m³/s，发生时间为 1998 年 7 月 4 日；历年平均流量为 6.08m³/s。

4. 渠北区

渠北区区域代表站为滨海水位站、新港水位站。

（1）滨海水位站。滨海水位站位于滨海县东坎镇，所在河流为张家河，地理坐标为东经 119°51′，北纬 34°00′。该站于 1958 年 1 月由江苏省水文总站设立，原站别为地下水位站；1963 年 5 月，站别变更为常年水位站；1978 年 11 月，断面下迁 1km。该站设站目的

是为县城周边地区提供实时水情,观测项目为水位、降水量及地下水位。

该站历年最高水位为3.10m,发生时间为1983年7月21日;历年最低水位为-0.07m,发生时间为1968年11月5日;历年平均水位为0.99m。

(2) 新港水位站。新港水位站位于滨海县八滩镇新港村,所在河流为通济河,地理坐标为东经120°06′,北纬34°05′。该站于1978年设立,原站名为"八滩",原站别为降水量站;1979年5月,站别变更为水位站;1994年5月,测站向上游迁移6km,站名变更为"新港"。该站设站目的是掌握通济河进入废黄河的排涝水位,观测项目为水位、降水量。

该站历年最高水位为1.40m,发生时间为1998年6月30日;历年最低水位为河干,发生时间为2002年2月3日。

5. 里下河腹部区

里下河腹部区区域代表站为兴化水位站、黄土沟水文站。

(1) 兴化水位站。兴化水位站位于兴化市昭阳镇张阳村,所在河流为南官河,地理坐标为东经119°50′,北纬32°56′。该站于1925年1月由督办江苏运河工程局设立,原站别为水文站;1937年1月停测;1950年7月,恢复为水位站;1951年1月,站别变更为水文站;1953年1月,站别变更为水位站。该站设站目的是作为里下河腹部区水位代表站,为各级防汛调度提供技术依据,观测项目为水位、降水量及蒸发。

该站历年最高水位为4.46m,发生时间为1931年8月31日;历年最低水位为-0.25m,发生时间为1925年6月4日;历年平均水位为1.22m。

(2) 黄土沟水文站。黄土沟水文站位于建湖县沿河镇自强村,所在河流为西塘河,地理坐标为东经119°43′,北纬34°48′。该站于1966年5月由江苏省水文总站设立,原站别为降水量站;1971年7月,站别变更为汛期水位站;1975年1月,站别变更为常年水位站;1980年5月,站别变更为常年水文站。该站设站目的为掌握西塘河入通榆河水量,观测项目为流量、水位、降水量及蒸发。

该站历年最大洪峰流量为140m³/s,发生时间为1991年7月24日;历年平均流量为35.3m³/s。

6. 斗北区

斗北区区域代表站为射阳河闸水文站、黄沙港闸水文站、斗龙港闸水文站、新洋港闸水文站。

(1) 射阳河闸水文站。射阳河闸水文站为国家重要水文站,位于射阳县海通镇射阳河闸,所在河流为射阳河,地理坐标为东经120°20′,北纬33°48′。该站于1956年5月由江苏省水文总站设立,设站目的为控制射阳河入海水量,观测项目为闸上水位、闸下潮位、流量、降水量、蒸发及地下水位。

该站历年最大洪峰流量为2560m³/s,发生时间为1956年6月12日;历年平均流量为134m³/s。

(2) 黄沙港闸水文站。黄沙港闸水文站为国家重要水文站,位于射阳县黄沙港镇黄沙港闸,所在河流为黄沙港,地理坐标为东经120°23′,北纬33°44′。该站于1972年6月由江苏省水文总站设立,设站目的为控制黄沙港入海水量,观测项目为闸上水位、闸下潮位及流量。

该站历年最大洪峰流量为984m³/s，发生时间为1991年7月22日；历年平均流量为44.3m³/s。

（3）斗龙港闸水文站。斗龙港闸水文站为国家重要水文站，位于大丰市三龙镇斗龙港闸，所在河流为斗龙港，地理坐标为东经120°35′，北纬33°27′。该站于1966年7月由江苏省水文总站设立，设站目的为控制斗龙港入海水量，观测项目为闸上水位、闸下潮位、流量及地下水位。

该站历年最大洪峰流量为647m³/s，发生时间为1991年7月14日；历年平均流量为44.9m³/s。

（4）新洋港闸水文站。新洋港闸水文站为国家重要水文站，位于盐城市亭湖区黄尖镇新洋港闸，所在河流为新洋港，地理坐标为东经120°28′，北纬33°37′。该站于1957年6月由江苏省水文总站设立，设站目的为控制新洋港入海水量，观测项目为闸上水位、闸下潮位、流量、降水量及地下水位。

该站历年最大洪峰流量为1640m³/s，发生时间为1957年7月26日；历年平均流量为72.2m³/s。

7. 斗南区

斗南区区域代表站为川东港闸水文站、小洋口闸水文站。

（1）川东港闸水文站。川东港闸水文站位于大丰市草庙镇联东村，所在河流为川东港，地理坐标为东经120°48′，北纬33°03′。该站于1950年7月由苏北水利局设立，原站别为水位站；1950年11月停测；1965年11月，复测；1966年6月，测站下迁7.5km，站别变更为水文站。该站设站目的为控制川东港入海水量，观测项目为闸上水位、闸下潮位、流量、降水量及地下水位。

该站历年最大洪峰流量为526m³/s，发生时间为1996年7月4日；历年平均流量为9.61m³/s。

（2）小洋口闸水文站。小洋口闸水文站位于如东县洋口镇小洋口闸，所在河流为栟茶运河，地理坐标为东经120°59′，北纬32°33′。该站于1955年8月由治淮委员会设立，设站目的是掌握栟茶运河入海水量，观测项目为闸上水位、闸下潮位、流量及降水量。

该站历年最大洪峰流量为826m³/s，发生时间为1993年8月6日；历年平均流量为13.9m³/s。

4.2 沂沭泗流域重要水文站

沂沭泗水系地处淮河流域东北部，是淮河流域内一个相对独立的水系，系沂、沭、泗（运）三条水系的总称，位于东经114°45′~120°20′、北纬33°30~36°20′。流域北起沂蒙山，东临黄海，西至黄河右堤，南以废黄河与淮河水系为界。流域总面积7.96万km²，其中江苏省境内面积2.58万km²。根据江苏省河湖基本情况普查成果及《江苏省骨干河道名录表》，江苏境内沂沭泗流域乡镇（大沟）级及以上河流2720条，面积0.5km²及以上的湖泊3个，其中流域性河道9条，重要湖泊2个（骆马湖、南四湖）。根据水资源的自然、社会和经济属性,依据开发、利用、治理、配置、节约、保护要求,将江苏境内沂沭泗流域划分为1个水资源二级区、4个水资源三级区、5个水资源四级区。

本章主要对江苏境内沂沭泗流域流域性河道控制站及水资源四级区区域代表站进行概述。骆马湖、南四湖控制站部分已涵盖在流域性河道控制站及水资源四级区区域代表站中,不再另起章节,仅在此处予以说明。其中,骆马湖入湖主要控制站有运河、塔上水文站,出湖主要控制站有皂河闸、嶂山闸、杨河滩闸水文站。南四湖入湖主要控制站有丰县闸、沛城闸水文站,出湖主要控制站为蔺家坝闸水文站。

4.2.1 流域性河道控制站

沂沭泗流域9条流域性河道分别为中运河、新沂河、新沭河、沂河、沭河、邳苍分洪道、分淮入沂、房亭河、大运河湖西段—不牢河;流域性河道控制站包括运河、皂河闸、宿迁闸、杨河滩闸、嶂山闸、沭阳、石梁河水库、大兴镇、塔上、新安、林子、淮阴闸、刘集闸、蔺家坝闸、解台闸等15处水文、水位站。沂沭泗流域流域性河道水文站点分布如附图10所示,沂沭泗流域流域性河道控制站水位特征值和流量特征值见表4.5和表4.6。

表4.5　　　　　沂沭泗流域流域性河道控制站水位特征值表

序号	河道	控制站	站别	最高水位		最低水位		多年平均水位/m
				数值/m	出现时间	数值/m	出现时间	
1	新沭河	石梁河水库	水文	26.67	1974-08-15	13.07	1960-06-01	21.25

表4.6　　　　　沂沭泗流域流域性河道控制站流量特征值表

序号	河道	控制站	站别	最大流量		多年平均流量/(m³/s)
				数值/(m³/s)	出现时间	
1	中运河	运河	水文	3790	1974-08-14	109
		皂河闸	水文	1240	1974-08-15	69.8
		宿迁闸	水文	1040	1974-08-14	68.4
		杨河滩闸	水文	784	1957-07-21	12.9
2	新沂河	嶂山闸	水文	5760	1974-08-16	85.0
		沭阳	水文	6900	1974-08-16	274
3	新沭河	石梁河水库	水文	3510	1974-08-15	20.6
		大兴镇	水文	3870	1974-08-14	27.8
4	沂河	塔上	水文	6380	1974-08-14	45.7
5	沭河	新安	水文	5380	1924-07-24	24.1
6	邳苍分洪道	林子	水文	2250	1974-08-16	14.6
7	分淮入沂	淮阴闸	水文	1440	2003-07-11	124
8	房亭河	刘集闸	水文	389	2000-07-13	3.78
9	大运河湖西段—不牢河	蔺家坝闸	水文	452	1963-09-06	8.50
		解台闸	水文	536	1971-08-09	11.4

1. 中运河

中运河为跨省河流，在江苏境内河道长度165.8km，流经的行政区包括邳州市、新沂市、宿迁市区、泗阳县、淮安市区。中运河控制站为国家重要水文站，控制站为运河水文站、皂河闸水文站、宿迁闸水文站、杨河滩闸水文站。

(1) 运河水文站。运河水文站位于邳州市运河镇前索家村，地理坐标为东经117°56′，北纬34°19′。该站于1950年7月由淮海水利工程局设立，站名为"运河"；1955年6月，断面上迁4.0km，站名变更为"运河（二）"；1957年6月增测地下水位；1959年5月，断面下迁4.0km，增测河湖水化学；1963年1月，中运河改名为"大运河"；1964年7月，断面上迁4km，站名变更为"运河（铁）"；1970年1月停测地下水位；1972年7月，断面下迁1.6km，站名变更为"运河（铁下）"；1979年1月停测河湖水化学；1980年1月，断面上迁156m，站名变更为"运河"。该站设站目的是作为南水北调重要的控制站，掌握中运河进骆马湖水量、沙量，观测项目为水位、流量、泥沙、降水量及蒸发量。

该站历年最大洪峰流量为3790m³/s，发生时间为1974年8月14日；历年平均流量为109m³/s。

(2) 皂河闸水文站。皂河闸水文站位于宿迁市皂河乡皂河闸，地理坐标为东经118°07′，北纬34°03′。该站于1952年6月由江苏省导沂整沭工程委员会设立，原站别为汛期水文站；1957年6月，站别变更为常年水文站；1966年5月，下迁移5m；1978年7月，上迁移3.2m；1983年1月，增测输沙率含沙量；2009年10月，水尺断面上迁126m，测流断面下迁122m。该站设站目的是掌握骆马湖通过中运河的出湖水量，观测项目为水位、流量、泥沙及降水量。

该站历年最大洪峰流量为1240m³/s，发生时间为1974年8月15日；历年平均流量为69.8m³/s。

(3) 宿迁闸水文站。宿迁闸水文站位于宿迁市井头乡宿迁闸，地理坐标为东经118°18′，北纬33°59′。该站于1958年7月由江苏省水文总站设立；1959年1月，增测河湖水化学；1959年5月，增测输沙率含沙量；1967年1月，停测输沙率含沙量；1968年1月，恢复观测输沙率含沙量；1974年5月，测流断面上迁570m，由闸下500m迁至闸上70m；1976年1月，停测输沙率含沙量；1979年5月，测流断面下迁370m，由闸上70m迁至闸下300m；2008年5月，闸上断面上迁115m，由闸上35m迁至闸上90m。该站设站目的是作为中运河重要节点控制站，观测项目为闸上水位、闸下水位、流量、降水量及蒸发。

该站历年最大洪峰流量为1040m³/s，发生时间为1974年8月14日；历年平均流量为68.4m³/s。

(4) 杨河滩闸水文站。杨河滩闸水文站位于宿迁市晓店镇洋河滩居委会，地理坐标为东经118°15′，北纬34°00′。该站于1965年1月由江苏省水文总站设立，原站别为水位站；1986年1月，站别变更为水文站；2008年5月，测流断面下迁。该站设站目的是掌握骆马湖入总六塘河水量，观测项目为闸上水位、闸下水位及流量。

该站历年最大洪峰流量为784m³/s，发生时间为1957年7月21日；历年平均流量为

$12.9 \text{m}^3/\text{s}$。

2. 新沂河

新沂河为跨市河流，河道长度146.7km，流经的行政区包括宿迁市区、沭阳县、新沂市、灌云县、灌南县。新沂河控制站为嶂山闸水文站、沭阳水文站。

(1) 嶂山闸水文站。嶂山闸水文站是国家重要水文站，位于宿迁市晓店乡嶂山闸，地理坐标为东经118°19′，北纬34°07′。该站于1960年1月由江苏省水文总站设立；1962年1月，增测输沙率、含沙量；1968年1月，停测输沙率、含沙量；1974年1月，恢复输沙率、含沙量观测；1974年1月，流量断面上迁541m；2001年1月，流量断面上迁401m；2009年5月，闸上水尺断面上迁190m。该站设站目的是作为骆马湖重要的出湖控制站，主要掌握骆马湖泄洪进入新沂河的水量，观测项目为闸上水位、闸下水位、流量、泥沙及降水量。

该站历年最大洪峰流量为$5760\text{m}^3/\text{s}$，发生时间为1974年8月16日；历年平均流量为$85.0\text{m}^3/\text{s}$。

(2) 沭阳水文站。沭阳水文站是国家重要水文站，位于沭阳县沭城镇，地理坐标为东经118°46′，北纬34°09′。该站于1950年7月由苏水导沂整沭工程司令部设立，站别为汛期水文站；1959年7月，站别变更为常年水文站；1963年6月，水尺断面上迁3.19km，测流断面上迁2.70km；1965年6月，站别变更为汛期水文站；1975年6月，水尺断面上迁0.65km，测流断面上迁1.34km，两断面重合。沭阳站现有南、北泓两个测流断面，高水时合并为一个断面。该站设站目的是对骆马湖分洪水量进行控制，观测项目为两断面水位、两断面流量、泥沙、降水量及蒸发量。

该站历年最大洪峰流量为$6900\text{m}^3/\text{s}$，发生时间为1974年8月16日；历年平均流量为$274\text{m}^3/\text{s}$。

3. 新沭河

新沭河为跨省河流，在江苏境内河道长度53.1km，流经的行政区包括东海县、赣榆县、连云港市区。新沭河控制站为石梁河水库水文站、大兴镇水文站。

(1) 石梁河水库水文站。石梁河水库水文站为国家重要水文站，位于东海县石梁河镇石梁河水库，地理坐标为东经118°52′，北纬34°46′。该站于1960年由江苏省水文总站设立；1976年1月，溢洪道断面上迁500m；2002年6月，溢洪道断面下迁1000m。该站设站目的是掌握石梁河水库出入库流量，积累资料，探求流域水文规律，为石梁河水库及其下游防汛抗旱、水利工程调度等提供水文情报服务。该站观测项目为坝上、溢洪道、南涵洞闸下水位、北溢洪闸、南涵洞、电站、孟曹埠干渠、北干渠、古城翻水站、磨山翻水站、南溢洪闸流量，泥沙、降水量、蒸发及墒情。

该站合成断面历年最大洪峰流量为$3510\text{m}^3/\text{s}$，发生时间为1974年8月15日；历年平均流量为$20.6\text{m}^3/\text{s}$。坝上历年最高水位为26.67m，发生时间为1974年8月15日；坝上历年最低水位为13.07m，发生时间为1960年6月1日；历年平均水位为21.25m。

(2) 大兴镇水文站。大兴镇水文站是国家重要水文站，位于山东省临沭县大兴镇大兴一村，地理坐标为东经118°43′，北纬34°46′。该站于1951年4月由华东军政委员会水利部设立；1956年1月撤销；1961年7月复设；1979年6月，断面上迁40m。该站设站目的是作为石梁河水库入库控制站,掌握新沭河干流径流,为下游防汛抗旱和水利工程调度等提供水文情报服务。该站观测项目为水位、流量、泥沙及降水量。

该站历年最大洪峰流量为 3870m³/s,发生时间为 1974 年 8 月 14 日;历年平均流量为 27.8m³/s。

4. 沂河

沂河为跨省河流,在江苏境内河道长度 45.5km,流经的行政区包括邳州市、新沂市。控制站为堰上水文站。

堰上水文站为国家重要水文站,位于邳州市港上镇港西村,地理坐标为东经 118°07′,北纬 34°32′。该站于 1963 年 1 月由江苏省水文总站设立,原站别为降水量站;1971 年 6 月,站别变更为汛期水位站;1972 年 1 月,站别变更为常年水文站。该站设站目的是作为骆马湖入湖控制站,主要掌握沂河进入骆马湖水量,观测项目为水位、流量及降水量。

该站历年最大洪峰流量为 6380m³/s,发生时间为 1974 年 8 月 14 日;历年平均流量为 45.7m³/s。

5. 沭河

沭河为跨省河流,在江苏境内河道长度 44.7km,流经的行政区包括新沂市、东海县、宿迁市区。沭河控制站为新安水文站。

新安水文站为国家重要水文站,位于新沂市新安镇,地理坐标为东经 118°21′、北纬 34°22′。该站于 1918 年 6 月由江淮水利测量局设立;1925 年 1 月至 1931 年 6 月、1938 年 1 月至 1947 年 8 月,以及 1948 年 10 月至 1950 年 5 月。该站设站目的是掌握山东沭河来水进入江苏境内水量,观测项目为水位、流量、泥沙、降水量及蒸发量。

该站历年最大洪峰流量为 5380m³/s,发生时间为 1924 年 7 月 24 日;历年平均流量为 24.1m³/s。

6. 邳苍分洪道

邳苍分洪道为跨省河流,在江苏境内河道长度 33.5km,流经的行政区为邳州市。邳苍分洪道控制站为林子水文站。

林子水文站为国家重要水文站,位于邳州市岔河镇林子村,地理坐标为东经 118°56′,北纬 34°32′。该站于 1960 年 7 月由江苏省水文总站设立,原站名为"艾山";1961 年 6 月,断面上迁 500m,站名变更为"林子";1971 年 6 月,断面下迁 800m。林子站现有东、西泓两个测流断面,高水时合并为一个断面。该站设站目的是掌握邳苍分洪道流入中运河水量,观测项目为两断面水位、两断面流量、泥沙及降水量。

该站历年最大洪峰流量为 2250m³/s,发生时间为 1974 年 8 月 16 日;历年平均流量为 14.6m³/s。

7. 分淮入沂

分淮入沂为跨市河流,河道长度 97.9km,流经的行政区包括淮安市区、泗阳县、沭阳县。分淮入沂控制站为国家重要水文站淮阴闸。沿线主要站点有二河闸、淮阴闸、沭阳闸水文站,分淮入沂控制站为淮阴闸水文站。

淮阴闸水文站位于淮安市淮阴区王营镇淮阴闸,地理坐标为东经 118°55′,北纬 33°35′。设站目的是掌握分淮入沂、淮水北调、供水计量的水情、水量,为防汛抗旱、航运及工程

控制运用管理搜集资料而设定。

该站于1960年5月由江苏省水文总站设立；1961年1月增测河湖水化学；1962年1月撤销；1971年1月恢复观测；1973年1月再次增测河湖水化学；1979年1月停测河湖水化学。该站观测项目为闸上水位、闸下水位、流量及降水量。

该站历年最大洪峰流量为1440m³/s，发生时间为2003年7月11日；历年平均流量为124m³/s。

8. 房亭河

房亭河为跨县河流，河道长度73.8km，流经的行政区包括徐州市区、铜山县、邳州市。房亭河控制站为刘集闸水文站。

刘集闸水文站位于邳州市八路镇刘集村，地理坐标为东经117°55′，北纬34°04′，是为探求房亭河降雨径流关系设立的站点，主要掌握房亭河汇入中运河的水量。该站于1999年1月由江苏省水文水资源勘测局设立，观测项目为闸上水位、闸下水位、流量、泥沙及降水量。

该站历年最大洪峰流量为389m³/s，发生时间为2000年7月13日；历年平均流量为3.78m³/s。

9. 大运河湖西段—不牢河

大运河湖西段—不牢河为跨省河流，在江苏境内河道长度140.1km，流经的行政区包括沛县、徐州市区、铜山县、邳州市。大运河湖西段—不牢河控制站为蔺家坝闸、解台闸水文站。

(1) 蔺家坝闸水文站。蔺家坝闸水文站为国家重要水文站，位于徐州市铜山区柳新镇蔺家坝闸，地理坐标为东经117°10′，北纬34°24′。该站于1950年7月由淮河水利工程局设立，站别为水文站，原站名为"蔺家坝"；1952年6月，断面上迁2.2km，站别变更为水位站，站名变更为"梁山圩"；1957年7月，保留梁山圩站，于蔺家坝原址处恢复设立蔺家坝水文站；1958年1月撤销梁山圩站；1962年1月，站名变更为"蔺家坝闸"，增测闸下水位；1975年4月，增测河湖水化学；1976年1月，增测电站流量；1979年1月，停测河湖水化学；1983年1月，闸下断面上迁150m，迁至闸下300m；1999年1月，测流断面迁至闸上110m，闸下断面迁至闸下500m。该站设站目的是掌握南四湖下泄水量，观测项目为闸上水位、闸下水位、流量及降水量。

该站历年最大洪峰流量为452m³/s，发生时间为1963年9月6日；历年平均流量为8.50m³/s。

(2) 解台闸水文站。解台闸水文站为国家重要水文站，位于徐州市贾汪区大吴镇解台闸；地理坐标为东经117°23′，北纬34°19′。该站于1961年8月由江苏省水文总站设立；1964年1月，增测地下水位、河湖水化学；1966年5月，测流断面迁至闸上170m；1968年1月，停测地下水位；1975年1月，增测电站流量；1975年6月，增测灌溉闸流量；1976年1月，停测灌溉闸流量；1979年1月，停测河湖水化学；2007年2月，测流断面迁至闸上200m。该站设站目的是掌握不牢河行洪流量，观测项目为闸上水位、闸下水位、流量及降水量。

该站历年最大洪峰流量为536m³/s，发生时间为1971年8月9日；历年平均流量为

$11.4\text{m}^3/\text{s}$。

4.2.2 区域代表站

沂沭泗流域涉及的 5 个水资源四级区分别为丰沛区、骆马湖上游区、赣榆区、沂北区、沂南区;区域代表站包括丰县闸、沛城闸、滩上集、黑林、小塔山水库、临洪、桐槐树、小许庄、响水口、朱码闸等 10 处水文、水(潮)位站。沂沭泗流域区域代表站分布如附图 11 所示,沂沭泗流域区域代表站水位特征值表和流量特征值见表 4.7 和表 4.8。

表 4.7　　　　　　　　沂沭泗流域区域代表站水位特征值表

序号	水资源四级区	控制站	站别	最高水位		最低		多年平均水位/m
				数值/m	出现时间	数值/m	出现时间	
1	骆马湖上游区	滩上集	水位	27.11	1957-07-22	18.66	1967-06-26	22.0
2	沂北区	临洪	水文	5.78	1974-08-14	河干	1970-11-22	—
3	沂南区	响水口	潮位	4.12	2000-09-27	-2.42	1955-02-21	—

表 4.8　　　　　　　　沂沭泗流域区域代表站流量特征值表

序号	河道	控制站	站别	最大流量		多年平均流量/(m³/s)
				数值/(m³/s)	出现时间	
1	丰沛区	丰县闸	水文	350	1978-07-25	1.11
		沛城闸	水文	340	1964-08-18	1.12
2	赣榆区	黑林	水文	583	2012-07-10	2.50
		小塔山水库	水文	373	1974-08-14	2.42
3	沂北区	临洪	水文	760	2000-09-03	32.7
		桐槐树	水文	963	1974-08-13	18.7
		小许庄	水文	299	2000-08-30	17.7
4	沂南区	朱码闸	水文	325	2000-08-31	29.1

1. 丰沛区

丰沛区区域代表站为丰县闸水文站和沛城闸水文站。

(1) 丰县闸水文站。丰县闸水文站位于丰县凤城镇丰城闸,所在河流为复兴河,地理坐标为东经 116°37′,北纬 34°42′。该站于 1973 年 6 月由江苏省水文总站设立,原站名为"丰县";1979 年 1 月,站名变更为"丰县闸",增测闸上游水位;1979 年 6 月,测流断面上迁 795m;1999 年 1 月,测流断面上迁至丰县闸上 240m。设站目的是作为南四湖湖西平原区域代表站,掌握丰县闸以上流域来水量,探求降雨径流关系。该站观测项目为闸上水位、闸下水位、流量、泥沙及降水量。

该站历年最大洪峰流量为 $350\text{m}^3/\text{s}$,发生时间为 1978 年 7 月 25 日;历年平均流量为 $1.11\text{m}^3/\text{s}$。

(2) 沛城闸水文站。沛城闸水文站位于沛县沛城镇李园村,所在河流为沿河,地理坐标为东经 116°55′,北纬 34°44′。该站于 1960 年 6 月由江苏省水文总站设立,原站名为"沛城";1961 年 1 月,增加地下水观测项目;1962 年 1 月,增加蒸发观测项目;1978 年

1月，站名变更为"沛城闸"，增测闸上游水位；1987年6月，测流断面迁到上游水尺断面；2000年6月，测流断面迁回下游水尺断面。该站设站目的是作为湖西地区区域代表站，掌握沛城闸以上流域来水量，探求降雨径流关系。该站观测项目为闸上水位、闸下水位、流量、泥沙、降水量及蒸发量。

该站历年最大洪峰流量为340m³/s，发生时间为1964年8月18日；历年平均流量为1.12m³/s。

2. 骆马湖上游区

骆马湖上游区区域代表站为滩上集水位站。

滩上集水位站位于邳州市赵墩镇滩上集村，所在河流为大运河，地理坐标为东经117°53′，北纬34°24′。该站于1914年9月由江淮水利测量局设立；1963年1月，所在河道中运河改名大运河。该站设站目的为掌握运河与邳苍分洪道汇口处的水位变化情况，为防汛抗旱及航运提供水位资料。该站观测项目为水位及降水量。

该站历年最高水位为27.11m，发生时间为1957年7月22日；历年最低水位为18.66m，发生时间为1967年6月26日；历年平均水位为22.0m。

3. 赣榆区

赣榆区区域代表站为黑林水文站和小塔山水库水文站。

（1）黑林水文站。黑林水文站位于赣榆县黑林镇邵埠地村，所在河流为青口河，地理坐标为东经118°53′，北纬35°02′。该站于1961年6月由江苏省水文总站设立，原站别为降水量站；1976年7月，站别变更为汛期水文站；1977年1月，降水量观测场迁移。该站设站目的是作为小塔山水库入库水量控制站，掌握青口河进入小塔山水库的水量，观测项目为水位、流量及降水量。

该站历年最大洪峰流量为583m³/s，发生时间为2012年7月10日；历年平均流量为2.50m³/s。

（2）小塔山水库水文站。小塔山水库水文站位于赣榆县小塔山水库，所在河流为青口河，地理坐标为东经118°58′，北纬34°56′。该站于1959年7月由江苏省水文总站设立，原站别为水位站；1963年7月，站别变更为水文站。该站设站目的为掌握小塔山水库出入库流量，为水库防汛抗旱和水利工程调度等提供水文情报服务。该站观测项目为坝上水位、溢洪闸、东干渠、西干渠流量及降水量。

该站总断面历年最大洪峰流量为373m³/s，发生时间为1974年8月14日；历年平均流量为2.42m³/s。

4. 沂北区

沂北区区域代表站分别为临洪水文站、桐槐树水文站、小许庄水文站。

（1）临洪水文站。临洪水文站含临洪、临洪（东）两个测流断面。两断面位于连云港市新浦区新圩村和连云港市临洪管理处，所在河流分别为鲁兰河与蔷薇河，地理坐标分别为东经119°08′，北纬34°37′及东经119°10′，北纬34°39′。该站于1963年6月由江苏省水文总站设立；2002年1月，断面下迁1km；2013年6月，增设临洪（东）断面。该站设站目的为掌握临洪河干流径流，为连云港市市区防汛抗旱和水利工程调度等提供水文情报服务。观测项目为两断面水位、两断面流量及降水量。

该站总断面历年最大洪峰流量为 760m³/s，发生时间为 2000 年 9 月 3 日；历年平均流量为 32.7m³/s。临洪断面历年最高水位为 5.78m，发生时间为 1974 年 8 月 14 日；历年最低水位为河干，发生时间为 1970 年 11 月 22 日。临洪（东）断面因设立时间短，不再统计历史水位资料。

（2）桐槐树水文站。桐槐树水文站位于沭阳县新河镇新槐村，所在河流为新开河，地理坐标为东经 118°39′，北纬 34°11′。该站于 1964 年 5 月由江苏省淮阴专区防汛防旱指挥部设立，站别为汛期水文站，设站目的是掌握新开河汇入新沂河水量，观测项目为水位、流量及降水量。

该站历年最大洪峰流量为 963m³/s，发生时间为 1974 年 8 月 13 日；历年平均流量为 18.7m³/s。

（3）小许庄水文站。小许庄水文站位于东海县房山镇尚仁庄，所在河流为黄泥河，地理坐标为东经 118°51′，北纬 34°22′。该站于 1956 年 7 月由治淮委员会设立，原站别为汛期水文站；1957 年 6 月，站别更改为降水量站；1959 年 6 月，站别更改为水文站；1961 年 6 月，断面下迁 900m；1968 年 1 月，站别更改为水位站；1970 年 6 月，站别更改为水文站；1972 年 5 月，断面上迁 260m；1975 年 10 月，断面上迁 310m；1986 年 1 月，断面下迁 1150m。该站设站目的为掌握黄泥河来水，观测项目为水位、流量、泥沙、降水量及蒸发量。

该站历年最大洪峰流量为 299m³/s，发生时间为 2000 年 8 月 30 日；历年平均流量为 17.7m³/s。

5. 沂南区

沂南区区域代表站分别为响水口潮位站、朱码闸水文站。

（1）响水口潮位站。响水口潮位站位于响水县响水口镇，所在河流为灌河，地理坐标为东经 119°34′，北纬 34°12′。该站于 1912 年 3 月由江淮水利测量局设立；1962 年 6 月，增测潮水化学；1967 年 1 月，停测潮水化学。该站设站目的是作为灌河潮位控制站，掌握灌河潮汐变化规律，观测项目为潮位、降水量及蒸发。

该站历年最高潮位为 4.12m，发生时间为 2000 年 9 月 27 日；历年最低潮位为 −2.42m，发生时间为 1955 年 2 月 21 日。

（2）朱码闸水文站。朱码闸水文站位于涟水县朱码镇朱码闸，所在河流为盐河，地理坐标为东经 119°17′，北纬 33°49′。该站于 1958 年 6 月由江苏省水文总站设立；2012 年 4 月，测流断面上迁 10m。该站设站目的是掌握盐河水量，观测项目为闸上、闸下水位，节制闸、越闸、水电站流量及降水量。

该站历年最大洪峰流量为 325m³/s，发生时间为 2000 年 8 月 31 日；历年平均流量为 29.1m³/s。

4.3 长江流域重要水文站

长江是我国最大的流域，干流全长 6397km，流域面积 180 万 km²，其中江苏省境内长江干流全长 425km，岸线 960km，长江流域面积 1.92 万 km²。根据江苏省河湖基本情况普查成果及《江苏省骨干河道名录表》，江苏境内长江流域乡镇（大沟）级及以上河流 2243 条，面积 0.5km² 及以上的湖泊 14 个，其中流域性河道 4 条。根据水资源的自然、社会和经济属性，依据开发、利用、治理、配置、节约、保护要求，将江苏境内长江流域划分为 1 个水资源二级区、3 个水资源三级区、5 个水资源四级区。

本节主要对江苏境内长江流域流域性河道控制站及水资源四级区区域代表站进行概述。

4.3.1 流域性河道控制站

长江流域 4 条流域性河道分别为长江、滁河（含驷马山河、马汊河）、水阳江、秦淮河（含秦淮新河、外秦淮河）；流域性河道控制站包括南京、镇江（二）、三江营、江阴、天生港、晓桥、葛塘、红山窑闸、水碧桥、前埠村（秦）、武定门闸及秦淮新河闸等 12 处水文、水（潮）位站。长江流域流域性河道水文站点分布如附图 12 所示，长江流域流域性河道控制站水位特征值和流量特征值见表 4.9 和表 4.10。

表 4.9　　　　　　　　长江流域流域性河道控制站水位特征值表

序号	河道	控制站	站别	最高水位		最低水位		多年平均水位/m
				数值/m	出现时间	数值/m	出现时间	
1	长江	南京	潮位	8.32	1954-08-17	-0.36	1956-01-09	
		镇江（二）	潮位	6.70	1996-08-01	-0.66	1959-01-22	
		三江营	潮位	6.12	1996-08-01	-0.78	1959-01-22	
		江阴	潮位	5.31	1997-08-19	-1.11	1959-01-22	
		天生港	潮位	5.16	1997-08-19	-1.50	1956-02-09	
2	水阳江	水碧桥	水位	11.91	1999-07-01	2.01	2011-05-01	—

表 4.10　　　　　　　　长江流域流域性河道控制站流量特征值表

序号	河道	控制站	站别	最大流量		多年平均流量 /(m³/s)
				数值/(m³/s)	出现时间	
1	滁河（含驷马山河、马汊河）	晓桥	水文	466	2008-08-03	—
		葛塘	水文	1280	2008-08-02	—
		红山窑闸	水文	585	1987-07-08	—
2	秦淮河（含秦淮新河、外秦淮河）	前埠村（秦）	水文	982	1991-07-04	—
		武定门闸	水文	509	1974-08-01	20.9
		秦淮新河闸	水文	1020	2007-07-09	12.2

1. 长江

长江为跨省河流，在江苏省内河道长度 432.5km，流经的行政区包括沿江八市，即南京、镇江、扬州、泰州、常州、无锡、南通、苏州市。长江控制站为南京潮位站、镇江（二）潮位站、三江营潮位站、江阴潮位站、天生港潮位站。

（1）南京潮位站。南京潮位站位于南京市鼓楼区唐山路，地理坐标为东经 118°43′，北纬 32°05′。该站于 1912 年 1 月由南京海关设立，站别为水位站；1937 年 11 月停测；1947 年 5 月恢复观测；1953 年 10 月，站别变更为水文站；1955 年，站别变更为水位站。该站设站目的是掌握长江南京段潮位变化规律，观测项目为潮位及降水量。

该站历年最高潮位为 8.32m，发生时间为 1954 年 8 月 17 日；历年最低潮位为

−0.36m，发生时间为1956年1月9日。

（2）镇江（二）潮位站。镇江（二）潮位站位于镇江市镇扬汽渡，地理坐标为东经119°26′，北纬32°13′。该站于1904年由镇江海关设立，原站名为"镇江"；1937年3月停测；2006年1月，断面上迁8km，站名变更为"镇江（二）"。该站设站目的是掌握长江镇江段潮位变化规律，观测项目为潮位及降水量。

该站历年最高潮位为6.70m，发生时间为1996年8月1日；历年最低水位为−0.66m，发生时间为1959年1月22日。

（3）三江营潮位站。三江营潮位站位于扬州市江都区大桥镇三江营村，地理坐标为东经119°42′，北纬32°19′。该站于1915年8月由江淮水利工程测量局设立；1916年6月停测；1925年1月恢复观测；1937年12月停测；1947年7月恢复观测；1949年1月停测；1950年6月，站别变更为水文站；1957年1月，站别变更为水位站。该站设站目的为监测夹江江都段潮位，观测项目为潮位、降水量及墒情。

该站历年最高潮位为6.12m，发生时间为1996年8月1日；历年最低潮位为−0.78m，发生时间为1959年1月22日。

（4）江阴潮位站。江阴潮位站位于江阴市澄江镇肖山村，地理坐标为东经120°18′，北纬31°57′。该站于1915年2月由上海浚浦局设立；1937年10月停测；1949年6月恢复观测。该站设站目的为探求长江入海口潮流界水位变化规律，观测项目为潮位及降水量。

该站历年最高潮位为5.31m，发生时间为1997年8月19日；历年最低潮位为−1.11m，发生时间为1959年1月22日。

（5）天生港潮位站。天生港潮位站位于南通市天生港，地理坐标为东经119°26′，北纬32°13′。设站目的为研究长江南通段潮水位变化规律，为南通市防汛防台的指挥调度提供科学依据。

该站于1918年7月由海关设立；1935年12月停测；1943年恢复观测；1949年停测；1953年4月，恢复观测，站名变更为"南通"；1954年1月，站名变更为"天生港"。

目前，该站观测项目为潮位。潮位观测设备为直立式水尺及自记水位计。

该站历年最高潮位为5.16m，发生时间为1997年8月19日；历年最低潮位为−1.50m，发生时间为1956年2月9日。

2. 滁河（含驷马山河、马汊河）

滁河（含驷马山河、马汊河）为跨省河流，在江苏境内河道长度152.km，流经的行政区包括南京浦口区、六合区。滁河（含驷马山河、马汊河）控制站为晓桥水文站、葛塘水文站、红山窑闸水文站。

（1）晓桥水文站。晓桥水文站位于南京市浦口区永宁街道晓桥，地理坐标为东经118°34′，北纬32°10′。该站于1972年5月由江苏省水文总站设立，站别为汛期水文站，设站目的为掌握滁河干流洪水过程，观测项目为水位、流量、降水量及地下水位。

该站历年最大洪峰流量为466m³/s，发生时间为2008年8月3日。因该站仅观测洪水过程，并不整编逐日平均流量表，故无法统计历年平均流量。

（2）葛塘水文站。葛塘水文站位于南京市六合区葛塘街道黄马村，地理坐标为东经

118°44′，北纬32°15′。该站于1974年5月由江苏省水文总站设立；1990年5月，测站下迁200m。该站设站目的为掌握滁河行洪期间通过马汊河分洪入长江的流量过程，观测项目为水位、流量、降水量、蒸发量、地下水位及墒情。

该站历年最大洪峰流量为1280m³/s，发生时间为2008年8月2日。因该站仅观测洪水过程，并不整编逐日平均流量表，故无法统计历年平均流量。

（3）红山窑闸水文站。红山窑闸水文站位于南京市六合区雄州街道红山窑闸，地理坐标为东经118°56′，北纬32°15′。该站于1972年5月由江苏省水文总站设立，设站目的为掌握滁河干流流量过程，观测项目为水位、流量、降水量及地下水位。

该站历年最大洪峰流量为585m³/s，发生时间为1987年7月8日。因该站仅观测洪水过程，并不整编逐日平均流量表，故无法统计历年平均流量。

3. 水阳江

水阳江河道长度30.9km，在江苏省内流经的行政区包括南京市高淳区。水阳江控制站为水碧桥水位站。

水碧桥水位站位于南京市高淳区砖墙镇水碧桥村，地理坐标为东经118°47′，北纬31°15′。该站于1967年5月由江苏省水文总站设立，为汛期站；1972年，变更为常年站。该站为水阳江水位代表站，观测项目为水位、降水量及地下水位。

该站历年最高水位为11.91m，发生时间为1999年7月1日；历年最低水位为2.01m，发生时间为2011年5月1日。该站为专用站，无历年平均水位统计成果。

4. 秦淮河（含秦淮新河、外秦淮河）

秦淮河（含秦淮新河、外秦淮河）河道长度51.9km，在江苏省内流经的行政区包括南京江宁区、雨花台区、秦淮区、白下区、建邺区、鼓楼区、下关区。秦淮河（含秦淮新河、外秦淮河）控制站为前埠村（秦）水文站、武定门闸水文站及秦淮新河闸水文站。

（1）前埠村（秦）水文站。前埠村（秦）水文站位于南京市江宁区秣陵街道洋桥村，地理坐标为东经118°54′，北纬31°52′。该站于1975年7月由江苏省水文总站设立，站别为汛期水文站；1981年停测；1984年5月恢复观测。该站设站目的为监测汛期秦淮河流量过程，分析丘陵地区降水径流关系，观测项目为水位、流量及降水量。

该站历年最大洪峰流量为982m³/s，发生时间为1991年7月4日。因该站仅观测洪水过程，并不整编逐日平均流量表，故无法统计历年平均流量。

（2）武定门闸水文站。武定门闸水文站为国家重要水文站，位于南京市武定门，地理坐标为东经118°52′，北纬32°2′。该站于1960年8月由江苏省水文总站设立，设站目的为掌握秦淮河通过武定门闸的引排水量，观测项目为闸上水位、闸下水位、流量及降水量。

该站历年最大洪峰流量为509m³/s，发生时间为1974年8月1日；历年平均流量为20.9m³/s。

（3）秦淮新河闸水文站。秦淮新河闸水文站为国家重要水文站，位于南京市秦淮新河闸，地理坐标为东经118°40′，北纬31°58′。该站于1980年7月由江苏省水文总站设立，设站目的为掌握秦淮河最后一级控制站的流量，为区域水量平衡计算及水文情报预报等提供数据，观测项目为闸上水位、流量及降水量。

该站历年最大洪峰流量为 1020 m³/s，发生时间为 2007 年 7 月 9 日；历年平均流量为 12.2 m³/s。

4.3.2 区域代表站

长江流域涉及的 5 个水资源四级区分别为仪六区、秦淮河区、固城石臼区、通南沿江区（扬）、通南沿江区（通）；区域代表站包括泗源沟闸、划子口闸、北山水库、东山、高淳、天生桥闸、过船港闸、夏仕港闸、南通闸、九圩港闸等 10 处水文、水位站。长江流域区域代表站分布如附图 13 所示，长江流域区域代表站水位特征值和流量特征值见表 4.11 和表 4.12。

表 4.11　　　　　　　长江流域区域代表站水位特征值表

序号	水资源四级区	代表站	站别	最高水位		最低水位		多年平均水位/m
				数值/m	出现时间	数值/m	出现时间	
1	秦淮河区	东山	水位	8.84	1991-07-11	1.89	1951-02-12	4.92
2	固城石臼区	高淳	水文	11.18	1991-07-01	2.80	1963-03-23	5.90

表 4.12　　　　　　　长江流域区域代表站流量特征值表

序号	河道	控制站	站别	最大流量		多年平均流量/(m³/s)
				数值/(m³/s)	出现时间	
1	仪六区	泗源沟闸	水文	397	1972-07-03	3.05
		划子口闸	水文	229	1975-06-25	—
2	秦淮河区	北山水库		69.8	1991-06-16	0.651
3	固城石臼区	高淳	水文	384	1983-07-08	1.14
		天生桥闸	水文	91.5	1976-08-04	0.435
4	通南沿江区（扬）	过船港闸	水文	337（引水）；238（排水）	1995-06-17（引水）；1990-09-04（排水）	—
		夏仕港闸	水文	611（引水）；585（排水）	1967 年（引水）；1975-06-24（排水）	—
5	通南沿江区（通）	南通闸	水文	1220（引水）；1370（排水）	1970-08-18（引水）；1970-07-13（排水）	—
		九圩港闸	水文	1560（引水）；1350（排水）	1973 年（引水）；1969 年（排水）	—

1. 仪六区

仪六区区域代表站为泗源沟闸水文站和划子口闸水文站。

（1）泗源沟闸水文站。泗源沟闸水文站位于仪征市真州镇泗源沟闸，所在河流为仪扬运河，地理坐标为东经 119°11′，北纬 32°16′。该站于 1961 年 5 月由江苏省水文总站设立，站别为水文站；1966 年，站别更改为水位站；1972 年 1 月，站别更改为水文站。该站设站目的为掌握仪扬运河进入长江的洪涝水量，观测项目为闸上水位、闸下潮位、流量、降水

量、地下水位及墒情。

该站历年最大洪峰流量为397m³/s，发生时间为1972年7月3日；历年平均流量为3.05m³/s。

(2) 划子口闸水文站。划子口闸水文站位于南京市六合区龙袍街道划子口闸，所在河流为划子口河，地理坐标为东经118°56′，北纬32°12′。该站于1974年7月由江苏省水文总站设立，设站目的为监测汛期洪峰流量过程，分析滁河行洪期间通过划子口闸泄洪入长江的水量，观测项目为闸上水位、闸下潮位及流量。

该站历年最大洪峰流量为229m³/s，发生时间为1975年6月25日。因该站仅观测洪水过程，并不整编逐日平均流量表，故无法统计历年平均流量。

2. 秦淮河区

秦淮河区区域代表站为北山水库水文站和东山水位站。

(1) 北山水库水文站。北山水库水文站位于句容市大卓乡北山水库，所在河流为句容河，地理坐标为东经119°11′，北纬32°16′。设站目的为对北山水库水位及水库流量进行监测、控制，为水库安全运行提供服务。该站于1960年6月由江苏省水文总站设立，站别为水文站；1969年1月，站别更改为水位站；1977年5月，站别更改为水文站。观测项目为坝上水位，泄洪闸、低涵节制闸、低涵水电站、自来水流量及降水量。

该站历年出库最大洪峰流量为69.8m³/s，发生时间为1991年6月16日；历年平均流量为0.651m³/s。

(2) 东山水位站。东山水位站位于南京市江宁区秣陵街道河定桥，所在河湖为秦淮河，地理坐标为东经118°51′，北纬31°57′。该站于1950年7月由江苏省水文总站设立，原站名为"西北村"；1953年，站名变更为"大骆村"；1972年，断面下迁1.0km，站名变更为"东山"；1979年12月停测；1980年4月，断面西迁1.0km，恢复观测。该站设站目的为掌握秦淮河水位，观测项目为水位、降水量及蒸发。

该站历年最高水位为8.84m，发生时间为1991年7月11日；历年最低水位为1.89m，发生时间为1951年2月12日；历年平均水位为4.92m。

3. 固城石臼区

固城石臼区区域代表站为高淳水文站和天生桥闸水文站。

(1) 高淳水文站。高淳水文站位于南京市高淳区阳江镇襟湖村，所在河湖为固城湖，地理坐标为东经118°51′，北纬31°18′。该站于1950年8月由长江流域水利委员会下游工程设立，为常年水位站；1988年10月，水尺断面上迁250m；2001年，站别变更为水文站。设站目的为对固城湖水位及流量进行控制，观测项目为水位、流量及降水量。

历年最大洪峰流量为384m³/s，发生时间为1983年7月8日；历年平均流量为1.14m³/s。该站历年最高水位为11.18m，发生时间为1991年7月1日；历年最低水位为2.80m，发生时间为1963年3月23日；历年平均水位为5.90m。

(2) 天生桥闸水文站。天生桥闸水文站位于南京市溧水区洪蓝镇严家塘村，所在河流为天生桥河，地理坐标为东经118°59′，北纬31°39′。该站于1973年1月由江苏省水文总站设立，设站目的为掌握秦淮河与石臼湖之间的水量交换，观测项目为闸上水位、闸下水位、流量及降水量。

该站历年最大洪峰流量为 91.5m³/s，发生时间为 1976 年 8 月 4 日；历年平均流量为 0.435m³/s。

4. 通南沿江区（扬）

通南沿江区（扬）区域代表站为过船港闸水文站和夏仕港闸水文站。

(1) 过船港闸水文站。过船港闸水文站位于泰兴市滨江镇过船港闸，所在河流为过船港，地理坐标为东经 119°56′，北纬 32°9′。该站于 1960 年 6 月由江苏省水文总站设立，设站目的为掌握区域引排水量，观测项目为闸上水位、闸下潮位、流量、降水量及地下水位。

该站历年引水最大洪峰流量为 337m³/s，发生时间为 1995 年 6 月 17 日；排水最大洪峰流量为 238m³/s，发生时间为 1990 年 9 月 4 日。

(2) 夏仕港闸水文站。夏仕港闸水文站位于靖江市斜桥镇夏仕港闸，所在河流为夏仕港，地理坐标为东经 120°24′，北纬 32°4′。该站于 1960 年 6 月由江苏省水文总站设立，站别为汛期水文站；1962 年 1 月停测；1967 年 5 月，恢复观测，站别更改为常年水文站。该站设站目的为掌握区域引排水量，观测项目为闸上水位、闸下潮位、流量、降水量及地下水位。

该站历年引水最大洪峰流量为 611m³/s，发生时间为 1967 年；排水最大洪峰流量为 585m³/s，发生时间为 1975 年 6 月 24 日。

5. 通南沿江区（通）

通南沿江区（通）区域代表站为南通闸水文站和九圩港闸水文站。

(1) 南通闸水文站。南通闸水文站位于南通市崇川区南通闸，所在河流为通吕运河，地理坐标为东经 120°49′，北纬 32°10′。该站于 1960 年 8 月由江苏省水文总站设立，设站目的为掌握通吕运河与长江水量交换情况，观测项目为闸上潮位、流量、降水量、蒸发量及地下水位。

该站历年引水最大洪峰流量为 1220m³/s，发生时间为 1970 年 8 月 18 日；排水最大洪峰流量为 1370m³/s，发生时间为 1970 年 7 月 13 日。

(2) 九圩港闸水文站。九圩港闸水文站位于南通市港闸区九圩港闸，所在河流为九圩港，地理坐标为东经 120°44′，北纬 32°3′。该站于 1959 年 6 月由江苏省水文总站设立；2013 年 5 月，水位断面上迁 295m。该站设站目的为掌握九圩港与长江水量交换情况，观测项目为闸上潮位及流量。

该站历年引水最大洪峰流量为 1560m³/s，发生时间为 1973 年；排水最大洪峰流量为 1350m³/s，发生时间为 1969 年。

4.4 太湖流域重要水文站

太湖流域地处长江中下游平原，是以太湖为中心的一个独立流域区，位于东经 119°11′~121°53′、北纬 30°8′~32°15′。流域西部自北而南分别以茅山山脉、界岭和天目湖与秦淮河、水阳江、钱塘江流域为界。流域总面积 3.69 万 km²。江苏境内太湖流域面积 1.94 万 km²。根据江苏省河湖基本情况普查成果及《江苏省骨干河道名录表》，江苏境

内太湖流域乡镇（大沟）级及以上河流1873条，面积0.5km² 及以上的湖泊131个，其中流域性河道3条，重要湖泊1个，即太湖。根据水资源的自然、社会和经济属性，依据开发、利用、治理、配置、节约、保护要求，将江苏境内太湖流域划分为1个水资源二级区、3个水资源三级区、5个水资源四级区。

本章主要对江苏境内太湖流域流域性河道控制站及水资源四级区区域代表站进行概述。太湖控制站部分已涵盖在流域性河道控制站及水资源四级区区域代表站中，不再另起章节，仅在此处予以说明。其中，太湖水位代表站主要有洞庭西山（三）、望亭（太）、大浦口及浙江省的夹浦、小梅口水位站。

4.4.1 流域性河道控制站

太湖流域3条流域性河道分别为江南运河、望虞河、太浦河；流域性河道控制站包括谏壁闸、丹阳、枫桥、望虞闸、望亭立交、平望等6处水文、水（潮）位站。太湖流域流域性河道水文站点分布如附图14所示，太湖流域流域性河道控制站水位特征值和流量特征值见表4.13和表4.14。

表4.13　　　　　太湖流域流域性河道控制站水位特征值表

序号	河道	控制站	站别	最高水位		最低水位		多年平均水位/m
				数值/m	出现时间	数值/m	出现时间	
1	江南运河	丹阳	水位	5.74	1931-07-14	0.30	1970-01-18	2.16

表4.14　　　　　太湖流域流域性河道控制站流量特征值表

序号	河道	控制站	站别	最大流量		多年平均流量/(m³/s)
				数值/(m³/s)	出现时间	
1	江南运河	谏壁闸	水文	474（引水） 543（排水）	1967-07-18（引水）； 1972-07-03（排水）	—
		枫桥	水文	168	2007-07-05	31.7
2	望虞河	望虞闸	水文	1100（引水） 877（排水）	2000-08-02（引水）； 2011-06-19（排水）	—
		望亭立交	水文	550	2008-07-02	-1.38
3	太浦河	平望	水文	760	1999-07-20	89.8

1. 江南运河

江南运河为跨市河流，河道长度211.7km，流经的行政区包括镇江市区、丹阳市、常州市区、无锡市区、苏州市区、吴江市。江南运河控制站为谏壁闸水文站、丹阳水位站、枫桥水文站。

（1）谏壁闸水文站。谏壁闸水文站为国家重要水文站，位于镇江市谏壁闸，地理坐标为东经119°34′，北纬32°11′。该站于1959年8月由江苏省水文总站设立，设站目的为掌握江南运河引排水量，观测项目为上游潮位、下游水位、流量及降水量。

该站历年引水最大洪峰流量为474m³/s，发生时间为1967年7月18日；历年排水最大洪峰流量为543m³/s，发生时间为1972年7月3日。

（2）丹阳水位站。丹阳水位站位于丹阳市云阳镇城北村，地理坐标为东经119°34′，北纬 31°59′。该站于 1928 年 7 月由太湖流域水利工程处设立；1934 年 1 月停测；1935 年 6 月恢复观测；1937 年 10 月停测；1947 年 7 月恢复观测；1948 年 12 月停测；1960 年恢复观测；1996 年 5 月，上迁 1.4km。该站设站目的是掌握江南运河水情，观测项目为水位、降水量、地下水位及墒情。

该站历年最高水位为 5.74m，发生时间为 1931 年 7 月 14 日；历年最低水位为 0.30m，发生时间为 1970 年 1 月 18 日；历年平均水位为 2.16m。

（3）枫桥水文站。枫桥水文站为国家重要水文站，位于苏州市高新区枫桥镇马浜村，地理坐标为东经 120°34′，北纬 31°19′。该站于 1976 年 7 月由江苏省水文总站设立，设站目的为掌握江南运河径流量，观测项目为水位、流量、降水量及蒸发。

历年最大洪峰流量为 168m³/s，发生时间为 2007 年 7 月 5 日；历年平均流量为 31.7m³/s。

2. 望虞河

望虞河为跨市河流，河道长度 60.3km，流经的行政区包括无锡市区、苏州市区、常熟市。望虞河控制站为望虞闸水文站和望亭立交水文站。

（1）望虞闸水文站。望虞闸水文站为国家重要水文站，位于常熟市王市镇花庄村望虞闸，地理坐标为东经 120°48′，北纬 31°46′。该站于 1960 年 7 月由江苏省水文总站设立；1998 年 1 月测站迁移。设站目的为掌握望虞河与长江的交换水量，观测项目为闸上水位、闸下潮位、流量及降水量。

该站历年引水最大洪峰流量为 1100m³/s，发生时间为 2000 年 8 月 2 日；历年排水最大洪峰流量为 877m³/s，发生时间为 2011 年 6 月 19 日。

（2）望亭立交水文站。望亭立交水文站为国家重要水文站，位于苏州市相城区望亭镇望亭水利枢纽，地理坐标为东经 120°25′，北纬 31°27′。该站于 1999 年 1 月由江苏省水文水资源勘测局设立，设站目的为掌握太湖通过望亭立交的出入水量，观测项目为闸上水位、闸下水位、流量及降水量。

该站历年最大洪峰流量为 550m³/s，发生时间为 2008 年 7 月 2 日；历年平均流量为 -1.38m³/s。

3. 太浦河

太浦河为跨省河流，在江苏境内河道长度 40.7km，流经的行政区为吴江市。太浦河控制站为平望水文站。

平望水文站为国家重要水文站，位于吴江市平望镇平望大桥，地理坐标为东经 120°38′，北纬 31°00′。该站于 1922 年 8 月由督办苏浙太湖水利工程局设立，原站别为水位站；1937 年 11 月停测；1947 年恢复观测；1949 年 1 月停测；1950 年 8 月恢复观测，站别变更为水文站，站名变更为"平望三等站"；1953 年 1 月，站别变更为水位站，站名变更为"平望"；1957 年 1 月，站别变更为水文站；1959 年 1 月，站别变更为水位站；1967 年 5 月，站别变更为水文站。该站设站目的为掌握太浦河径流量，观测项目为水位、流量及降水量。

该站历年最大洪峰流量为 760m³/s，发生时间为 1999 年 7 月 20 日；历年平均流量为 89.8m³/s。

4.4.2 区域代表站

太湖流域涉及的 5 个水资源四级区分别为湖西区、太湖区、武澄锡虞区、阳澄淀泖区、浦南区；区域代表站包括沙河水库、丹金闸、洞庭西山（三）、胥口、定波闸、无锡（二）、浏河闸、七浦闸、铜罗等 9 处水文、水位站。太湖流域区域代表站分布如附图 15 所示，太湖流域区域代表站水位特征值表各站点水文特征值和流量特征值见表 4.15 和表 4.16。

表 4.15　　　　　　　　　太湖流域区域代表站水位特征值表

序号	水资源四级区	代表站	站别	最高水位 数值/m	最高水位 出现时间	最低水位 数值/m	最低水位 出现时间	多年平均水位/m
1	太湖区	洞庭西山（三）	水位	3.12	1999-07-08	0.37	1978-08-26	1.22
		胥口	水位	2.48（闸上游）；3.04（闸下游）	2011-06-26（闸上游）；1991-07-07（闸下游）	0.50（闸上游）；0.06（闸下游）	2005-08-07（闸上游）；1972-08-17（闸下游）	1.38（闸上游）；1.21（闸下游）
2	武澄锡虞区	无锡（二）	水位	3.39	2016-07-03	0.03	1934-08-26	1.28
3	浦南区	铜罗	水位	2.99	1999-07-01	0.33	1991-12-31	1.21

表 4.16　　　　　　　　　太湖流域区域代表站流量特征值表

序号	河道	控制站	站别	最大流量 数值/(m³/s)	最大流量 出现时间	多年平均流量/(m³/s)
1	湖西区	沙河水库	水文	169	1999-07-01	2.02
		丹金闸	水文	211	2003-07-05	36.6
2	武澄锡虞区	定波闸	水文	217（引水）；208（排水）	2009-06-25（引水）；1991-07-02（排水）	—
3	阳澄淀泖区	浏河闸	水文	989（引水）；846（排水）	1992-07-31（引水）；1999-07-01（排水）	—
		七浦闸	水文	282（引水）；166（排水）	1996-11-12（引水）；1960（排水）	—

1. 湖西区

湖西区区域代表站为沙河水库水文站和丹金闸水文站。

（1）沙河水库水文站。沙河水库水文站位于溧阳市沙河水库，所在河流为沙河，地理坐标为东经 119°26′，北纬 31°19′。该站于 1959 年 5 月由江苏省水文总站设立。设站目的为观测区域内降水、水库坝上水位和出库流量，还原库区以上天然径流情况，分析溧阳市南部丘陵地区降水径流关系。该站观测项目为坝上水位，主涵、东涵、西涵、泄洪闸、自来水、沙溪引断面流量，降水量，蒸发及地下水位。

该站历年最大洪峰流量为 169m³/s，发生时间为 1999 年 7 月 1 日；历年平均流量为 2.02m³/s。

（2）丹金闸水文站。丹金闸水文站位于金坛市丹金闸，所在河流为丹金漕河，地理坐标为东经119°35′，北纬31°46′。该站于2003年5月由江苏省水文水资源勘测局设立，站别为汛期水文站，设站目的为通过监测丹金漕河的流量和水位，为丹金闸枢纽工程运行服务。该站观测项目为闸上水位、闸下水位、流量及降水量。

该站历年最大洪峰流量为211m³/s，发生时间为2003年7月5日；历年平均流量为36.6m³/s。

2. 太湖区

太湖区区域代表站为洞庭西山（三）水文站和胥口水位站。

(1) 洞庭西山（三）水位站。洞庭西山（三）水位站位于苏州市吴中区金庭镇镇夏，所在河湖为太湖，地理坐标为东经120°18′，北纬31°06′。该站于1951年4月由华东水利部设立，原站名为"洞庭西山"，原站别为降水量站；1954年4月，站别更改为水位站；1964年1月，测站下迁180m，站名更改为"洞庭西山（二）"；1982年1月，测站南迁1.6km，站名更改为"洞庭西山（三）"；1991年1月，测站北迁600m。该站为太湖水位代表站，观测项目为水位、降水量及蒸发量。

该站历年最高水位为3.12m，发生时间为1999年7月8日；历年最低水位为0.37m，发生时间为1978年8月26日；历年平均水位为1.22m。

(2) 胥口水位站。胥口水位站位于苏州市吴中区胥口镇胥口水利枢纽，所在河湖为太湖，地理坐标为东经120°27′，北纬31°13′。该站于1950年10月由华东水利部设立；2000年1月，站名变更为"胥口（闸下游）"；2000年6月，增设胥口（闸上游）站。该站设站目的为掌握胥口闸上下水位，为太湖与胥江水量交换服务，观测项目为闸上水位、闸下水位及降水量，对胥口站水量进行巡测。水位观测设备为直立式水尺及自记水位计；降水量观测设备为人工降水量器及遥测0.5mm翻斗式降水量计。

该站闸上游历年最高水位为2.48m，发生时间为2011年6月26日；历年最低水位为0.50m，发生时间为2005年8月7日，历年平均水位为1.38m。该站闸下游历年最高水位为3.04m，发生时间为1991年7月7日；历年最低水位为0.06m，发生时间为1972年8月17日，历年平均水位为1.21m。闸上游、闸下游资料系列不同，因而统计数据不适合直接比较。

3. 武澄锡虞区

武澄锡虞区区域代表站为定波闸水文站和无锡（二）水文站。

(1) 定波闸水文站。定波闸水文站位于江阴市定波闸，所在河流为锡澄运河，地理坐标为东经120°15′，北纬31°55′。该站于1960年6月由江苏省水文总站设立；1965年1月停测；1973年5月恢复观测，站名更改为"工农闸"；1995年1月，站名恢复为"定波闸"。该站设站目的为掌握锡澄运河与长江引排水量交换情况，观测项目为潮位、流量及降水量。

该站历年引水最大洪峰流量为217m³/s，发生时间为2009年6月25日；排水最大洪峰流量为208m³/s，发生时间为1991年7月2日。

(2) 无锡（二）水文站。无锡（二）水文站位于无锡市仙蠡桥南水利枢纽，所在河流为大运河，地理坐标为东经120°13′，北纬31°32′。该站于1923年1月由苏浙太湖水利工程局设立，原站名为"无锡"；1937年11月停测；1947年3月，恢复观测；1949年停

测；1950年6月，站别变更为水文站；1954年3月，站别变更为水位站；2007年1月，测站南迁3.4km至大运河。该站设站目的为掌握大运河无锡段水位的变化规律，观测项目为水位及降水量。

该站历年最高水位为3.39m，发生时间为2016年7月3日；历年最低水位为0.03m，发生时间为1934年8月26日；历年平均水位为1.28m。

4. 阳澄淀泖区

阳澄淀泖区区域代表站为浏河闸水文站和七浦闸水文站。

（1）浏河闸水文站。浏河闸水文站位于太仓市浏河镇浏河闸，所在河流为浏河，地理坐标为东经121°16′，北纬31°30′。该站于1922年6月由督办苏浙太湖水利工程局设立，原站名为"浏河"，原站别为水位站；1927年5月至1928年6月、1937年8月至1947年1月，以及1949年1—7月停测；1956年，站别更改为水文站；1959年7月，测站迁移，站名更改为"浏河闸（闸上游）"。该站设站目的为掌握浏河与长江引排水量交换情况，观测项目为潮位、流量、水温及降水量。

该站历年引水最大洪峰流量为989m³/s，发生时间为1992年7月31日；历年排水最大洪峰流量为846m³/s，发生时间为1999年7月1日。

（2）七浦闸水文站。七浦闸水文站位于太仓市浮桥镇七浦闸，所在河流为七浦塘，地理坐标为东经121°12′，北纬31°36′。该站于1922年5月由督办苏浙太湖水利工程局设立，原站名为"浮桥"，原站别为水位站；1937年9月停测；1947年2月恢复观测；1949年2月再次停测；1949年8月再次恢复观测；1952年5月，站名变更为"七丫口"；1954年2月，测站上迁3.3km，站名变更为"七浦闸（闸上游）"，站别变更为水文站。该站设站目的为掌握七浦塘与长江引排水量交换情况，观测项目为潮位、流量及降水量。

该站历年引水最大洪峰流量为282m³/s，发生时间为1996年11月12日；历年排水最大洪峰流量为166m³/s，发生时间为1960年6月10日。

5. 浦南区

浦南区区域代表站为铜罗水位站。

铜罗水位站位于吴江市铜罗镇严东村，所在河流为兰溪塘，地理坐标为东经120°33′，北纬30°50′。该站于1973年8月由江苏省水文总站设立，设站目的为掌握兰溪塘，观测项目为水位及降水量。

该站历年最高水位为2.99m，发生时间为1999年7月1日；历年最低水位为0.33m，发生时间为1991年12月31日；历年平均水位为1.21m。

4.5 省级水文巡测线

江苏省地处江淮下游，平原水网区占全省国土面积八成以上，境内河网湖港交错，水流相互贯通，流向顺逆不定，水量交换频繁，无自然封闭的集水周界。河道水面比降小，各类水工建筑物众多，水利工程调度运用和水资源开发利用程度较高。单纯依靠设立的基本水文站网已不能完全控制水文情势，同时也很难掌握重要河流、湖泊及送水河道沿线水量进出交换情况。水文巡测是在现有站网的基础上,进行适当的分片组合,将原来定位测报的方式改革为统一调度使用人力、物力,以专业队伍与委托观测相结合,定位观测与巡测、调查相结合,水文勘测与资料分析、科研相结合的原则,来完成某个区域或流域的水文勘测及科研、服务任务。因此,为提高工作效率,发展水文站网,促进应用新科技、新仪器、新设备,扩大资料收集范围,开展全方位服务,以适应国民经济建设、防汛抗旱、水资源开发利用对水文工作的更高要求,从省级层面出发,布设了环太湖巡测线、沿江巡测线、新通扬运河巡测线、通榆河巡测线,以期掌握全线水量交换和时空变化情况,更好地满足水安全、水资源、水环境、水生态、水管理的需要。

4.5.1 环太湖巡测线

太湖是我国的第三大淡水湖,水面积为 2338km², 正常水位 3.00m(吴淞基面),下容积为 44.3 亿 m³, 平均水深 1.89m, 是典型的平原浅水型湖泊。太湖具有蓄洪、供水、灌溉、航运、旅游等多方面功能,是环湖地区生活和工农业及生态环境用水的重要供水水源地。环太湖水文巡测工作始于 1966 年,原本仅进行水量监测,2010 年以来逐步发展为水量水质同步监测,主要通过监测出入湖河道的流量与水质状况,分析计算河道出入太湖的水量和污染物量,为太湖流域的防汛抗旱、水资源调度、水环境改善提供基础信息与决策依据。

1. 巡测方案

(1) 监测站网。环太湖巡测线长约 120km,巡测 112 个出入湖口门,其中江苏省 93 个、浙江省 19 个。江苏省境内河道多数有控制建筑物,主要建筑物有望亭立交、太浦闸、犊山枢纽、直湖港枢纽及贡湖湾沿湖小闸、武进港枢纽、胥口枢纽、瓜泾口枢纽、大浦口枢纽等。

环太湖巡测线长约 120km,进出水量监测共布设 10 段 11 站,其中浙江 2 段 2 站,江苏 8 段 9 站。环太湖巡测段站统计见表 4.17。江苏环湖设有大浦口、白芍山、犊山闸、瓜泾口、望亭(立交)、太浦闸(平望)等国家基本水文站。

表 4.17 环太湖巡测段站统计表

序号	行政区	段、站	范围	基点站	控制河道
1	湖州	长兴(二)段	夹浦港的大乌桥至大茆洋桥港的大茆桥	长兴(二)	12
2		杨家埠站			1
3		杭长桥站			1
4		濮楼段	长兜港至汤溇	濮楼桥	6
5	苏州	团结桥段	吴溇港闸至南亭子港闸	团结桥	14
6		太浦闸站			1
7		联湖桥段	横路桥至兴星桥	联湖桥	13
8		瓜泾口段	吴家港的吴家港桥至苏东运河的溪江桥	瓜泾口	7
9		胥口枢纽段	寺前港闸至吕浦港闸	胥口枢纽	6
10		铜坑段	铜坑闸至丁家浜闸	铜坑闸	11
11		望亭(立交)站			1

续表

序号	行政区	段、站	范围	基点站	控制河道
12	无锡	沿湖小闸段	三河港闸至吴塘门套闸		16
13		五里湖闸站			1
14		梅梁湖泵站			1
15		犊山闸站			1
16		湖山桥站			1
17		大港桥			1
18	常州	龚巷桥站			1
19		雅浦桥站			1
20	无锡	漕桥+黄埝桥段	太滆运河的黄埝桥至沙塘港的沙塘港桥	漕桥和黄埝桥	6
21		陈东港桥段	茭渎港的茭渎桥至乌溪的乌溪桥	陈东港桥	11

考虑环湖河流水质水量须同步实施监测的因素，水质监测站点布设尽量与水量巡测（监测）断面一致。同时考虑部分环湖小闸一直处于关闭状态，基本不存在与太湖进行水量交换的情况，设置水质监测断面意义不大。因此，通常环太湖出入湖河流设置水质站点 101 处（个）。其中浙江 19 处、江苏苏州 53 处、无锡 27 处、常州 2 处。

（2）监测项目。水量监测项目为流量、流向。

水质监测项目分为必测项目和间测项目。必测项目为水温、溶解氧、悬浮物、pH 值、电导率、高锰酸盐指数、化学需氧量、氨氮、总磷、总氮等 10 项，每次监测，间测项目为 BOD_5、挥发酚、氰化物、砷、铜、铅、锌、镉、汞、六价铬、氟化物等 11 项，每季度监测 1 次。

（3）监测频次。基点站和单站每日定时流量测验。其中，河流站日流量一般每天测流两次，在洪水期视水情变化，各站随时加密测次，测得完整洪水过程；闸坝站则在闸门开启变化时随时加测，开闸时每天测流两次。

各巡测段流量每月 8 日、23 日左右各巡测一次，汛期大水时随时加密巡测测次。

水质监测与水量每月固定巡测，频次相同。

2. 计算方法

（1）水量计算方法。根据水系特点，将沿湖巡测分成若干段，利用各段的基点站流量与该段巡测断面总流量建立关系，推求各段的进出湖水量。对一些受水利工程控制或不能放在一个巡测段内建立关系的河道，则采取设站、委托测验，单独推算进出湖水量。

湖州市有 2 段 2 站 20 个进出水口门，其中长兴（二）段以长兴（二）为基点站与大乌桥至大茆桥 12 座桥断面总流量相关；濮楼段以濮楼桥为基点站与长兜港至汤溇 5 座桥断面总流量相关，另有杭长桥、杨家埠 2 个单站和小梅口水质断面。

苏州市有 5 段 2 站共 53 个进出水口门，其中团结桥段以团结桥为基点站与吴淞港闸至南亭子港闸 14 座桥断面总流量相关；联湖桥段以联湖桥为基点站与横路桥至兴星桥 13 座桥断面总流量相关；瓜泾口巡测段以瓜泾口为基点站与吴家港桥至溪江桥 7 座桥断面总流量相关；胥口枢纽巡测段以胥口枢纽为基点站与寺前港闸至吕浦港闸 6 座桥断面总流量相关；铜坑巡测段以铜坑闸为基点站与铜坑闸至丁家浜闸 11 座桥断面总流量相关；另有望亭（立交）、太浦闸 2 个单站。

无锡市有 3 段 5 站共 38 个进出水口门，沿湖小闸段以三河港闸至吴塘门套闸 16 个闸实测流量计算总流量；陈东港桥巡测段以陈东港桥为基点站与茭渎桥至乌溪桥 11 座桥断面总流量相关；另外有五里湖闸、梅梁湖泵站、犊山闸、湖山桥、大港桥 5 个单站。

常州市有龚巷桥和雅浦桥 2 个单站及漕桥和黄埝桥两个基点站，漕桥和黄埝桥巡测段以漕桥和黄埝桥为基点站与分水桥至沙塘港桥 6 座桥断面总流量相关（漕桥＋黄埝桥为推流定线用，不参加入湖口门水量统计）。

环太湖巡测的断面流向规定：入湖为正，出湖为负。根据各站、段推出的逐日流量分别统计入湖水量、出湖水量、出入湖水量。

（2）入湖污染物量计算方法。入湖污染物量主要根据各入湖口门断面的水量监测成果与水质监测成果推算。

实时逐月入湖污染物总量计算。基点站及单站分别计算上、下各半月流量算术平均值与同步监测的水质成果计算上、下各半月的污染物量，相加后即为基点站及单站当月入湖污染物总量；根据各基点站上、下各半月的流量算术平均值及上一年度的基点站与巡测段总流量相关公式，计算各巡测段上、下各半月的总流量；以各巡测段上、下各半月的总流量除以各巡测段中基点站上、下各半月的流量，再根据各巡测口门每月两次的水量巡测资料分别分配各巡测口门上、下各半月水量，并结合同步的水质监测成果，分别计算出上、下各半月的入湖污染物量，相加后即为各巡测口门当月入湖污染物量；各基点站、单站及各巡测口门入湖污染物量之和即为环湖当月入湖污染物总量。

年度入湖污染物总量计算：①基点站及单站入湖污染物量计算。根据环湖流量巡测资料整编成果，分别计算各基点站及单站上、下各半月流量算术平均值与同步监测的水质成果计算上、下各半月的污染物量。相加后即为基点站及单站各月入湖污染物总量。由此得到各基点站及单站年入湖污染物总量。②巡测断面入湖污染物量计算。计算各口门各次巡测流量占各口门巡测总流量的百分比 k1；计算各口门巡测的总流量占巡测段总流量的百分比 k2；将年度整编后各段各月总流量扣除其段基点站各月总流量后，根据 k2 分配至各巡测口门，得到各口门各月的总流量；将分配至各口门各月的总流量，用 k1 再分配至各次的总流量后除以 15 天（或 16 天）得到半月平均流量；用分配的半月平均流量与同步的水质计算得到各巡测口门半个月的入湖污染物，由此得到各巡测口门各月的入湖污染物量及其年入湖污染物量。③总入湖污染物量计算．将各基点站、单站及各巡测口门各月的污染物量相加即为年度环湖入湖污染物总量。

3. 监测成果

（1）入湖水量成果分析。1998—2014 年环湖平均入湖水量为 97.4 亿 m^3，年最大入湖水量为 118.8 亿 m^3（2010 年）、年最小入湖水量为 73.8 亿 m^3（2006 年），年最大入湖水量是年最小入湖水量的 1.61 倍；东西苕溪区、浦南区、阳澄淀泖区、武澄锡虞区、湖西区平均入湖水量分别占总入湖水量 22.3%、4.0%、2.0%、15.4%、56.3%。入湖水量的年内分配不均，汛期（5—9 月）入湖水量占年入湖水量的 53.8%，其中 6—9 月入湖水量占年入湖水量的 46.0%；多年平均月最大入湖水量为 7 月，占年入湖水量的 12.8%，

月最小入湖水量为 2 月，占年入湖水量的 5.9%。

2009 年以来环湖入湖水量有明显增加的趋势，2009—2014 年年均入湖水量（106.5 亿 m^3）比 1998—2008 年（92.4 亿 m^3）多 14.1 亿 m^3；全省湖西区年均入湖水量 2009—2014 年（66.9 亿 m^3）比 1998—2008 的（48.3 亿 m^3）多 18.6 亿 m^3，武澄锡虞区年均入湖水量 2009—2014 年（13.1 亿 m^3）比 1998—2008 的（16.1 亿 m^3）少 3 亿 m^3，阳澄淀泖区年均入湖水量 2009—2014 年（2.8 亿 m^3）比 1998—2008 的（1.5 亿 m^3）多 1.3 亿 m^3，浦南区年均入湖水量 2009—2014 年（0.1 亿 m^3）比 1998—2008 的（6.0 亿 m^3）少 5.9 亿 m^3，浙江年均入湖水量 2009—2014 年（23.8 亿 m^3）比 1998—2008 的（20.7 亿 m^3）多 3.1 亿 m^3；由此可见，入湖水量的增加主要来自湖西区，湖西区入湖水量的增加与区域水利工程的调度密不可分。

1998—2014 年浙江省、江苏省平均入湖水量的比例为 1∶3.5，江苏省多年平均入太湖水量占环湖总入湖水量的 77.7%，其中最高比例为 88.8%（2003 年）、最低比例为 51.7%（1999 年）。

（2）出湖水量成果分析。1998—2014 年平均出湖水量为 94.5 亿 m^3，年最大出湖水量为 148.1 亿 m^3（1999 年），年最小出湖水量为 70.1 亿 m^3（2000 年），年最大出湖水量是年最小出湖水量的 2.11 倍；东西苕溪区、浦南区、阳澄淀泖区、武澄锡虞区、湖西区出湖水量分别占总出湖水量 27.3%、3.4%、52.5%、16.0%、0.8%。出湖水量的年内分配相对较均匀，各月出湖水量占年入湖水量的比例为 6.4%～11.5%，汛期（5—9 月）出湖水量占年入湖水量的 46.7%，年最大 4 个月的出湖水量在 7—10 月，占年出湖水量的 40.7%；多年平均月最大出湖水量为 7 月，占年出湖水量的 11.5%；月最小出湖水量为 2 月，占年出湖水量的 6.4%。

1998—2014 年，浙江省、江苏省平均出湖水量的比例为 1∶2.7，江苏省多年平均出太湖水量占总出湖水量的 72.7%，其中最高比例为 86.8%（1999 年）、最低比例为 59.5%（2013 年），且年均减少率约为 1.2%。1998—2008 年浙江省、江苏省平均出湖水量的比例为 1∶3.1，期间江苏省多年平均出太湖水量占总出湖水量的 75.6%，2009—2014 年浙江省、江苏省平均出湖水量的比例为 1∶2.1，期间江苏省多年平均出太湖水量占总出湖水量的 67.7%，江苏省占出湖水量的比例有减少的趋势。

（3）入湖污染物量成果分析。1998—2014 年，江苏省环湖氨氮、总磷、总氮多年平均入湖浓度值分别为 2.44mg/L、0.23mg/L、4.82mg/L，多年平均污染物入湖总量分别为 1.80 万 t、1735t、3.62 万 t。

2009—2014 年，江苏省环湖氨氮、总磷、总氮多年平均入湖浓度值分别为 1.51mg/L、0.22mg/L、4.24mg/L，与 1998—2008 年相比，呈明显降低趋势。多年平均入湖污染物总量分别为 1.25 万 t、1837t、3.51 万 t。其中浦南区和阳澄淀泖区两区的入湖污染物量占总数的 2% 左右，武澄锡虞区的入湖污染物量约占总数的 10%，湖西区的入湖污染物量约占总数的 88%。

2009—2014 年，氨氮、总磷、总氮汛期的平均入湖量分别为 0.51 万 t、936t、1.54 万 t，分别占入湖污染物总量的 40.7%、51.0%、43.9%。从 2009—2014 年氨氮、总磷、总氮的年均入湖污染物量年内分配来看，最大月入湖量均出现在 7 月，约占年总量的

13%；氨氮、总磷、总氮入湖量的最小月一般出现在10月，分别约占年总量的4.4%、5.9%、5.2%。

4.5.2 沿江巡测线

长江是亚洲第一大河、世界第三大河，全长6296km，发源于我国西部。江苏处于长江流域的下游，承受了上游17个省（自治区、直辖市）的径流，省界以上总流域面积是江苏面积的17倍多，长江水量和水资源丰富，年平均入海水量9405亿m^3，干流大通站多年平均径流量9051亿m^3。江苏沿江8市（苏南地区的南京、苏州、无锡、常州、镇江5市和苏中地区的南通、扬州、泰州3市）在江苏经济发展全局中占有举足轻重的地位，以占全省47.3%的土地面积和占全省近60%的人口，多年来创造占全省约80%的地区生产总值，是江苏经济发展的重心区。多年来，全省长江一线兴建了许多引排工程，大水时由流域向长江排泄洪涝水，水少时则通过合理地调度沿江闸门，引长江水入流域河网及湖泊，抬高河网水位和增加湖泊蓄水量，以缓解流域供用水矛盾。沿江巡测工作开展于1972年，分为苏南沿江巡测线和苏北沿江巡测线，苏南巡测主要掌握长江与全省太湖流域之间的引排水量，苏北巡测主要掌握长江与全省淮河及沿江三市的引排水量，通过监测沿江闸坝及通江河道的引排江水量，为区域防汛抗旱、水资源开发利用、地区水环境改善提供基础信息与决策依据，有效保障了沿江地区社会经济不断持续的增长。

1. 巡测方案

(1) 监测站网。苏南巡测段西起镇江谏壁闸，东至苏州浏河闸，巡测线路长207km，共有68个口门，其中镇江市沿长江岸线全长约19km、巡测口门11个，常州市沿长江岸线全长18km、巡测口门5个，无锡市沿长江岸线全长35km左右、巡测口门12个，苏州市沿长江岸线全长约135km、巡测口门40个。巡测线上设有14处国家基本水文站对区域骨干河道、重要口门引排水量进行监测控制，分别是镇江的谏壁闸、九曲河闸，常州的小河新闸、魏村闸，无锡的澡港闸、定波闸，以及苏州市沿江八大口门张家港闸、十一圩港闸、望虞河常熟水利枢纽（包括节制闸、船闸、抽水站）、浒浦闸（包括节制闸、船闸）、白茆闸、七浦闸、杨林闸、浏河闸（包括节制闸、船闸）。

苏北沿江巡测线西起扬州仪征市，东至南通启东市，巡测路长度343km，巡测口门35个。其中泰州市有长江岸线约98km、巡测口门10个，南通市有长江岸线170km、巡测涵闸14个，扬州市有长江岸线75km、巡测口门11个。巡测线上设有18处国家基本水文站对区域骨干河道、重要口门引排水量进行监测控制，分别是扬州的泗源沟闸、瓜州闸、万福闸、太平闸、金湾闸、芒稻闸、江都抽水站、江都东闸，泰州的高港闸、马甸港闸、过船港闸、夏仕港闸、焦港闸，南通的碾砣港闸、九圩港闸、南通闸、营船港闸、新江海河闸。

(2) 监测项目与监测频次。监测项目为流量、流向。采用流速仪法测流，用流速-面积法计算断面流量。

沿江闸坝监测主要测量一潮次开闸的引、排水量，针对不同口门既往率定情况及实际运行调度情况，遵循"典型率定、面上校测，以点带线、全面分析"的思路进行，以最少的测验频次达到能率定、推流为原则，对设有水文站的沿江骨干河道进行引、排水测验，一般施测引、排水各20潮次，对巡测断面则每年进行2~4次引、排水测验。

2. 计算方法

目前，全省沿江单站引排水量计算采用一潮推流法、相关分析法和单位净宽法，一潮推流法适合有监测资料的闸站，而相关分析法、单位净宽法适合无资料地区的闸站。

（1）一潮推流法。全省沿江单站引排水量的计算一般采用一潮推流法。主要原理：每年通过实测20~30潮次引水量，建立潮汐要素与一次引水开闸平均流量的相关关系，进而根据全年逐潮开关闸情况，推算逐潮、旬、月、年引水量。其中，潮汐要素是指开闸水位、有效潮差（一潮最高水位与开闸水位之差）。

引水：一个涨潮期从平潮开始引水至涨潮憩流止，期间每半小时测流一次，统计平潮时开闸时水位作为稳定水位$Z_开$，开始时间T_1，该涨潮过程高潮水位$Z_高$，关闸时间T_2，波高$\Delta Z = Z_高 - Z_开$，一潮历时$T = T_2 - T_1$，用实测的各次流量面积包围法计算得一潮引水量W，一潮平均流量$Q = W/T$，在各次流量中挑选最大流量Q_m。

排水：一个落潮期从平潮开始排水至落潮憩流止，期间每半小时测流一次，统计平潮时开闸时水位作为稳定水位$Z_开$，开始时间T_1，该落潮过程低潮水位$Z_低$，关闸时间T_2，波高$\Delta Z = Z_开 - Z_低$，一潮历时$T = T_2 - T_1$，用实测的各次流量面积包围法计算得一潮排水量W，一潮平均流量$Q = W/T$，在各次流量中挑选最大流量Q_m。

引排水的水位流量关系公式如下。

一潮平均流量

$$Q = K Z_开^\alpha \times \Delta Z^\beta \tag{4.1}$$

一潮最大流量

$$Q_m = K Z_高^\alpha \times \Delta Z^\beta \tag{4.2}$$

式中：K为系数；Z为水位，m；ΔZ为波高，m；α、β为指数。

（2）相关分析法。当缺测站仅有少量引排水量资料，没有开关闸资料或没有资料时，可根据引水特性和资料情况分别选用邻近河道或河道上下游的其他实测站，并通过补测建立相关关系，分析计算缺测站的引排水量。例如：当相邻两闸年引水水量相关关系较好时，缺测站可按实测站的资料推求；当上、下游闸站有较长同步系列资料，区间汇入、调出水量不大时，采用上、下游两闸站年引水量相关进行插补。

江苏沿江各小闸主要采用相关分析法计算引排水量，通过对无实测资料的河道，开展多次流量巡测，并根据巡测资料，建立大小闸之间的引水量相关关系，进而根据大闸的引排水量推算小闸引水量。通常沙洲五小闸的引排江水量与十一圩闸的建立关系、常熟五小闸的引排江水量与浒浦闸的建立关系、太仓五小闸的引江水量与七浦闸的建立关系、无锡七小闸的引排江水量与张家港闸的建立关系、常州小河新闸的引排水量与孟城闸的建立关系、剩银和圩塘闸的引排江水量与魏村闸的建立关系、江都一线小闸的引江水量与过船港闸的建立关系、泰兴一线小闸的引排水量与过船港闸的建立关系、靖江一线小闸的引排水量与夏仕港闸的建立关系。

水量计算公式为

$$W_{小闸} = K_{引(排)} \times W_{大闸} \tag{4.3}$$

式中：$W_{大闸}$、$W_{小闸}$分别为大闸与小闸的引排水量，万m^3；$K_{引(排)}$为通过监测率定的引水、排水参数。

(3) 单位净宽法。本法适用于推算无资料小闸的引排水量,一般用于相关关系法的补充,特别是对于闸门开启变化大的河道。主要原理为借助小口闸本身的特征数据,用水闸某些年份有限的测次资料,与大闸的同步资料进行相关分析,率定出大小闸之间引排水量的折算系数 c,供推算小闸引排水量之用。在建立大、小闸引排水量关系时,还应充分考虑大、小闸之间的开关比例。

水量计算公式为

$$W_{小闸} = c \times W_{大闸} \tag{4.4}$$

式中折算系数 c 计算公式为

$$c = \frac{B_{大闸}}{B_{小闸}} \frac{W_{小闸}}{W_{大闸}} \quad \text{或} \quad c = \frac{\sum B_{大闸}}{\sum B_{小闸}} \frac{\sum W_{小闸}}{\sum W_{大闸}} \tag{4.5}$$

式中:$W_{大闸}$、$W_{小闸}$ 分别为大闸与小闸的引排水量,万 m^3;$B_{大闸}$、$B_{小闸}$ 分别为大闸与小闸的净闸宽,m。

3. 监测成果

(1) 引江水量分析。沿江引水量的多年变化与地区降雨量、长江来水、水利工程调度运行、区域用水需求等因素有关。1956—2013 年江苏省多年平均引江水量为 135.7 亿 m^3,其中长江以北引水量为 91.6 亿 m^3,占总引江水量的 67.5%;长江以南引水量为 44.1 亿 m^3,占总引水量的 32.5%。

引江水量的年际变化随着上游来水和当地旱涝状况而有较大的变化。1956—2013 年期间,最大年引江水量(达 302.2 亿 m^3)出现在干旱年的 1978 年,最小年引江水量(26.5 亿 m^3)出现在大水年的 1956 年,最大与最小年引江水量比值为 11.4,相差极度悬殊。

江苏省省沿江地区各年代引江水量均值与 1956—2013 年引江水量均值对比见表 4.18,从表中可以看出,全省 20 世纪 50 年代、60 年代引江水量偏少,70 年代及 90 年代后引江水量偏多;长江以南地区引江水量 50 年代、60 年代、80 年代、90 年代引江水量偏少,70 年代出现干旱年份引水量较多,21 世纪引水量最多;长江以北地区 50 年代、60 年代偏少,70 年代后引江水量偏多。

表 4.18　　江苏省省沿江地区各年代引江水量均值与 1956—2013 年引江水量均值对比表　　%

地区	20 世纪 50 年代	20 世纪 60 年代	20 世纪 70 年代	20 世纪 80 年代	20 世纪 90 年代	2000 年后
长江以南	55	73	123	68	84	150
长江以北	21	44	110	121	120	126
江苏省	32	54	114	104	108	134

2000 年后江苏省平均年引江水量为 181.3 亿 m^3,引江水量的变化与年降水量的变化密切相关,在 2001—2013 年间,2003 年降水量最多,降水达 1216mm,同年引江水量也最小,为 150.9 亿 m^3;2013 年降水量最少,同年引江水量最大,为 241.3 亿 m^3。1956 年以来长江以南地区引江水量每年增加约 0.6 亿 m^3,20 世纪 90 年代后特别是 2000 年以后由于望虞河引江济太等工程的运行,引江水量大大增加,每年增加约 2.4 亿 m^3;长江以北地区由于建国以来沿江并港建闸,特别是江水北调工程的建设,实现长江、淮河、沂

沭泗三大水系跨流域调水，20世纪90年代前引江规模大为增加，引江水量有增加的趋势，90年代后由于降雨量偏多，引江水量有减少的趋势。

总体来说，江苏省引江水量有明显逐渐加大的趋势。

（2）入江水量分析。入江水量的情势变化与水利工程调度运行、地区降雨量等因素有关。1956—2013年江苏省多年平均入江水量为260.9亿m^3，其中长江以北入江水量为207.3亿m^3，占总引江水量的80.5%；长江以南入江水量为53.5亿m^3，占总引江水量的20.5%。

入江水量年际间的变化与年降水量的变化密切相关，最大年入江水量（812.8亿m^3）出现在大水的1991年，最小年入江水量（19.9亿m^3）出现在干旱的1978年，最大年入江水量和最小年入江水量的比值为40.8，相差极度悬殊。2000年后全省平均入江水量为259.1亿m^3，在2001—2013年间，2003年降水最多，降水量达1216mm，入江水量也最大，为730.4亿m^3，降水量最小的2013年的入江水量最少，为63.1亿m^3。

江苏省沿江地区各年代入江水量均值与1956—2013年入江水量均值对比见表4.19，从表中可以看出，全省20世纪50年代、80年代入江水量偏多，70年代入江水量偏少。长江以南地区入江水量60年代、80年代入江水量偏多，70年代出现干旱年份入江水量偏少；长江以北地区90年代出现大水，入江水量明显偏多，60年代入江水量偏少。

表4.19　江苏省沿江地区各年代入江水量均值与1956—2013年入江水量均值对比表　　%

地区	20世纪50年代	20世纪60年代	20世纪70年代	20世纪80年代	20世纪90年代	2000年后
长江以南	89	104	74	112	92	101
长江以北	137	71	98	109	138	91
江苏省	127	97	79	111	102	99

长江以南地区90年代前入江水量有增加的趋势，90年代后减少的势力明显；长江以北地区入江水量基本呈减少的趋势。

总体来说，江苏省入江水量有逐渐减少的趋势。

4.5.3　新通扬运河一线

新通扬运河为人工河道，1958年开挖，1968年、1979年两次拓浚。西起扬州市江都区芒稻河，向东经江都、海陵、姜堰至海安与通榆河相接，河长90km，宽55～110m。新通扬运河可自流引长江水灌溉，也可通过动力抽水排涝，是引水、排灌、航运河道。1964年西端建江都西闸；1978年建新东闸和江都抽水站，设计引排流量550m^3/s；1999年泰州引江河工程竣工连接新通扬运河，设计新增440m^3/s引江能力、340m^3/s排涝能力。

新通扬运河位于里下河腹部地区南部，江淮分水线北侧，为流域性河道。开展新通扬运河巡测，即可以掌握新通扬运河沿线进出里下河腹部地区的水量，又可通过实测口门的流量计算河道分流比，推算出各口门进出里下河腹部地区的水量，为里下河防汛防旱、区域供水计量及水资源管理与调配等提供基础信息与决策依据。

1. 巡测方案

巡测线西起扬州市江都区宜陵镇三阳河东至南通市海安县丹凤桥，巡测距离约

75km。近年来，由于沿线小河道调整，巡测距离有所缩短。

（1）监测站网。近年来，新通扬运河口门（断面）设置主要基于以下考虑，一是抓住大口门、重点施测、单独定线；二是保留有明显水量交换功能的小口门；三是在新通扬运河上重点控制行政交界断面。目前新通扬运河巡测线共设 17 个流量测验断面，其中 2 个为国家基本站测验断面，15 个为巡测口门（断面）。巡测口门（断面）中，3 个为新通扬运河上区界控制断面，其他为新通扬运河北岸河道控制断面。新通扬运河巡测线站点统计见表 4.20。

表 4.20　　　　　　　　　新通扬运河巡测线站点统计表

序号	行政分区	口门（断面）站名	备 注
1	扬州市江都区	江都东闸	国家基本站
2		三阳河	闸门运行记载不详
3		野田河	
4		龙耳河	
5	泰州市海陵区	西冯河	
6		董家大桥	江都海陵区界控制断面
7		高港闸	国家基本站
8		九里沟	
9		卤汀河	
10		泰东河	
11		兴泰公路桥	海陵姜堰区界控制断面
12	泰州市姜堰区	桥头河	
13		姜溱河	
14		娄庄河	
15		洪桥河	
16	南通市海安县	南莫河	
17		章郭大桥	姜堰海安区界控制断面

（2）监测项目与监测频次。开展巡测工作以推算沿线口门水量为目的，测验项目有流量与水位。各口门流量直接施测；水位仅用于率定水位流量关系，直接采用基本站网中相关站水位观测成果。

2003 年以前采用流速仪法船测，施测时立断面桩、拉断面索，2004 年起运用声学多普勒流速仪（ADCP）进行巡测。近两年，为进一步提高工作效率，将传统的水路船测改为陆路桥测，借助桥梁人工牵引 ADCP 完成测流。

巡测一般在汛期（5—9 月）进行，根据水情布置测次，原则上每月测 2 次，水位超警戒（2.00m）时适当增加测次。

2. 计算方法

水量推算有两种方法，分别是落差指数法、相关分析法，通常大口门单独推算，小口门合并推算。

（1）落差指数法。落差指数法为常规定线推流方法，长期以来一直使用。落差指数法公式形式为

$$Q = MZ^{\alpha} \Delta Z^{\beta} \tag{4.6}$$

式中：Q 为流量，m³/s；Z 为实测水位，m；ΔZ 为实测水位落差，m；M 为率定常数项；α、β 为率定指数。

因引水受长江潮汐影响流量并不稳定，河道流量、水位过程本身并不一致，且由于落差断面距离长，往往会造成流量与落差出现反常现象，加之近几年来，相关站水位常出现倒比降现象，水位落差明显与实际不符。该法已不适合用于定线推流。

（2）相关分析法。相关分析法作为一种更加便捷实用的推流方法，近期逐步得到探索运用。该法基于口门分流比，在已知水利工程引排水量（流量）前提下可直接推算各口门分流水量（流量）。其相关关系表达式为

$$w = f(W, Z) \tag{4.7}$$

式中：w 为口门日（旬、月）引排水量；W 为水利工程日（旬、月）引排水总量，直接因子；Z 为水位，参数。

该法不考虑水位落差，对水位观测无要求。成果直接，相互间关系明确。

3. 监测成果

（1）进入里下河地区水量。2001—2014年，经新通扬运河一线平均进入里下河腹部地区的水量为44.66亿 m³，其中最大水量为2012年的59.94亿 m³，最小水量为2002年的33.67亿 m³，最大水量为最小水量的1.78倍。

进入里下河腹部水量年内分配不均，汛期多年平均为20.79亿 m³，占全年入水量的46.6%。连续最大4个月在3—6月，其引入水量为23.25亿 m³，占全年引入水量的52.1%；连续最小4个月在7—10月，其引入水量为10.58亿 m³，占全年引入水量的23.7%。

进入里下河腹部水量年际间变化较小，但2008年以来有明显增加的趋势，2008—2014年年均进入水量（49.31亿 m³）比2001—2007年的（40.00亿 m³）多9.31亿 m³；2012—2014年年均进入里下河腹部水量均在54亿 m³ 以上。

（2）从里下河排出水量。经新通扬运河一线排水一般出现在主汛期，当里下河地区遭遇强降水发生内涝时，涝水通过江都、高港枢纽抽水站抽排入江。

2001—2014年，经新通扬运河一线里下河地区平均排出水量为8.32亿 m³。年内排出水量主要集中在主汛期，7月最大为4.81亿 m³，7—8月多年平均排出水量为7.10亿 m³，占全年排出水量的85.3%。排出水量年际间变化主要受当地雨水涝水影响，变幅很大，2003年最大为20.45亿 m³，2004年、2013年均未排水。

（3）新通扬运河沿线支流口门分流比。根据2004年、2006年、2007年、2012—2014年的巡测成果分析，新通扬运河沿线中泰东河入里下河腹部水量占该段总水量的36.9%、卤汀河占25.0%、三阳河占11.2%，其他口门所占比例不超过10%，新通扬运河北侧口门分流比成果见表4.21。

表 4.21　　　　　　　　新通扬运河北侧口门分流比成果表

口门	三阳河	野田河	龙耳河	卤汀河	泰东河	姜溱河	章郭桥	诸小口门	合计
分流比/%	11.2	6.8	4.9	25.0	36.9	4.8	4.0	6.4	100.0

4.5.4 通榆河东岸巡测线

通榆河巡测最早于20世纪70年代，当时以大丰丁溪河为界，南以通榆河、北以串场河东岸为分界分线分片巡测，2002年10月通榆河中段工程竣工后，将巡测线调整至通榆河东岸（通榆河与串场河为平行的两条南北向的疏水河道，之间间距1~2km），开展通榆河东岸沿线口门水量监测，可掌握里下河地区由腹部区进入垦区的水量，为防汛防旱调度、供水计量及水资源规划等提供基础资料。

1. 巡测方案

（1）监测站网。巡测线南起东台梁一大桥，北止苏北灌溉总渠，巡测距离约165km，共布设140处进水口门流量测验断面，其中国家基本站2处，巡测断面138处。

通榆河东岸区域以斗龙港为界可分为斗北区和斗南区，根据四大港与通榆河平交实际工作情况又分为6个巡测区段，从北向南分别是灌溉总渠—射阳河段（断面依据204国道跨河桥梁布置，共设8个断面）、射阳河—黄沙港、黄沙港—新洋港、新洋港—斗龙港段（共设100个断面）、斗龙港—丁溪河段（共设34个断面）、丁溪河以南段（共设11个断面）。

推流断面自北向南包括滨海枢纽—射阳河段、阜宁（射下）、射阳河—黄沙港段、东港大桥、黄沙港大桥、黄沙港—新洋港段、大新河口、新洋港—斗龙港段、大团（通东）十总河闸刘庄船闸等、三十里—五十里河闸等、王港调节闸、丁溪—草堰站段、东台通榆河东口门、东台抽水站、安丰抽水站、富安抽水站共16处。

（2）监测项目。测验项目为水位、流量。巡测线沿线共布设20处水位站，其中国家基本站4处，巡测站16处；流量监测断面140处，其中国家基本站2处，巡测断面138处。

测验方法为流速仪法。多采用桥测，少数采用船测、移动ADCP等。测速垂线布设控制断面地形和流速沿河宽分布的主要转折点，主槽垂线较两边为密，遇水位涨落、河岸冲淤、出现死水、回流，以及河底地形或测点流速沿河宽分布有较明显变化时调整或补充测速垂线。

（3）监测频次。根据水情特点布置测次，基本满足汛期5~8次，正常年份5—9月每月安排1次水文巡测，发生较大的洪水的年份需要加测。

2. 计算方法

（1）水位落差法定线与推流。通榆河一线大多站点采用水位落差法定线与推流。定线推流由计算机整编软件完成，主要做法如下。

以实测流量计算成果为依据，摘录相应时段相关站点的水位资料，建立以下关系式：

$$Q=F(Z,\Delta Z_1,\Delta Z_2) \tag{4.8}$$

式中：Q 为单站流量，m³/s；Z 为本站水位或代表站水位，m；ΔZ_1 为上游站与本站（代表站）水位差，m；ΔZ_2 为本站与下游站水位之差，m。

点绘 $Z - \Delta Z_1 - Q$、$\Delta Z_1 - K_1$ 及 $\Delta Z_2 - K_2$ 关系线。其中改正系数 K_1 为实测流量 Q 与线上流量 Q_c 之比（$K_1 = Q/Q_c$）；K_{c1} 为 $\Delta Z_1 - K_1$ 关系线上读得的改正数；K_2 为 K_1 与 K_{c1} 之比（$K_2 = K_1/K_{c1}$），如此反复校正各关系曲线，选择比较理想的线型推流，推流时采用关系式：

$$Q_\text{推} = Q_\text{线} \times K_1 \text{ 或 } Q_\text{推} = Q_\text{线} \times K_1 \times K_2 \tag{4.9}$$

（2）断面推流。推流断面与各年水情工情有一定的关联，但通榆河东岸四大港上游站、海河沟墩东大桥、东台的三个抽水站断面则相对固定，灌溉总渠—射阳河段、射阳河—黄沙港段、黄沙港—新洋港段、新洋港—斗龙港段中小断面，十总河闸、刘庄船闸、三十里河闸、五十里河闸、王港调节闸、丁溪—草堰站、川东节制闸等中等口门似年而变，2014 年共有 16 处断面推算日平均流量。

（3）河段推流。流量推算以水位落差法为主，少数站采用连实测流量过程线法和抽水站低扬程指数函数法等。水量推算采用单站水位流量关系线法和多站合并定线两种方法，以 2014 年为例。

1）灌溉总渠—射阳河以北段。灌溉总渠—射阳河以北段共 6 个断面（分别为大寨河、花坎河、向阳河、新港河、正红河、三份港）合并定线推流，通过建立永兴（射）与阜宁（射）站日平均水位之差与其间六条河道所测流量（合并）相关关系进行推流。

射阳河（通东）水量：采用与阜宁（射）断面流量建立相关关系，推求阜宁（射下）断面的流量。

2）射阳河—斗龙港段。射阳河—黄沙港段共 37 个断面合并定线推流，建立阜宁（通）站水位与合并断面流量关系，通过上冈与阜宁（通）站水位之差作 K 值改正。

海河沟墩：建立阜宁（通）站水位与海河东港大桥流量关系，通过上冈和阜宁（通）与陈洋站水位之差作 K 值改正。

黄沙港：通过建立上冈站流量与黄沙港大桥站流量相关关系，计算黄沙港通东流量。

黄沙港—新洋港段共 22 个断面合并定线推流，建立上冈站水位与断面合并流量关系，通过盐城和大新河水位平均与上冈水位差做 K 值改正。

大新河口站为国家基本水文站，采用连实测流量过程线法推流。

新洋港—斗龙港段共 39 个断面合并定线推流，建立盐城站水位与断面合并流量关系，通过大团与盐城站和大新河水位平均水位差做 K 值改正。

3）斗龙港—丁溪河段。

大团（通东）：建立大团站水位与流量关系，通过大团与斗龙水位之差做 K 值改正。

十总河闸：建立刘庄船闸站与十总河闸站水位之差与流量关系进行计算。

刘庄船闸、老新团河闸、七灶河闸：3 个闸站合并定线推流，建立刘庄船闸站与大丰站水位之差与三闸站流量关系进行计算。

三十里河闸、中洋大沟闸、五十里河闸：3 个闸站合并定线推流，建立三十里河闸站水位与三闸站流量关系，通过三十里河闸站与大丰水位之差做 K 值改正。

王港调节闸：建立王港调节闸站与小海镇站水位之差与流量关系进行计算。

草堰抽水站、丁溪河铁路桥：2 个断面合并定线推流，建立草堰抽水站水位与两断面流量关系，通过草堰抽水站与沈灶水位之差做 K 值改正，进行流量推算。

4)丁溪河以南段。

东台通榆河东岸口门：共 8 个断面合并定线，建立东台（泰）站水位与断面流量关系，通过东台（泰）站与沈灶站水位之差做 K 值改正，进行推流计算。

东台抽水站：开机测流，采用效率系数法定线推流。

安丰抽水站：为国家基本水文站，采用抽水站低扬程指数函数法定线推流。

富安抽水站：开机测流，采用效率系数法定线推流。

3. 监测成果

据 1999—2014 年的巡测成果分析，多年汛期平均从里下河地区进入沿海垦区的水量为 69.07 亿 m^3，其中最大为 2003 年的 95.63 亿 m^3，最小为 1999 年的 35.98 亿 m^3。

5 水文测验与情报预报技术

由于水文工作存在自然性、社会性、公正性和信息共享性等特征,要求水文按一定的标准和规定进行监测和预测预报等工作,水文监测技术既是确保水文监测信息真实可靠的技术手段,又是保障计算分析和预测预报成果科学合理的技术支撑。

5.1 水文测验

水文测验是系统收集和整理水文资料的各种技术工作的总称,是水文信息之源。技术包含水文站网的布设和测站的设立、水文要素的观测、资料的整编等。

5.1.1 站网布设与测站设立

水文测站是开展水文测验的基础,是指按照一定技术标准,使用一定仪器设备,为收集水位、流量、泥沙、降水量等水文要素在江河、湖泊、渠道、水库和流域内设立的各种水文观测场所的总称。

水文站网则是水文测站在地理空间上的分布网,是指在一定地区或流域内,按一定原则,用适当数量的各类水文测站构成的水文资料收集系统。水文站网的布设技主要包含站网布设和测站设立两方面内容:一是按水系特点进行站网规划和布设,二是根据观测项目进行测站设立。

5.1.1.1 水文站网布设

水文站网的布设是根据经济社会对水文行业发展的需要,为满足各方面对水文资料的需求,根据科学、经济、合理的原则,对一个地区或流域的水文测站进行总体布局工作的总称。国家对水文站网建设实行统一规划布设,主要坚持"流域与区域相结合、区域服从流域,布局合理,防止重复,兼顾当前和长远需要"的原则。

水文站网是一个不断发展和完善的动态系统,一般要经过布设、优化与调整三个主要过程。新中国成立以后,全省先后进行了多次基本水文站网的调整与优化。1956年根据水利部提出的布站原则对全省水文站网进行统一规划;1964年又组织力量,验证和改善水文站网的布局,陆续增设了一批小河站和区域代表站;1978年,根据当时水文站网中存在的降水量站点不足、小河站较少、巡测区配套站点不够等问题,又一次对站网进行了充实;1985年,根据水利部关于开展对现有水文站网进行整顿与编制发展规划的意见及省水利厅编制中长期规划的精神,对地表水、地下水和水质监测站网提出了调整方案;

2011年根据《江苏省水文事业发展规划》以及水利现代化的需求，结合全省近期治水思路，在对水文现状站网分析评价的基础上，编制了《江苏省水文站网规划》。

1. 基本要求

（1）目的与内容。水文站网布设的目的就是将测站按照一定的科学原则布设在地区或流域的合适位置上，使其有机地联系起来，发挥出比其孤立存在时更大的作用。通过水文站网采集的水文信息，经过整理分析后，可以探索地区或流域的基本水文规律，并能推算无资料地区的水文要素值。因此，水文站网的布设对整个水文工作起重大作用，对是否满足经济社会发展对水文资料的需求起重大作用。

水文站网布设的基本内容有：进行水文站网分区、确定站网密度、选定布站位置、拟定设站年限、各类站网的协调陪同、编制经费预算、制订实施方案和计划。

（2）方法与主要技术标准。在实际应用中，站网布设多依据长期在实践中积累的经验，结合实际的水系、经济社会状况、水利工程建设等情况，按科学性、合理性、最优化原则，以最优站数来控制地区和流域的水文要素变化。

全省大部分地区为平原水网区，按《水文站网规划技术导则》，平原水网区的流量站网、降水量站网、水面蒸发站网、地下水站网容许最稀站网标准见表5.1。

表5.1 水文站网布设容许最稀站网标准

类　　型	流量站	降水量站	水面蒸发站	地下水站
单站控制面积/km²	2500	150	1500	100

（3）布设原则。全省大部分地区地势平坦，湖泊、水库众多，境内主要河道上包括排入长江、大海的主要河道上均有闸坝等水利工程控制。因此，全省水文站网布设总体以大江大河水量、水位控制和区域水量平衡相结合为原则，依托水利工程而开展。水文站网布设原则见表5.2。

表5.2 水文站网布设原则

站类	布　设　原　则
流量站	在大江大河、大型水库、大型湖泊的主要口门，重点省级水利工程进出口、重要节点，重要省界河流布设
水位站	按重要河道、湖泊水库、潮汐、平原水网区、水工建筑物布设
降水量站	以控制月、年降水量、暴雨特征值分布规律需要和雨量等值线梯度大的地区加密站点
蒸发站	在密度不足地区增设蒸发站，以满足蒸发站网密度要求，同时满足江苏省水资源四级区的水资源计算需要
泥沙站	在入江、入海河流河口选择代表性河道，在重点大型水库和省级大型湖泊进、出口布设
浅层地下水站	每个水资源四级区、省级地下水功能区布设2处以上地下水站；每个县至少布设1处，易旱县和丘陵山区为主的县至少布设3处

2. 流量站网

流量站网的布设必须满足按规定的精度要求收集设站地点的基本水文资料，为防汛防旱、水资源管理提供实时水情资料，可以插补延长网内短系列资料，利用空间内插或资料移用技术，能为网内任何地点提供水资源的调查评价、开发和利用，涉水工程的规划、设计、施工，科学研究及其他公共所需要的级别水文数据等要求。

(1) 按集水面积布设。依据《水文站网规划技术导则》(SL 34—2013)，天然河道的流量站按集水面积大小及作用，可分为大河控制站、区域代表站和小河站。

1) 大河控制站。干旱区集水面积在 $5000km^2$ 以上，湿润地区集水面积在 $3000km^2$ 以上大河干流上的流量站，大江大河三角洲地区主要出海水道上的潮流量站，称为大河控制站。

大河控制站沿大河干流间隔适当距离布设，站点的布设能够反映大河径流沿程变化不超过正常径流的 10%～15%，或在重要的水利工程节点处布设。全省结合水利工程，共布设大河干流站 11 处，分别为港上水文站(沂河)、运河水文站(中运河)、嶂山闸水文站(骆马湖)、沭阳水文站(新沂河)、宿迁闸水文站(中运河)、双沟水文站(淮沭新河)、泗洪水文站(濉河)、三河闸水文站(三河)、万福闸(廖家沟)、望虞(立交)水文站(望虞河)以及望虞闸水文站(望虞河)。

2) 区域代表站。干旱区集水面积在 $500\sim5000km^2$，湿润地区集水面积在 $200\sim3000km^2$，天然河道上的流量站，称为区域代表站。

区域代表站在相对固定集水区域内布设，站点的布设考虑集水区域的自然地理特征，能够控制流量特征值的空间分布，提供分区内其他河流流量特征值或流量过程，同时满足防汛抗旱、水资源管理等需求。全省共布设区域代表流量站 140 处，其中沂沭泗流域区域代表站 26 处、淮河流域区域代表站 67 处、长江流域区域代表站 11 处、太湖流域区域代表站 37 处。

3) 小河站。干旱区集水面积在 $500km^2$ 以下，湿润地区集水面积在 $200km^2$ 以下河流上的流量站，称为小河站。小河站在具有相对特殊自然地理特征的、相对较小的集水区域内布设，站点的布设是为满足收集小面积暴雨洪水资料，探索产汇流参数在地区上和随下垫面变化的规律，防汛抗旱、水资源管理等需要，小河站收集的资料，可以应用到相似的、无水文资料的小流域上。全省目前未设立长久的小河站，为寻求区域产汇流规律以径流实验区单位，设立了临时性的流量站，一般实验结束，设立的流量站也相应撤销。

(2) 按自然地理特征布设。除按集水面积布设流量站，全省对无法确定集水面积的平原水网区及水库进行单独设站，流量站又可根据空间分布分为平原区站和水库站两种主要类型。

1) 平原区站。平原区站是在具有多个入流、出流口，且集水区域难以划分，水量难以算清的平原区进行区域水量平衡测验，探索水文要素变化规律的水文测站。平原区流量站网的布设一般按区域水量平衡和区域代表相结合的原则进行，以满足防汛抗旱、水资源管理等需求。站点一般沿水平衡区封闭的外包线主要水量交换及行政区界处进行布设。

全省平原水网区主要分布在太湖流域、里下河地区和洪泽湖、高宝湖滨湖地区。水网内河流纵横交错，水流相互贯通，流向顺逆不定，无明确的流域周界。目前，为掌握湖泊的水量平衡计算的平原区水文站有杨河滩闸水文站(骆马湖)、高良涧水文站(洪泽湖)和陈东港水文站(太湖)等；为控制沿长江各河港引排水量的平原区水文站有小河新闸水文站(新孟河)、九圩港闸水文站(九圩港)和浏河闸水文站(浏河)等；为控制下泄水量，在水网区下游地区或沿海河港的平原区水文站有新洋港闸水文站(新洋港)、斗龙港闸水文站（斗龙港）和射阳河闸水文站（射阳河）等。

2）水库站。水库站是在水库进出口进行水文要素测验的水文测站。水库站的布设一般只考虑在大型水库（总库容在 1 亿 m^3）上，以满足掌握和推求水库上游降水径流情况的需求，同时也为了考虑下游城镇防汛、供水、水环境改善的需求。

全省低山丘陵区水库分布众多，集水面积大小不一，6 座大型水库上均布设水库流量站，分别为石梁河水库水文站、小塔山水库水文站、北山水库水文站、大溪水库水文站、沙河水库水文站及横山水库水文站。

3. 水位站网

水位站网的布设以控制水位的转折变化为前提：既要满足水位内插精度要求，也应使相邻站之间的水位落差不被观测误差所掩盖。布设原则：一是考虑防汛抗旱、引排水、河道航运、潮位、水利工程管理运用和水资源优化配置等方面的需要，确定布站数量及位置，一般在现有流量站网的基础上选定，比如为掌握里下河地区水位，为防汛抗旱服务设立兴化站；二是为水文情报、预报，掌握洪峰传播及演变，设立河道水位站，比如为秦淮河流域代表站东山水位站；三是为推求湖泊容量变化，设立湖泊水位站，比如洪泽湖设立蒋坝、高良涧、临淮头、尚嘴等水位站；四是为研究水网地区水量平衡计算的需要，设立基本水位站，比如为掌握里下河地区局部水位和槽蓄变化设立的射阳镇、溱潼、盐城、阜宁等站。

按不同的需求和水体，全省水位站可分为河道水位站，水库水位站、湖泊水位站等。全省单独设立的水位站有 137 处，其中沂沭泗流域 21 处，淮河流域 64 处，长江流域有 22 处，太湖流域 30 处。全省单独设立的水位站加上流量站网中的水位观测数目，全省共有水位观测项目 347 处。

（1）河道水位站。河道水位站网的布设综合考虑防汛抗旱、水资源管理、河道航运、河势演变、水工程或交通工程的管理运用等方面的需要，对于重要河段要基本控制河道水面线的变化。一般在河口、沿海、受潮汐影响的沿江，在水资源配置有较大影响的闸坝上下游，在城镇居民区和工况企业等重要防护目标存在洪水危害威胁的河流以及易发生内涝的城市建成区布设水位站。全省设沿海潮位站 13 处、沿江潮位站 26 处，在闸坝的上下游基本都建有水位站，在城区选取代表性河段设立水位站。

（2）水库水位站。水库水位站的布设考虑水库管理调度、防汛、灌溉的需要，能够反映水库各级应用水位水面曲线的转折变化，能准确、灵敏地反映水库的库容变化。一般在入库口、库区、经常受变动水位影响的水库库尾布设水位站，对于有发电、供水等特殊需要的适当增设。目前，全省水库水位站一般布设在中型水库上，主要有龙王山水库水位站、安峰山水库（坝上）水位站、大泉水库（坝上）水位站、金牛山水库（坝上）水位站、阿湖水库（坝上）水位站以及月塘水库水位站等。

（3）湖泊水位站。湖泊水位站的布设综合考虑湖泊蓄水与淹没区管理的需要，能够反映湖泊水平曲线转折变化，一般在湖泊较大支流汇入处、湖区、主要湖泊出流段布设水位站，其观测水位应能代表湖泊的平均水位。全省湖泊水位站一般布设在省管湖泊上。目前有长荡湖王母观水位站、滆湖坊前（二）水位站、太湖百渎口水位站（太湖）、望亭（太）水位站、西山水位站、大浦口水位站、固城湖高淳水位站、石臼湖蛇山水位站、高邮湖高邮（高）水位站、洪泽湖老子山水位站、临淮头水位站、蒋坝水位站以及骆马湖杨河滩水

位站。

4. 降水量站网

降水量站一般根据流域的气候、水文特征和自然地理条件划分成不同水文分区,在水文分区内进行布设。布设原则:一是在流域面上应均匀分布,二是能控制月、年降水量和暴雨特征在大范围内的分布规律以及暴雨的时空变化,以满足水资源评估调度及涉水工程规划、洪水和旱情监测预报,降水径流关系确定等。另外,对于雨量等值线梯度大的地带,暴雨区,对城镇、企业等存在洪水威胁的河流,人口较密集的村镇上游,地质条件不稳定、下游有密集村镇的中小河流暴雨区增设降水量站。

全省独立的降水量站238处,加上流量站、水位站中的降水量观测项目199处,合计437处,全省降水量站网密度为235km²/站,大致均匀分布,基本上能够掌握全省各地区的降水时空变化规律和降水量等值线转折变化,但未满足平原水网区150km²/站的要求。

5. 水面蒸发站网

水面蒸发量站同样根据流域的气候、水文特征和自然地理条件,以能控制蒸发量的变化为原则,并满足面上流域蒸发计算的需要和研究水面蒸发的地带规律。布设原则:一是满足水面蒸发站在高程、空间、气候、温度等方面代表性好,观测成果被移用范围大,与相关站网协调性好等要求;二是在重要引水区,粮食生产区,适当加密。

全省水面蒸发站网一般结合水文站布设,共有35处(无独立的水面蒸发站),站网密度为2931km²/站,基本达到《水文站网规划技术导则》对蒸发站密度的一般要求。布设的水面蒸发站网大致均匀分布,基本上能掌握蒸发时空变化规律和蒸发量等值线转折变化。

6. 泥沙站网

泥沙站与流量站的分类一致,即大河控制站、区域代表站、小河站、特殊河段泥沙站。泥沙站网的布设一般与流量站结合,在流量站基础上选取。

全省目前全省共有泥沙监测站点21处,其中沂沭泗流域13处,淮河流域7处,长江流域1处(太湖流域因含沙量小未设站),沂沭泗、淮河、长江流域共有流量站112处,符合"在轻度、轻微侵蚀地区,可选15%~30%的流量站作泥沙站"的标准,已达到《水文站网规划技术导则》对泥沙站网的密度要求,所布设的泥沙站网基本上能控制含沙量和输沙率变化过程和泥沙特征。

7. 地下水站网

地下水站网布设原则兼顾水文地质单元和行政分区,做到平面上点、线、面结合,垂向上层次分明,以地下水类型区、开采强度分区和监测站分类为基础,结合各级水行政主管部门对地下水资源管理的需求,合理布设地下水监测站,做到统一规划,分步实施。地下水监测站网包括水位、开采量、泉流量、水质和水温基本监测站。水位基本监测站布设密依据水文地质条件、开采强度等因素综合确定,密度在$2\sim16$站$/10^3$km²;开采量基本监测站布设在开采强度分区选择1组或2组有代表性的生产井群,布设开采量基本监测站;每组井群的分布面积控制在$5\sim10$km²,开采量基本监测站数不少于5个;水质基本监测站布设控制在同一地下水类型区内水位基本监测站布设密度的10%左右,地下水水化学成分复杂的区域或地下水容易污染区适当加密。水温基本监测站布设密度控制在同一地下水类型区内水位基本监测站布设密度的5%左右。

江苏省的地下水监测站布设在黄淮海平原和长江下游三角洲平原，重点监控全省地下水资源开发利用，水位基本监测站网密度原则上不小于每$100km^2$ 1站，对于大型及特大型地下水水源地、超采区加密布设，目前全面布设水位基本监测站1150处，其中浅层地下水监测站296处、深层地下水监测站854处，基本满足省级水资源管理的需求；开采量监测站按照水资源管理的需求，全面监控地下水开发利用，依托于省水资源管理系统一期工程，对规模以上地下水开采井进行监控，共布设1200处；水质基本监测站布设全省重点监控地下水开发利用区和易污染区，布设461处，其中浅层289处、深层172处；水温基本监测站依托于全省站网，重点监测浅层地下水和地温异常区，共布设91处。

8. 土壤墒情站

土壤墒情站按布设目的和作用可分为墒情基本站和墒情临时站两类。墒情基本站，可包括固定自动墒情站、人工墒情站、移动自动墒情站。

墒情基本站的布设根据耕地面积与行政单元相结合的总体布设原则，依据土壤质地、农作物种植结构和地形地貌等条件，并考虑站点的区域代表性，综合确定墒情站点的布设。按耕地地形（山区、丘陵区、平原区）分别确定单站控制的耕地面积，以地市行政单元均匀布设，每个有耕地的县（市、区）至少布设一个墒情基本站。易旱地区、水资源短缺地区、粮食主产区等加大监测站的布设密度。墒情临时站布设根据抗旱工作需要，补充基本监测站网不足，临时增加墒情监测信息，充分考虑旱情的发展态势和区域代表性，确定布设临时站数和位置。

江苏省主要在淮北山区开展墒情监测，主要布设在易旱的丘陵岗地地区，目前共布设27处人工墒情监测站。建设固定自动墒情站27处，移动自动墒情站307处。

5.1.1.2 水文测站设立

水文测站的设立是根据各类水文站网的规划，充分考虑测验河段（场所）的代表性与适宜性而进行的，主要内容包括选择合理的测验河段（场所）、进行相应的河道（平面）测量、选定断面（场所）位置、设置水文观测设施、配置测验仪器设备。

1. 流量站

一般情况下，流量站的水文测验在测站附近的河道，这段河道被称为水文测验河段，简称测验河段，测验河段的优劣对水文测验的现场作业起到重要的控制作业，直接关系到水文测验的工作量的大小和测验成果的质量。因此，测站设立时测验河段的勘测选择十分重要。

测验河段首先应该满足设站目的，在此基础上主要考虑能有稳定的、灵敏度较高的水位～流量关系，能保证各级洪水作业安全，并能兼顾遥测或巡测以及生活。一般选择在水流集中，河道顺直，河岸线平行，河道内无妨碍测验工作的地形、地物，比降一致，无跌水、无壅水现象、无分流和支流汇入的河段为测验河道。设在水库湖泊堰闸站出口的测站，测验河段一般首选建筑物下游，当设在下游有困难，而建筑物上游又有较长顺直河段时，也可将测验河段选择在建筑物上游。

2. 水位站

在流量站都设有水位站，在无流量站和流量站密度不能满足水位设站需求时，单独设立水位站。水位站选择在河道顺直、河床稳定和水流集中的河段设站,湖泊、水库在出流断面以上,岸坡稳定,能代表湖泊水库存水位地方设站,河口等受潮位影响的水位站,在河床平坦、不易冲淤、河岸稳定、不易受风浪直接冲击的地方设站。站址的选择在满足设站目的和观测精度的要求下,兼顾观测方便和靠近城镇或居民的地方。

3. 降水量与蒸发量站

(1) 降水量站。降水量观测误差受风的影响最大,降水量站选择在空旷、平坦、不受强风、突变地形、树木和建筑物以及烟尘的影响地方设观测场。如不能完全避开建筑物、树木等障碍物的影响时,雨量计离开建筑物边缘的距离不应小于障碍物顶部与仪器高差的2倍。在山区,降水量观测场选择相对平坦的场地,承雨器口至山顶的仰角不大于30°,尽量避免设在陡坡上、峡谷内和风口处。

(2) 蒸发站。蒸发站站址的选择首先考虑其区域代表性,场地附近的下垫面条件和气象特点,应能代表和接近该区域的一般情况,反映控制区的气象特点。设站时应选择四周空旷平坦、保证气流畅通的场所,附近的丘岗、建筑物、树木等障碍物所造成的遮挡率应小于25%。蒸发观测场离较大水体(水库、湖泊、海洋等)最高水位线的水平距离要大于100m,避免设在陡坡、洼地和有泉水溢出的地段,或邻近有丛林、铁路、公路和大型工矿的地方。附近有城市和大型工矿区时,观测场一般按照风向分布频率出现最多的方向相对迎前布设。

4. 地下水站

地下水基本监测站沿着平行和垂直于地下水流向的监测线布设;特殊类型区(超采区和水源地)的监测站布设的区域边界附近;水位基本站不能选择生产井,水质基本站应选择经常使用的民井、生产井,水温基本站在水质基本站中选。

5. 土壤墒情站

土壤墒情基本站位置一般选择在交通便利、公网通信条件好,且远离树林、高压线、高大建筑物、铁路、河流、泉水、水库和大型渠道200m以上的地块,设立在距代表性地块边缘10m以上且平整的地块中,避开低洼易积水的地方,且同沟槽和供水渠道保持20m以上的距离,避免沟渠水侧渗对土壤含水量产生影响。对于自动监测站布置在代表性地块的一侧,以减少对耕作的影响,仪器周围应设置保护栏杆,防止耕种时碰撞、破坏,但不能设置围墙或实体围栏,避免仪器所在地块与周围大田地块相隔离而失去代表性。在发生严重干旱的情况下,在代表区域中增设墒情临时站进行墒情监测,根据土壤、水文地质条件、代表性作物种类、旱情轻重等情况确定具体位置,临时墒情站位置确定,可参考基本站的要求。

5.1.2 基本测验技术

5.1.2.1 流量

流量是指流动的物体在单位时间内通过某一截面的数量,在水文学中流量是单位时间内流过江河(或渠道、管道等)某一过水断面的水体体积,常用单位是 m^3/s。流量是反映江河的水资源状况及水库、湖泊等水量变化的基本资料,也是河流最重要的水文要素之一。无论是防洪抗旱,还是水资源的开发、利用、配置、管理、流域规划、工程设计、水利工程管理运用、航运、灌溉、供水等,都必须掌握江河的径流资料,及时了解流量的大小和变化情况。流量测验泛指通过实测或其他水力要素间接推求流量的过程,一般情况下是指实测流量。实测流量(也常简称测流)是通过采用专用的仪器设备进行流速和断面面积测量,并计算出断面流量的作业过程。

1. 目的

流量测验的目的是要获得江河径流和流量的瞬时变化资料,但由于目前实测流量的测验方法比较复杂,单次实测流量的工作量很大,不仅需要花费较大的人力、物力,而且需要一定的历时;加之江河的流量有时变化十分剧烈,仅通过大量的实测流量达到掌握江河流量的变化过程难以实现。一般情况下,河道(或渠道)水位与流量都存在相应的关系,水位的升降反映的是流量的增加或减小。水位与流量存在的这种对应关系,在水文测验中简称"水位流量关系";若建立了测站的水位流量关系,就可使测站在一定时期内,仅需通过水位观测,便可推求出任何时刻的流量。但由于受到糙率、比降、过水断面冲淤等因素变化的影响,水位与流量的关系大多数情况下并非严格意义上的函数关系,而是一种相关关系,这种相关关系有时还会发生一定的变化。因此,大多数水文测站需要经常进行实测流量,建立或及时修正水位流量关系,并通过水位观测值,利用建立的水位流量关系推求逐时流量值,进一步计算逐日流量、各种流量特征值和径流资料。因此,流量测验的主要目的是用来建立水位流量关系。同时,实测流量也可以用来分析水深、流速、水面宽度、河道冲淤等变化情况,也可直接为涉水工程设计、防汛、航运、水利科学研究服务。

2. 要求

(1) 测次要求。流量站一年中的测流次数,必须根据高、中、低各级水位的水流特性、测站控制情况和测验精度要求,掌握各个时期的水情变化,合理地分布于各级水位和水情变化过程的转折点处。对于水位流量关系稳定的测站测次,兼顾不同水位,每年不应少于 15 次;对于水位流量关系不稳定的测站,其测次应满足推算逐日流量和各项特征值的要求。当发生洪水、枯水超出历年实测流量的水位时,对超出部分增加测次不少于 15 次。对于潮流量测验、新设测站及受外界干扰影响较大测站,以控制流量变化过程和水位流量的变化转折点为原则,及时加测。

(2) 精度要求。对于基本水文站,按流量测验精度可分为三类:一类精度站、二类精度站和三类精度站。这三类精度站的集水面积、控制精度及任务见表 5.3。

表 5.3　　　　精度站的集水面积、控制精度及任务

类别	测验精度要求	测站主要任务	集水面积/km²	
			湿润地区	干旱、半干旱地区
一类	应达到按现有测验手段和方法能取得的可能精度	收集探索水文特征在时间上和沿河长的变化规律所需长系列样本和防洪需要的资料	≥3000	≥5000
二类	可按测验条件拟定	收集探索水文特征沿河长和区域的变化规律所需具有代表性的系列样本资料	<3000 ≥200	<5000 ≥500
三类	应达到设站任务对使用精度的要求	收集探索小河在各种下垫面条件下的产汇流规律和径流变化规律,以及水文分析计算对系列代表性要求所需	<200	<500

(3) 断面要求。一般用断面流量代表一个区域河段的流量，所以断面的选择对流量的代表性和准确性起着至关重要的作用。断面设在河道顺直，河岸线平行，水流均匀处，断面形状比较规则、稳定的河段；测流断面的设置方向与水流的方向垂直；测流断面应不受下游闸门操纵回水的影响，附近不应设有影响水流的建筑物（如桥梁、抽水机站和树木杂草等），若测流断面在建筑物下游，应不受建筑物泄出水流不稳定的影响。

3. 技术

按流量测验原理，流量测验可分为流速面积法、水力学法、化学法（稀释法）、直接法等。实际工作中常用的是流速面积法与水力学法。江苏省主要使用的是面积法，测流方法主要是流速仪法、浮标法、声学多普勒流速剖面仪法及水工建筑物测流法。

(1) 流速仪法。流速仪法主要是用流速仪实测断面上一系列测点流速及实测断面面积，推求断面流量的一种方法。流速仪法是流速面积法中最重要的方法，是江河流量测验应用最为普遍，被认为精度较高、测量成果较可靠的一种流量测验方法，其测量成果可作为率定或校核其他测流方法的标准。

1) 适用条件。适用于在一次测流的起讫时间内，水位涨落差不大于平均水深的10%及水深较小而涨落急剧的河流不大于平均水深的20%的河道，垂线水深不应小于流速仪用一点法测速的必要水深。测流断面漂浮物不致频繁影响流速仪正常运转，断面内大多数测点的流速不超过流速仪的测速范围，在特殊情况下超出了适用范围时，应在资料中说明。

2) 测验内容。主要测验内容为测流断面水深、测速垂线起点距，测速垂线上各测速点的流速，水位观测，检查分析实测成果，进行断面流量计算。

3) 枯水期流量测验。枯水期流量一般较小，水也较浅，进行流量测验时，为保证测验精度，对于存在河道水草丛生或河底石块堆积影响正常测流时，要对水草等进行清除，必要时可平整河底。当断面内水深小于流速仪一点法测速所必需的水深或流速低于仪器的正常运转范围时，要对测验河段进行整治，整治长度须大于枯水河宽的5倍，对宽浅河流则大于20m。当整治后仍不能保证测流精度时，可将河段束狭或采用壅水措施。

4) 洪水时期测流过程中水位变化大时流量测验。河床冲淤变化不大的测站，山溪性河流洪水涨、落急剧，过程很短，若按常规方法测流时，测次布置很难控制洪水过程，或因水位涨落急剧使得测次分布不能满足有关要求时，采用连续测流法将整个洪峰过程测下来。当水位暴涨暴落，按常规方法测流时，使得一次测流过程中水位涨落差可能超过上述允许的变幅，这样就降低了实测流量成果精度。为了缩短测流历时控制水位涨落差，可采用分线测流法。分线测流法是指在断面上选好固定垂线测流时，一次测验可只测几条垂线的水深、流速，其他垂线的水深、流速在各垂线的水位与垂线平均流速（或水深）关系曲线上查得。在下一次测流时，可选择另外几条垂线测深、测速，以便积累各条固定垂线的实测资料，使各级水位都有均匀分布的实测流速点据。

(2) 浮标法。浮标法测流是指通过测定水中的天然或人工漂浮物随水流运动的速度，结合断面资料及浮标系数来推求流量的方法。用水面流速或其他简测方法测得的流速与断面面积乘积求得的流量称为虚流量。虚流量乘以浮标系数可得到需要的实测流量，浮标系数为断面流量与虚流量的比值或断面平均流速与用浮标法测得的水面（或中泓）平均流速的比值,其中:用流速仪法测得的断面流量与用水面浮标法测得的虚流量的比值称水面浮标系数;用流速仪法测得的断面流量与用中泓浮标法测得的虚流量的比值称中泓浮标系数。

1)适用性。在洪水期因受设备条件及仪器性能等限制,或结冰期因受流冰影响,不能用流速仪法测流时,则采用浮标法测流。

2)测验内容。主要内容为观测基本水尺水位和比降水尺水位,投放浮标、观测各浮标流经上下断面间的运行历时,测定各浮标流经中断面的位置,观测各浮标运行期间的风向风力及其他附属项目,实测水道断面面积,计算实测流量及其他有关数值。

3)测验方法。

a. 根据浮标的来源分。根据浮标的来源分为天然漂浮物浮标和人工漂浮物浮标。天然漂浮物浮标法是利用水流中的天然漂浮物作为浮标进行测流;人工漂浮物是利用专门制作和投放的浮标进行测流。

b. 根据浮标在垂线水深中的位置分。根据浮标在垂线水深中的位置,目前主要采用的人工制作的浮标又分为水面浮标、深水浮标、浮杆(也称流速杆)等3种。采用这些浮标测流又分别称为水面浮标法、深水浮标法、浮杆法(也称流速杆)。其中,水面浮标又有普通水面浮标(一般简称水面浮标)和小浮标两种。

c. 根据浮标在河流断面中的位置分。根据浮标在河流中的位置情况又分为均匀浮标法和中泓浮标法。均匀浮标法是在断面上均匀投放浮标进行测速,有效均匀浮标的数量与流速仪法测流的测速垂线大体相当。中泓浮标法是测量主流部分最大流速,借以计算流量,一般是在断面主流部分投放3~5个浮标,从观测结果中选取运行正常、历时最短、流速最接近的2~3个浮标,取其流速平均值。

4)断面布设与选用。浮标测流需要布设上、中、下3个断面,一般情况下,中断面与基本断面重合。用浮标法测流时,水道断面面积正确与否是影响流量精度的关键因素。尤其是河床冲淤变化显著的测站,浮标测量的同时应尽可能地实测断面。但在特殊情况下,如果实测断面有困难,只能借用断面计算流量,但应注意此时借用断面可能会带来较大误差,故必须注意加强分析。河床稳定的测站,可借用最近的实测断面资料。

5)浮标测流的基本原理。通常将断面流量和虚流量之间的关系用式(5.1)表示:

$$Q = K_f Q_f \tag{5.1}$$

式中:Q 为断面流量,m^3/s;K_f 为浮标系数;Q_f 为虚流量,m^3/s。

浮标测流的主要工作是测定虚流量和决定浮标系数。

(3)声学多普勒流速剖面仪法。

1)简介。声学多普勒流速剖面仪法俗称ADCP法,ADCP是一种利用声学多普勒原理测验水流速度剖面的仪器。ADCP一般配有3~4个换能器。每个换能器既是发射器又是接收器。换能器发射某一固定频率的声波,再接收被告水体中颗粒物散射回来的声波,从而确定颗粒物相对于ADCP的速度,消除ADCP自身的速度影响和可能颗粒物的绝对速度,假定水体中颗粒物的运动速度与水体流速相同,即可知水体的速度。

从理论上来讲,ADCP流量测验原理与传统流速仪法是一样的,都是将测流断面分成若

干个子断面,在每个子断面内测验垂线上一点或多点流速,从而得到子断面的平均流速和流量,再将各个子断面的流量叠加得到整个断面的流量。但 ADCP 与传统流速仪法相比仍有较大不同,具体如下:

a. 传统流速仪法是静态的,测流速时是静止的,ADCP 方法可以是动态的,可以随测船运动过程中进行测验。

b. 由于采样费时,应用传统流速仪法时通常不会将子断面划分得很细,垂线流速测验点也不可能很多。而应用 ADCP 时,由于 ADCP 采样速度高,可以将子断面划分得很细,垂线流速测验点也可以很多。

c. 传统流速仪法要求测流断面垂直于平均流向。ADCP 方法并无严格要求。

2)分类。ADCP 按测流形式分为走航式 ADCP 和固定式 ADCP,走航式 ADCP 安装在测船上,在测船的行进中进行测速,固定式 ADCP 可以安装在岸边或河底进行测速,也可以是移动式的,测流时将仪器放置于水边测流断面处进行测速。

3)适用性。

a. 走航式 ADCP。走航式 ADCP 的主要优点是测流速度快,机动性强。测船横跨断面就能完成流量测量,特别适用于大江大河、河口、洪水时的流量测量;流速与断面测量一次完成,并可以得到完整的、详细的流速流向、水深、断面数据。与常规的转子式流速仪的测流相比,它能得到更多、更完整的数据;不管是应用底跟踪,还是 GPS 定位,测船定位无需定位基础设施;可用各种渡河设施施测,甚至可用遥控船进行遥测,不需专建测流设备。

虽然走航式 ADCP 是一种先进的河流流量测验系统,已得到推广应用。但也有局限性:使用受水文环境的限制,在含沙量较大、流速较大的地点使用效果不好,受影响的程度与仪器性能有关。

b. 固定式 ADCP。固定式 ADCP 相对于走航式而言,其流量测验称为定点式流量测验,它的优点是长期自动工作。安装在水中的仪器体积不大,基本不影响水流,适用于中小河流和渠道的流量自动测量。仪器技术先进、自动化程度很高、功能很强,是一种较好的流量计,但它的测速能力限制了它的应用,实际应用中的产品最远测速距离一般都只有几十米,这使它很难用于大江大河。同时它只能测得仪器安装点处的一层水的局部流速分布,而水位是在不断变化的,不同水位时,这一层水的流速代表性会有变化,它不宜用于过浅的、流态紊乱和含沙量较高的河流。

(4)水工建筑物测流法。

1)适用性。堰、闸、洞(涵洞)和水电站(含电力抽水站)等水工泄水建筑物可开展流量测验。原则上水工建筑物均可用于流量测验,但满足一定边界条件和水力条件要求的水工建筑物测流,其测验成果质量才有保证。

a. 堰、无压洞、涵等过水建筑物能对水流产生垂直或平面的约束控制作用,形成水面明显的局部降落,产生一定的水头差。遇有淹没出流时,建筑物上、下游的水头差一般不应小于 0.05m,淹没度一般不应大于 0.98。

b. 堰闸、无压洞、涵等过水建筑物的上下游进出口和底部均不能有明显影响流量系数稳定性的冲淤变化和障碍阻塞。

c. 位于河渠上的堰闸进水段，应有造成缓流条件的顺直河槽。河槽的顺直段长度不宜小于过水断面总宽的 3 倍。有淹没出流的堰闸，下游顺直河段长度不宜小于过水断面总宽的 2 倍。

2）流量系数率定。水工建筑物测流的流量系数采用现场率定、模型实验、同类综合和经验系数等方法确定。

a. 采用水工建筑物法测流的测站，要用流速面积法按高、中、低水对流量系数进行率定。

b. 已采用水工建筑物测流的测站，要定期（3~5 年）进行流量系数检验。

c. 无法取得流量系数率定资料的测站，可采用模型试验、同类综合和经验系数等方法确定流量系数。采用该法确定流量系数只能用于超标洪水、洪水调查等特殊情况下的流量计算使用，常规流量测验中不宜采用该法确定流量系数。

3）测流步骤。

a. 测验设施布设主要内容为水尺断面布设、测流断面布设、观测闸门开启高度设备安装等。

b. 高程、断面及建筑物尺寸测量，主要内容为水准点、水尺零高及大断面测量、测量、基本水尺断面测量、建筑物过水断面测量。

c. 水位及附属项目观测，主要内容为水位观测、水头计算、闸门开启高度和开启孔数观测。

d. 流态观测与判别，主要内容为自由孔流与自由堰流判别、自由堰流和淹没堰流判别、自由孔流与淹没孔流判别等。

e. 流量系数确定的方法，主要有现场率定、同类型综合、经验系数等。

f. 流量计算方法，根据确定的流量系数代入相应堰闸流量计算公式计算得到流量。

全省现有 150 处基本水文站，流量测验以缆道流速仪为主要方式，如沂河塘上站、京杭大运河运河站、新沂河沭阳站等站使用电动缆道带动流速仪施测流量；丹金溧槽河丹金闸、西澄运河定波闸、西塘河黄土沟等站使用手摇缆道带动流速仪施测流量。

ADCP 声学多普勒流速剖面仪，主要用于应急测验和测验条件较差水文站的测流，如秦淮河武定门站、京杭运河江都抽水站、入海水道海口闸等站，测验时主要采用在船上或在缆道上施测流量；固定安装的 H-ADCP 流速剖面仪在二河闸、白茆闸、望虞闸、望亭、平望、泾河、双阳等水文站中试运行，逐步开始应用；固定式流速剖面仪在苏北供水的苏咀断面试运行良好，可以实现流量实时在线；时差法流量计在运河水文站调试安装获得成功。

开展流量巡测可以把基层职工从传统的驻测模式中解放出来，在一定程度上节省人力与财力，提高和改善基层测站工作条件，同时可以扩大资料收集面。目前全省水文测验方式仍以驻测为主，巡测为辅。

目前在全省 150 处水文站中，水位流量关系稳定的站有 55 处，已实行间校测。

5.1.2.2 水位

水位是指地表河流或其他水体（如湖泊、水库、人工河、渠道等）的自由水面相对于某一基面的高程，其单位以 m 表示。水位是反映水体、水流变化的水力要素和重要标志，是水文测验中最基本的观测要素,是一个相对量。

1. 目的

水位是水体的主要参数,通过水位观测可以了解水体的状态,观测的水位值可直接为工程建设、防汛抗旱等服务,水位观测资料可以直接应用于堤防、水库、电站、堰闸、浇灌、排涝、航道、桥梁等工程的规划、设计、施工等过程中。

2. 要求

水位用某一基面以上米数表示,一般读记至 0.01m。

上、下比降断面的水位差小于 0.2m 时,比降水尺水位可读至 0.005m。

对基本、辅助水尺水位有特殊精度要求者,也可读记至 0.005m。

3. 基面与水准点

(1) 基面。水位的高低常用高程表示,高程是地面点至水准基面(也称基准面)的铅锤距离。因此同一点,因为选取的基准面不同,高程值也会不同。水文学中一般将测量学中的水准基面简称为基面。基面是计算水位和高程的起始面。

水文测站常用的基面主要有假定基面、测站基面、冻结基面、绝对基面。

1) 假定基面。假定基面为计算测站水位或高程而暂时假定的水准基面。常在水文测站附近没有国家水准点,而一时不具备接测条件的情况下使用。20 世纪 50 年代,由于当时全国水准网尚未建立,许多测站就使用了假定基面。

2) 测站基面。测站基面是水文测站专用的一种假定的固定基面。一般选为低于历年最低水位或河床最低点以下 0.5~1.0m。使用测站基面的优点是水位数字比较简单,测站的水位资料连续,表示的水位基本可以直接反映航道水深。

3) 冻结基面。冻结基面也是水文测站专用的一种固定基面。一般测站将第一次使用的基面冻结下来作为冻结基面,之后水位资料的观测刊印均应以此基面为准。有条件时应及时将冻结基面与现行的国家高程基面相联测,水位资料刊印时应同时刊印测站采用基面与绝对基面的差值(或高程之间的换算关系)。在进行水位统计分析和提供的有关成果报告中,可给出绝对基面的高程数据。

江苏省实际应用中,主要使用冻结基面,如果冻结基面和绝对基面高差为 0,则通常称测站冻结基面冻结在废黄河(吴淞等)上。

4) 绝对基面。绝对基面是将某一海滨地点平均海水面的高程定义为 0 的水准基面。我国各地沿用的水准高程基面有大连、大沽、黄海、废黄河口、吴淞、珠江等基面。我国于 1956 年规定以黄海(青岛)的多年平均海平面作为统一基面,为中国第一个国家高程系统,从而结束了过去高程系统繁杂的局面。但由于计算这个基面所依据的青岛验潮站的资料系列(1950—1956 年)较短等原因,中国测绘主管部门决定重新计算黄海平均海面,以青岛验潮站 1952—1979 年的潮汐观测资料为计算依据,并用精密水准测量接测位于青岛的中华人民共和国水准原点,得出 1985 年国家高程基准高程。

全省水位观测中使用的绝对基面有吴淞基面、废黄河基面、黄海高程系、1985 年国家高程基准等。苏南沿江地区主要应用吴淞高程,苏北地区主要应用废黄河高程,目前全省水文系统正在统一高程系统,将把水位绝对基面全部换为 1985 年国家高程基准。

(2) 水准点。水准点是用水准测量方法测定达到一定精度的高程控制点。该点相对于某一采用基面的高程一般是已知的，并埋设有标石。测站水尺零点高程的测定，是从测站设立的水准点引测的。因此，每个测站都要设立一定数量的水准点。

1) 测站水准点分类。测站水准点是水文测站为了便于进行水位观测而设立的水准点，分为基本水准点、校核水准点和临时水准点3种。

基本水准点是水文测站永久性的水准点，它设在测站附近历年最高水位以上，不易损坏且便于引测的地点。基本水准点是测站最重要的水准点，是其他水准点的引测点。

校核水准点是用来引测和检查水文测站断面水尺和其他设备高程的水准点，根据需要设在便于引测的地点。

临时水准点是因水文勘测等工作需要，在特定地点临时设立的水准点。临时水准点的牢固程度和设置费用一般要低于基本水准点。

2) 设置要求。测站水准点的设置，须符合下列规定：

a. 基本水准点设在测站附近历年最高水位以上、地形稳定、便于引测保护的地点。当测站附近设有国家水准点时（测站5km以内），可只设一个基本水准点；当测站与国家水准点连测困难时，应在不同的位置设置3个基本水准点，基本水准点相互间距宜为300~500m，并应选择其中一个为常用水准点。

b. 当基本水准点离水尺断面较远时，须设校核水准点，设在便于引测和稳定的地点。当基本水准点离水尺断面较近时，可不设置校核水准点。

c. 测站水准点统一编号，以后无论其高程是否变动，都不应改变其编号，必要时可加辅助编号。

d. 水准点可直接浇筑在基岩或稳定的永久性建筑物上，浇筑时要保证水准点的稳定和可靠。

e. 基本水准点的底层最小入土埋深：不冻地区为1.2~1.5m；冻土层厚度小于1.5m的地区宜为2.0m；冻土层厚度大于1.5m的地区宜在冻土层以下1.0m。

3) 高程测量要求。

a. 沉降要求。

测站水准点设置后，一般需要经过一年左右的时间让其沉降稳定。水准点稳定后才能进行高程测量（也称高程引测）。

b. 测量要求。

测站水准点高程测量的要求：①基本水准点除列入国家一等、二等、三等水准网的以外，其高程应从国家二等、三等水准点用不低于三等水准接测。据以引测的国家水准点一经选用，当无特殊情况时不得随意更换。②校核水准点应从基本水准点采用三等水准接测。③水准点稳定性较差的，或对水位精度要求较高的测站，基本水准点宜3~5年校测一次，其他测站宜5~10年校测一次，校核水准点宜每年校测一次。当有变动迹象时，应及时校测。

4. 技术

(1) 直接观测。直接观测就是人工不同时间读取水尺数，我国规定水位观测基本定时观测时间为北京时间8时，全国统一。

水尺是测站观测水位的基本设施，方法简单而准确，其他水位计均以它为基准来衡量

精度。按水尺形式可分为直立式、倾斜式、短桩式和悬垂式 4 种。其中以直立式水尺构造最简单，且经济、使用方便，为一般测站所普遍采用。

(2) 间接观测。间接观测是利用机械、电子、压力等传感器的感应作用，间接反映水位变化。间接观测设备构造复杂，技术要求高，但无须人员值守，工作量小，可以实现水位自动连续记录，是实现水位观测自动化的重要条件。间接观测设备也称为自记水位计。目前世界上使用的自记水位计主要有浮子水位计、压力水位计、超声波水位计（又有液介式和气介式之分）、微波（雷达）水位计、电子水尺、激光水位计等。其中，浮子水位计、压力水位计、液介式超声水位计、电子水尺等仪器，在测量时仪器的采集器直接与水体接触，又称为接触式测量仪器。而气介式超声水位计、微波（雷达）水位计、激光水位计等仪器，测量时仪器不与水体接触，又称非接触式测量仪器。使用自记设备观测水位的水位站除了完成人工站的观测任务外，主要的工作内容有自记水位计的检查、比测、校测、订正。

全省水位观测以遥测自动采集方式为主，遥测水位计主要采用浮子式水位计。少数站因不具备遥测设备安装条件采取人工观测水位，报汛站全部采用遥测。随着全省水文测报方式改革试点工作的开展，自动采集数据直接用于资料整编的占水位站 88.8%。

(3) 资料处理。全省目前水位基本实现了自动测报，还有部分测站保留了纸质的自记水位，水位资料获取后，在站一般需要进行处理、摘录、日平均水位计算以及相关一些特征值的统计。

1) 当水位过程出现中断时，应当进行插补。无法进行插补时，作缺测处理。
2) 当水位过程呈锯齿状时，可用中心线平滑技术进行处理。
3) 自记水位摘录应在订正之后，摘录的数据应能反映水位变化的完整过程，并能满足日平均水位、统计特征值和推算流量的需要。
4) 自记资料每日要进行时钟订正。
5) 水位摘录 0 时和 24 时必须摘录，当 8 时是基本观测时间时，也必须摘录。
6) 日平均水位计算应采取面积包围法。

5.1.2.3 降水

一定时段内从大气中降落到地面的液体降水与固体（经融化后）降水形成的水层深度，称为该地该时段内的降水量，降水除用降水量的数值表示外，也常常用强度描述，单位时间内的降水量称为降水强度。按降雨强度对降雨的分类，可将降雨分为：小雨、中雨、大雨、暴雨、大暴雨和特大暴雨 6 个等级。小雨指日降雨量在 10mm 以下；中雨日降雨量为 10~24.9mm；大雨降雨量为 25~49.9mm；暴雨降雨量为 50~99.9mm；大暴雨降雨量为 100~199.9mm；特大暴雨降雨量在 200mm 以上。同样，雪的大小也按降水强度分类，降雪可分为小雪，中雪和大雪和暴雪等 4 个等级。以 24 小时降水量为划分标准，其中，降水量 0.1~2.4mm 为小雪，1.3~3.7mm 为小到中雪，2.5~4.9mm 为中雪，3.8~7.4mm 为中到大雪，达到 5.0~9.9mm 为大雪，7.5~14.9mm 为大到暴雪，降水量达到或超过 10mm 为暴雪。

1. 目的

降水观测是按统一的标准对各个降水量站点的降水量、降水量强度等进行系统的观测，并按规定的方法进行整理计算，获得各站点的降水资料。水文测验中降水量观测项目主要有测记降水的类型和降雨、降雪、降雹的水量。一般情况下，单纯的雾、露、霜可不测记（有水面蒸发任务的测站除外）。必要时，部分站还要测记雪深、冰雹直径、初霜和终霜日期等特殊观测项目。

降水量观测的目的是要系统地观测和收集降水资料。实时观测的降水成果，及时送至有关部门，可直接为防汛抗旱、水资源管理等服务；长期观测的降水成果，可以分析测站的降水在时间上的规律；流域内降水观测成果，可分析研究降水在地区上的分布规律，以满足工业、农业、生产、军事和国民经济建设的需要。

2. 要求

（1）精度。降水量的计量单位是 mm，其观测记载的最小量一般为 0.1mm。对不需要雨日资料的降水量站，可记至 0.2mm；多年平均降水量大于 800mm 的地区，可记至 0.5mm；多年平均降水量大于 400mm，小于 800mm 地区，如果汛期雨强特别大，且降水量占全年 60% 以上，也可记至 0.5mm。

（2）观测场地。观测场地面积仅设一台雨量器（计）时为 4m×4m，同时设置雨量器和自记雨量计时为 4m×6m，有辅助设备或同时观测水面蒸发时，适当加大观测场面积。观测场地必须平整，地面种草或作物高度不宜超过 20cm。场地四周设置栏栅防护，栏栅条的疏密以不阻滞空气流通又能削弱通过观测场的风力为准。

3. 技术

降水量观测仪器分为标准雨量器、虹吸式自记雨量计、翻斗式自记雨量计等传统仪器，还有采用新技术的光学雨量计和雷达雨量计等。翻斗式自记雨量计中按记录周期分类，可分为日记型和长期自记型。其适用范围见表 5.4。

表 5.4　　　　　　　　　　常用降水量观测仪器及适用范围

名　称		适　用　范　围
标准雨量器		适用于驻守观测的降水量站
虹吸式自记雨量计		适用于驻守观测液态降水量
翻斗式自记雨量计	日记型	适用于驻守观测液态降水量
	长期自记型	用于驻守和无人驻守的降水量站观测液态降水量，特别适用于边远偏僻地区无人驻守的降水量站观测液态降水量

（1）标准雨量器。标准雨量器由雨量筒与量杯（量雨筒）组成。雨量筒用来承接降水物，它包括承水器、储水筒、漏斗、筒盖、储水瓶等组成。我国采用直径为 20cm 的正圆形承水器，量杯为一特制的有刻度的专用量雨筒。

1）观测段次。各降水量站的降水量观测以日划分段次，一般少雨季节采用 1 段次或 2 段次，遇暴雨时随时增加观测段次；多雨季节采用 4 段或更多段次观测。

2）观测程序。

a. 液态降水量观测。在规定的观测时间或降水停止后，直接用量杯量取储水瓶中降水，测记降水量。降水量很大时，可分数次量取，然后累加得其总量并记录。读取量杯刻

度时,量杯须处于铅直状态,读数时视线与水面凹面最低处平齐,观读至量雨杯的最小刻度。

b. 固态降水量观测。在降雪或雹时,提前取去雨量器的漏斗和储水瓶,或换成承雪器,用储水筒承接雪或雹。在规定的观测时间以备用储水筒替换,并将换下来的储水筒加盖带回室内。待储水筒内的雪或雹自然融化后倒入量雨杯量测。

(2) 虹吸式自记雨量计。虹吸式雨量计主要由承水部分、虹吸部分和自记部分等组成。承水部分由一个内径为200mm的承水器口和大、小漏斗组成。虹吸部分包括浮子室、浮子、虹吸管等。自记部分主要由自记钟、记录纸、记录笔及相应的传动部件组成。

虹吸式雨量计的记录是利用浮子室水位上升,引起虹吸现象发生,排空浮子室内降水,使记录笔下降,从而反复记录降雨量。

1) 观测段次。每日8时观测1次,有降水之日应在20时巡视仪器运行情况,暴雨时适当增加巡视次数,以便及时发现和排除故障,防止漏记降雨过程。

2) 观测程序。

a. 每日8时,立即对着记录笔尖所在位置,在记录纸零线上画一短垂线,作为检查自记钟快慢的时间记号。

b. 纪录纸上无雨或仅降小雨,换纸前慢慢注入一定量清水,使其发生人工虹吸,检查注入量与记录量之差是否在±0.05mm以内,虹吸历时是否小于14s,虹吸作用是否正常。

c. 观测时,若有自然虹吸水量,用量杯量测储水器内降水,并记载在该日降水量观测记录统计表中。暴雨时,降雨量有可能溢出储水器,须及时用备用储水器更换,并测记储水器内降雨量。

3) 更换记录纸。

a. 换装在钟筒上的记录纸,其底边必须与钟筒下缘对齐,纸面平整,纸头纸尾的纵横坐标衔接。

b. 连续无雨或降雨量小于5mm之日,一般不换纸,可在8时观测时,向承雨器注入清水,使笔尖升高至整mm处开始记录,但每张记录纸连续使用日数一般不超过5日,但每月1日必须换纸。

c. 8时换纸时,若遇大雨,可等到雨小或雨停时换纸。若记录笔尖已到达记录纸末端,雨强还是很大,则应拨开笔挡,转动钟筒,转动笔尖越过压纸条,将笔尖对准纵坐标线继续记录,待雨强小时才换纸。

(3) 翻斗式自记雨量计。翻斗自记雨量计由筒身、底座、内部翻斗结构三大部分组成。筒身由具有规定直径、高度的圆形外壳及承雨口组成。筒身和内部结构都安装在底座上,底座支承整个仪器,并可安装在地面基座上。我国使用较多的是雨量分辨力为0.2mm、0.5mm、1mm的单翻斗雨量传感器,以及雨量分辨力为0.1mm的双层翻斗雨量计。

全省雨量观测以翻斗式自记雨量计为主,少部分站使用机械式日记式自记雨量计,固态降水时采取普通雨量器人工观测雨量。翻斗式雨量计自动采集频次一般为5min一次,自动采集的数据固态存储或通过网络传输到接收设备上。2008年随着江苏省水文测报方式改革试点工作的开展，无锡分局、连云港分局和徐州分局共34处雨量遥测数据作为正式资料参加资料整编。到目前为止全省共有438个雨量观测项目，实行遥测的有410处，采集数据直接用于资料整编的有388处，分别占总数的93.6%、88.6%。

5.1.2.4 水面蒸发

通常情况下，流域或区域陆面的实际蒸发量是指地表处于自然湿润状态时来自水面、土壤和植物蒸发的水总量，它包括在给定地区、给定时间间隔内的土壤蒸发和植被蒸腾。实际蒸发难以准确地观测获得，在实际工程中，多采用观测水面蒸发量，通过实验对比，折算出实际蒸发量。水面蒸发量也称蒸发率，其定义为单位时间内从单位（水）表面面积蒸发的水量，以深度表示，单位为mm，精度为0.10mm。

1. 目的

水面蒸发是水循环过程中的一个重要环节，是水量平衡三大要素之一，是水文学研究中的一个重要课题。它是水库、湖泊等水体水量损失的主要部分，也是研究陆面蒸发的基本参证资料。蒸发在水资源评价、产流计算、水平衡计算、洪水预报、旱情分析、水资源利用等方面都有重要作用。

随着国民经济的不断发展，水资源的开发、利用急剧增长，供需矛盾日益尖锐，要求更精确地进行水资源的评价。水面蒸发观测工作，可为探索水体的水面蒸发及蒸发能力在不同地区和时间上的变化规律，以满足国民经济各部门的需要，为水资源的开发利用服务。

2. 要求

场地大小应根据各站的观测项目和仪器情况而定。设有气象辅助项目的场地不小于16m（东西向）×20m（南北向）；没有气象辅助项目的场地不小于12m×12m。场地四周设高约1.2m的围栅，为减少围栅对场内气流的影响，围栅尽量用钢筋或铁纱网制作。

3. 技术

确定水面蒸发的办法有器测法、水量平衡法、热量平衡法、湍流扩散法、经验公式法等。水利上通常使用仪器测法进行观测，通过折算，得到天然水体的蒸发量。

江苏省早先观测水面蒸发的仪器主要是直径20cm和直径80cm的套盆式蒸发器。20世纪60年代以后逐步采用E601型蒸发器，E601型蒸发器观测的蒸发量接近大水体的蒸发量。通常把直径20和直径80观测的蒸发量换算成E601蒸发量，近似代表大水体蒸发量，探求其规律。

(1) E601型水面蒸发器。E601型蒸发器主要由蒸发桶、水圈、测针和溢流桶4个部分组成。在无暴雨地区，可不设溢流桶。E601B型水面蒸发器多用玻璃钢制造，其耐冻裂、隔热性能、强度、耐腐蚀性优于金属，它的折算系数稳定、性能优越，已成为水文、气象部门统一使用的标准水面蒸发器。

E601应用水位测针人工观读蒸发桶内的水位，测定蒸发桶内的水位变化量，再由降雨量、溢出量推算出蒸发量。以蒸发桶内小水体为蒸发观测样本，通过折算系数，推算出自然界天然水体的水面蒸发量。观察蒸发的同时还要观测直接影响水面蒸发的气温、湿度、水温、风等气象和水文要素。

(2) 自动蒸发器。自动蒸发器在E601型蒸发器的蒸发桶内安装自动化"水位计"，

实现蒸发自动观测。蒸发器的水位测量精度和分辨力要求都高于一般水位计。为了保证蒸发桶内水面满足蒸发观测要求，自动蒸发器还设有向蒸发桶内补水的设备。目前应用的主要有补水式自动蒸发器和浮子式自动蒸发器、超声波自记蒸发器等。

全省共有35处水面蒸发量站，全部采用E601型蒸发器进行人工观测，目前部分测站正在开展度自动蒸发器的比测研究。

5.1.2.5 *泥沙*

泥沙测验是泛指对河流或水体中随水流运动泥沙的变化、运动、形式、数量及其演变过程的测量，以及河流或水体某一区段泥沙冲淤数量的计算，包括河流的悬移质输沙率、推移质输沙率、床沙测定以及泥沙颗粒级配的分析等。有时为了解水库、湖泊、河道、滨海等地区内泥沙淤积或冲刷部位、形态、数量及其发展规律，还需要开展水下地形测量。泥沙测验与水下地形的测量资料成果相互补充验证，用于冲淤演变的分析研究以及工程的规划、建设和运行等工作中。

1. 目的

泥沙测验的一般目的就是通过系统科学的水文测验，获得悬移质泥沙的含沙量、输沙率、颗粒级配，推移质泥沙的数量和颗粒级配，床沙的颗粒级配，泥沙的密度、干容重，以及它们的变化特征等资料。

进行流域规划，水库闸坝、防洪工程、河道治理、灌溉供水工程的设计，以及水利工程的管理运行等工作时，需要掌握泥沙资料。河道水库的冲淤评估，水土保持的评价、环境状况评估以及有关的科学研究，评价自然环境的地理、土壤、气候、地形、植被等的变化指标，评价土地利用、河道的冲淤变化，研究流域产沙量、河流含沙量、输沙量和粒径组成与变化，研究泥沙的淤积同泥沙粒径组成和水流条件的关系，研究泥沙的化学性质与水质同生物的关系等，都需要泥沙资料为依据。因此，需要系统地开展泥沙测验工作，长期地进行泥沙资料的收集。

2. 要求

（1）单沙取样位置的选取。对于断面比较稳定、主流摆动不大的测站，在各种水沙条件下，精测30次以上的断面输沙率，同时选择不同位置垂线进行相应单沙测验，分别建立单断关系，根据测站特性和单断关系分析，优选出误差最小、关系线形式简单、测验方便的最佳位置作为相应单沙测验点。

对于断面不稳定、主流摆动大，无法采用固定单沙垂线的测站，先取中泓2～3条垂线，按上述方法作单断关系分析，确定出随主流摆动而变的单沙测验位置。或根据测站条件和精度要求，按全断面混合的原理和方法，采用3～5条垂线的断面混合法，按相应的测沙垂线烂简方法，进行误差分析，符合要求的，即可作为日常单沙测验方法。

（2）测次要求。一年内单样含沙量的测次分布，应能控制含沙量的变化过程，并符合以下规定：

1）洪水期：每次较大洪水时，一类站不应少于8次，二类站不应少于5次，三类站不应少于3次，洪峰重叠、水沙峰不一致或含沙量变化剧烈时，应增加测次，在含沙量变化转折处应分布测次。

2）汛期的平水期：在水位定时观测时取样1次，非汛期含沙量变化平缓时，一类站可每2～3d取样一次，二、三类站可每5～10d取样1次。

3) 含沙量有周期性日变化时，应经试验确定在有代表性的时间取样。

（3）取样方法要求。由于输沙率测验不能在瞬间完成，因此相应单沙也不能用一次单沙与之适应，应视沙情变化，采用取多次单沙，以推求相应单沙。相应单沙质量的高低，直接影响单断沙关系。

取样时机。在水情平稳时取一次；有缓慢变化时，应在输沙率测验开始、终了时各取一次；水沙变化剧烈时，应增加取样次数，并控制转折变化。单样含沙量测验方法满足一类站单断沙关系线的比例系数为0.95～1.05，二类、三类站为0.93～1.07。

3. 技术

目前的泥沙测验技术水平还无法实时直接测得通过河流某一断面的输沙率或断面平均含沙量过程。通过测得断面上有代表性的垂线或测点的悬移质含沙量（简称单沙），推求出断面含沙量（简称断沙），建立（或检验已建立的）单样含沙量和断面含沙量关系（简称单断沙关系）或悬移质输沙率与流量等水文要素的关系，以便由单沙和流量资料推求悬移质输沙率变化过程。悬移质泥沙测验仪器分泥沙采样器和测沙仪两大类。

（1）泥沙采样器。泥沙采样器又分为瞬时式、积时式两种。泥沙采样器取样可靠，取得的水样不仅可以计算含沙量，而且也可用于泥沙颗粒分析。泥沙采样器一般由人工操作，取得泥沙水样后，必须将采集的水样带回实验室进行处理计算后才能得到含沙量的数值。

瞬时式采样器，一般由盛样筒、阀门及控制开关构成，以其盛样筒放置形式不同，分为竖式和横式两种。目前我国在河流中使用的多是横式放置，又称横式采样器。横式采样器又分拉式、捶击式和遥控横式3种。在水库等大水深小流速的水域测验时，有时也采用竖式设置的采样器。瞬时式采样器结构简单、工作可靠、操作方便，能在极短时间采集到泥沙水样，提高了采样速度，但因采集水样时间短，不能克服泥沙脉动的影响，所取水样代表性差。为克服这一缺陷，往往需要连续在同一测点多次取样，取用平均值作为该点的含沙量，因此劳动强度也相对较大。

积时式采样器按工作原理可分为瓶式、调压式、皮囊式；按测验方法分为选点积点式、双程积深式，单程积深式；按结构形式可分为单舱式、多舱式；按仪器重量又可分为手持式（几千克至几十千克重）、悬挂式（几十千克至近百千克重）等多种；按控制口门开关方式分为机械控制阀门与电控阀门，电控阀门又分为有线控制与无线控制等。在江苏省泥沙测验中广泛使用瓶式采样器，瓶式采样器是积时式采样器最简单的一种，有较长的使用历史。

采样仪器取样时应等速提放。当水深不大于10m时，提放速度应小于垂线平均流速的1/5；当水深大于10m时，提放速度应小于垂线平均流速的1/3。仪器处于开启状态时，不得在河底停留。仪器的悬吊方式，应保证仪器进水管嘴正对流向。仪器取样容积与仪器水样仓或盛样容器的容积之比应小于0.9，发现仪器灌满时，所取水样应作废重取。

（2）测沙仪。测沙仪一般具有直接测量和自记功能，可现场实时得到含沙量。根据其测量原理，测沙仪又分为光电测沙仪、超声波测沙仪、振动式测沙仪、同位素测沙仪、压力式等。仪器使用前，首先精确率定工作曲线，仪器的工作曲线对水温、泥沙颗粒形状、

颗粒组成及化学特性等的影响能自行校正，或能将误差控制在允许范围内。

测量含沙量时，仪器探头至水面、河底的距离，均不得小于放射源的探测半径。仪器在使用期间，须定期用积时式采样器对工作曲线进行校测，前后两次校测的关系点与原工作曲线系统偏离不超过误差范围时，原工作曲线可继续使用，如超过须重新确定工作曲线。

在施测低含沙量时，其稳定性与可靠性不能低于积时式采样器。

全省共有泥沙站 21 处，泥沙测验方式多采用上述传统方法，悬移质采样大多采用瓶式采样器，水样处理基本采用过滤烘干称重法，如洪泽湖三河闸站、骆马湖嶂山闸站、沭河新安站等。

5.1.2.6 地下水

1. 目的

地下水是水资源的重要组成部分，地下水动态监测是地下水资源评价及生态与环境评价不可少的基础工作，开展地下水动态监测工作的目的是为水利建设规划、抗旱除涝、治沙治碱、合理开发利用和保护地下水资源提供依据。

2. 要求

(1) 监测要素。根据设置地下水监测站的目的确定，地下水监测要素一般有地下水水位（埋深）、水温、开采量、水质等。

(2) 监测方式。监测方式分为人工监测和自动监测。

(3) 频次与时间。水位人工监测站分为逐日、每 5d 和每 15d。每日监测一次，监测时间为每日的 8 时；每 5d 监测一次，监测时间为每月 1d、6d、11d、16d、21d、26d 的 8 时；每 15d 监测一次，监测时间为每月 1d 和 16d 的 8 时。水位自动监测站为每日的 4 时、8 时、12 时、16 时、20 时、24 时，应有监测记录，并记录日内最高水位、最低水位及其发生时和分。水温监测站的监测频次每年 4 次，分别为每年 3 月、6 月、9 月、12 月的 26 日的 8 时。水质监测频次每年 2 次，分别为每年 3 月和 8 月的 15 日。

(4) 精度要求。水位人工监测：监测数值以 m 为单位，精确到小数点后的第二位，应测量两次，间隔时间不应少于 1min，取两次水位的平均值，两次测量允许偏差为 ±0.02m。当两次测量的偏差超过 ±0.02m 时，应重复测量。水位自动监测：允许精度误差为 ±0.01m。水温人工监测：最小分度值应不小于 0.2℃，允许误差为 ±0.2℃。

3. 技术

(1) 水位。

1) 高程考证。地下水监测站水准基面采用 1985 年国家高程基准。水准测量标准按照《水文测量规范》(SL 58—2014) 执行。基本水准点高程从不低于国家三等水准点按三等水准测量标准接测。

校核水准点高程从不低于国家三等水准点或基本水准点按四等水准测量标准接测。

各水位基本监测站井口固定点高程和监测站附近地面高程从不低于国家三等水准点或基本水准点或校核水准点按四等水准测量标准接测；各统测站固定点高程和地面高程从不低于四等的水准点按五等水准测量标准接测；监测站附近地面高程采用监测站附近不少于 4 个地面点高程的算术平均值。

高程引测的频次,基本水准点高程每 10 年校测一次;校核水准点高程每 5 年校测一次;基本监测站固定点高程和地面高程一般 1~2 年校测一次;统测站固定点高程和地面高程 3~5 年校测一次。

2) 人工监测。人工观测地下水水位是普遍应用的方法,也是必需的地下水水位观测方法。地下水水位依靠人工测量地下水埋深,此测量值被认为是最准确的地下水水位值(埋深),并用以校准地下水自记水位计的水位基准值。

人工观测地下水水位时,由于水面在地下深处,不可能像地表水那样直接看到水面,读取水尺水位,而必须使用地下水水位测量工具或仪器,通过相应测具和仪器接触或感应地下水水面,从而测得埋深,推求水位。按应用测具和仪器的不同,江苏省常用人工测量地下水水位有测钟测量地下水水位、悬锤式水位计测量地下水水位以及钢卷尺水痕法测量地下水水位。钢卷尺水痕法是国际标准《井地下水位测量的手工方法》(ISO 21413—2005)中推荐的方法。

3) 自动监测。地下水从测量原理上讲,自动监测与地表水水位的测量方法基本相同,可以测量地表水水位的自动监测仪器都可以用于地下水水位测量。但由于地下水水位测量都需要在一个小口径测井中进行,并具有较大的埋深,所以并不是所有的地表水水位计都适宜用于地下水水位测量,适宜用于地下水水位自动测量的主要仪器是浮子式水位计和压力式水位计两种类型。

(2) 水温。水温测量可分为人工测量和自动测量。人工测量采用测量地表水水温的水温计、深水温度计、金属电阻温度计、半导体温度计进行测温,测温仪器在指定位置放置 5min 后再读取数据水温;自动测量一般作为一种功能存在于其他地下水测量仪器中,压力式地下水水位计基本都带有水温自动测量功能,大部地下水水质自动测量仪器也带有水温自动测量功能。在相应的压力式地下水水位传感器和水质自动测量传感器上都装有一个温度传感器,放在水体中测量水温,测得数值的处理、存储由相应仪器的电子电路完成。

(3) 水质。地下水水质监测方法分为人工采样分析方法、水质直接自动测量方法和水质自动分析方法。人工采样方法按《水环境监测规范》(SL 219—2013)要求,用规定的水样采样器和方法采得水样,经现场处理后,用规定的运输方法送到水质分析实验室,并用规定的分析方法分析各个水质参数。有些参数需要在现场测量。有相应的水质监测规范对各个环节做了明确的规定。地下水水质监测仅对水质取样进行介绍。

5.1.2.7 土壤墒情

1. 目的

土壤墒情监测是水资源合理利用、水资源科学管理和抗旱救灾决策最重要的基础工作。土壤墒情实时监测系统收集旱作农业的墒情信息、农业和环境干旱的信息,给政府和水管部门提供农业灌溉指导和准确的信息,作出科学的决策。通过土壤墒情与旱情监测,可以给政府职能部门提供有效的基础数据与信息,为农业生产的结构调整、宏观决策、引导和组织工作提供有力的科学依据和技术支撑。

2. 要求

对土壤墒情进行监测前首先对测站基本情况的调查,确定监测站的地理位置、代表区

域。代表区域的自然地理、水文气象、水文地质、地形地貌、植被、人文经济、农田水利工程、农作物种植情况等进行调查；其次对监测站及代表区域土壤及土壤的物理特征调查及分析，应分析墒情监测站的土壤颗粒级配情况，绘出代表性地块土壤颗粒级配曲线；再对测站土壤进行水分常数的测定，测出土壤饱和含水量、田间持水量和凋萎含水量；最后找出土壤中水的含量与势能之间的关系，画出土壤水分特性曲线。

3. 技术

土壤墒情的监测方法有取土烘干法、张力计法、中子水分仪法、时域反射法、频域法。江苏省常用的监测方法有烘干法、张力计法、时域反射法、频域法。

(1) 取土烘干法。烘干法应备有烘箱、干燥器、天平（感量 0.01g）取土钻、洛阳铲、铝盒、土壤水分测定记录表及铝盒重量记录表等。

在同一取样地点的不同深度上应重复取样 3 次，每次取样的土重应为 30～50g 左右。烘干法测得的含水量为重量含水量，土壤体积含水量可用下式计算：

$$\theta = r_0 \omega \tag{5.2}$$

式中：θ 为体积含水量；r_0 为土壤干容重；ω 为重量含水量。

每一测点的土壤含水量可由重复测次的均值作为该测点的土壤含水量，而代表性地块的不同深度的土壤含水量由各种深度上测得的均值作为该代表地块的土壤含水量。

(2) 张力计法。张力计测量土壤吸力的范围是 0～0.85 个大气压，张力计法对常处于干旱状态的土壤不适用，可适用于灌溉耕地，喷灌和滴灌土地。使用张力计法测量土壤含水量时首先要作好各观测点的土壤水分特性曲线。由观测到的真空有的土壤吸力值后，查土壤水分特性曲线得出体积含水量的数字。

(3) 时域反射法。时域反射法（TDR）是通过测量土壤中的水和其他介质介电常数之间的差异的原理并采用时域反射测试技术测量土壤含水量的方法。

墒情和旱情监测站根据观测的项目采用相应类型的 TDR 仪，TDR 仪使用前须与取土烘干法来进行对比观测，当有系统误差时应予以校正，TDR 仪测出的含水量为对应深度的平均体积含水量。

TDR 探头分探针式和管式两大类。探针式可以埋设在土壤的剖面中进行定点连续测量，管式探头须和测管配合使用，可对土壤不同深度连续测量。

(4) 频域法。频域法和时域反射法以及某些电容法土壤水分测量方法类似，应用了被测介质中表观介电常数随土壤含水量变化而变化这一原理测定土壤含水量。

频域法探头多为探针式，使用方法与针式 TDR 类似。可以埋设在土壤剖面连续测量，也可以与专用测量仪表配合做移动巡回测量。探头的测量响应时间快，一般在数秒钟内即可得到稳定的结果。

频域法探头在对测量精度要求高的情况下，使用前应采取烘干法进行标定。精度可以达到 2%。实际应用中可能会有数量较多的探头同时使用，所以每个探头技术参数的一致性十分重要，个体差异应在容许误差范围内，满足无须系统标定即可互换使用的条件。

5.1.3 资料整编

5.1.3.1 地表水资料整编

水文资料整编是对原始的水文资料按科学方法和统一规格，分析、统计、审核、汇编、刊印或储存等工作的总称。水文测验和水文调查所得的原始资料，篇幅浩繁，有些资料在时间上是离散的，不能满足使用要求，只有经过审核、查证，按照统一的标准和规格，整理成系统的简明的图表，汇编成水文年鉴或其他形式，才便于使用。江苏省国家基本水文测站所监测的水文资料每年都要进行资料整编、刊印。

1. 目的和依据

（1）目的。水文资料整编的首要目的就是提供可靠的水文资料，为防汛、抗旱、水利建设、国防、科学研究及其他国民经济建设服务。实时收集的水文资料往往是孤立的，难以直接被国民经济建设服务。同时，有些实时收集的水文资料在时间上是不连续的，有些存在着一定的误差，有些还因为机器故障等原因造成缺测中断，这些资料不能直接利用。因此，实时收集的水文资料首先必须要经过系统的、全面的、科学的汇编整理成水文年鉴或其他形式才能最终进行使用。其次，水文资料整编的目的也在于通过汇编整理水文资料，综合发现一个流域或区域的水文空间分布特征、年际变化变化特征。另外，测站测得的原始资料，只有通过整编，才能发现水文测验中存在的问题并加以解决，进一步提高水文资料整编成果质量。

（2）依据。对水文资料要逐年进行整编、审查、复审、汇编及刊印，成果质量须符合相应的规范与标准。为了使水文资料整编工作有章可循，有法可依，国家水行政主管部门先后多次制定、修订了水文资料整编和水文年鉴刊印规范。1951年，颁布了《水文资料整编成果表式及填制说明》；1956年，颁布了《水文资料审编刊印须知》；1964年，颁发了《水文年鉴审编刊印暂行规范》；1975年，颁发了《水文测验试行规范》《水文测验手册》；1988年，颁发了《水文年鉴编印规范》（SD 244—87），增加了水位流量关系曲线检验和标准差计算等内容；1999年，颁布了《水文资料整编规范》（SL 247—1999），因水利部1994年通知停止水文年鉴刊印，改为计算机存储，所以该规范取消了水文年鉴刊印内容；2001年，根据全国人大要求，对重点流域、重点卷册又恢复了资料刊印；2007年，我国实行全面恢复刊印；2009年，水利部颁布了《水文年鉴汇编刊印规范》（SL 460—2009）。2012年，颁布了重新修订的《水文资料整编规范》（SL 247—2012）。

另外，流域管理机构直属水文机构分别于2012年颁布了《淮河流域水文年鉴资料整汇编补充规定》《太湖流域片水文资料整汇编刊印补充规定》。

2. 主要工作阶段

一般情况下，水文资料整编工作的主要阶段有：在站资料整编、市级水文机构资料审查、省级水文机构资料复审，流域管理机构直属水文机构汇编及国家水行政主管部门直属水文机构资料终审与刊印。

（1）在站资料整编。在站资料整编是指测站人员按照一定的整编方法，对水文原始资料进行初步的整理与加工，使成果符合一定的规范标准。在站资料整编应由水文站或县级水文机构负责完成，主要工作包含以下几个方面的内容：

1）搜集有关资料。考证资料（包括测站说明表和位置图、测站附近河流形势图、大断面资料等，还要特别注意搜集历年沿用的基面、水准点、水尺零点高程接测等有关资料）、水文原始资料（包括各种手段、技术设备采集到的水文数据，纸质记载的或电子存储的，以及借用数据）、测验工作中的有关分析图表和文字说明、水文调查资料和整编成果，以及历年整编有关情况和成果。

2）了解有关情况。了解测验、计算方法和仪器使用情况，整编程序使用情况，断面基本设施有无变化，以及测验河段附近河流形势、上下游水利工程变化情况。

3）测站考证。在搜集有关资料和了解有关情况的前提下，根据整编规范要求，进行测站考证，包括测站位置，测站沿革，流域概况及自然地理情况，测验河段及其附近河流形势，各断面布设与变动情况，基面、各种水准点和水尺零点高程及其变动情况，观测设施布设及变动情况，观测项目及其变动情况，水位观测、流量测验的时制及水位、流量历年特征值，各种情况图。考证以后，分别编制测站说明表、测站位置图，水尺零点高程考证表等。

4）资料整编。对原始资料进行真实性、可靠性、完整性及全面性检查，并进行初步整理，完成必要的"一算二校"手续，完成必要的数据整理和输（导）入、图表编制；确定整编方法、定线及检验，使用正确的计算程序进行初步整编。在整编过程中，要合理安排好一定的工作次序，可以从降水量、水位等基本资料开始，再依次整编流量和泥沙资料。

5）单站合理性检查。对初步整编好的资料成果进行单站合理性检查和资料质量评定，编写资料整编说明书，对水文测验情况、当年水情变化情况、测验项目的变化情况、资料整编情况、整编中发现的问题，以及对单站资料质量的评定情况予以说明，并附水位、流量、泥沙、降水量、蒸发量的资料质量鉴定表。

在站资料整编是水文资料整编的基础。为了做好在站资料整编工作，确保资料质量，目前全省各地市级水文机构陆续出台了相应的水文资料整编质量管理与考核办法。

（2）市级水文机构资料审查。市级水文机构资料审查是指市级水文机构对辖区内的所有测站水文资料进行全面的审查，主要工作包含以下几个方面的内容：

1）原始资料检查。对各测站送交的水文原始资料进行抽查，抽查整编手续的完备性和规范性；对原始资料的真实性、可靠性及全面性进行复查，重点对原始资料的缺测、漏测现象进行审查，对新设、迁移的测站的原始资料进行审查，对增设测验项目的原始资料进行审查。

2）成果全面检查。对各测站考证、定线、数据整编表和数据文件及整编成果进行全面检查；重点对定线方法与成果进行审查，注意与历年定线成果进行对比，对缺测、漏测资料的处理方法进行审查，对新设、迁移的测站的成果进行审查，对增设测验项目的成果进行审查。

3）单站合理性检查各项图表审查。对各测站送交的单站合理性检查各项图表（资料质量鉴定表、水位流量关系图等）进行全面审查。

4）综合合理性检查。对辖区内的流域、水系上下游站或邻站的综合合理性进行检查，编制水位、水文站、降水量蒸发量站一览表，水位月年对照表，流量月年对照表，降水量月年对照表，降水量合理性检查表等。

5）资料质量评定。汇总资料，对辖区内的水文资料进行整体质量评定。

6）整编总结。对年度整编工作予以总结，编制整编说明。

目前，全省各地市级水文机构均建立了一套行之有素的水文资料审查体系，送交省级水文机构复审的水文资料必须通过市级水文机构资料审查。

(3) 省级水文机构复审。省级水文机构复审是指省级水文机构对辖区内的所有测站水文资料进行复审。复审应在次年 5 月底前完成，主要工作包含以下几个方面的内容：

1) 资料抽审。每年抽取复审范围内的不少于 10% 的测站，对其考证、定线、数据整理表、数据文件及成果表进行全面检查，其余测站只做主要项目检查。若遭遇特殊水情年，则加大抽审比例。对往年发现问题的测站，要进行重点抽审。对水文测验或资料整编存在薄弱环节的测站，进行重点抽审。

2) 统一检查。以卷册为单元，对照往年资料刊印成果，对全部资料整编成果进行表面统一检查，重点对成果表之间数据的关联性与一致性进行检查，如检查实测流量成果表与逐日平均流量表、水库水文要素摘录表等之间的流量极值及出现日期是否合理或一致。

3) 综合合理性检查。复查综合合理性检查图表，进行复审范围内的综合合理性检查。其中，综合合理性检查包括水位（温）资料、流量资料、悬移质输沙率（含沙量）资料、降水量资料、蒸发量资料的合理性检查，重点对综合合理性检查中特征值与单站成果表中特征值的一致性进行审查。

4) 成果验收。以卷册为单元，对整编成果进行质量评定，并进行汇总、验收和工作总结。成果验收包括纸质成果验收和电子成果（数据库）验收，检查纸质成果与电子成果的一致性。

目前，全省地表水资料复审每年约为水位流量泥沙 582 站年、降水蒸发 73 站年，共计 192 万字组的水文资料。

(4) 流域管理机构直属水文机构汇编。流域管理机构直属水文机构负责辖区范围内的水文资料整汇编工作，出台了相应的整汇编补充规定。流域机构对流域所辖各卷册水文年鉴进行审查，然后报国家水行政主管部门直属水文机构进行全国终审。

江苏省负责 5 卷 4 册、6 卷 19 册和 20 册的资料汇编，参与 5 卷 2 册、3 册、5 册、6 册、6 卷 6 册、7 册的资料汇编。

(5) 国家水行政主管部门直属水文机构资料终审与刊印。国家水行政主管部门直属水文机构负责全国范围内的水位资料终审与刊印工作，负责相关规范、标准的编制工作。负责组织全国水文年鉴审查专家对全国各卷册水文年鉴进行终审，终审后水文年鉴方可定稿、刊印。

水文资料经国家水行政主管部门直属水文机构终审刊印后，方可被正式使用。

3. 方法与技术

(1) 测站考证。测站考证水文资料整编的基础。对测站的设立、停测、恢复、迁移、测站性质和类别及领导关系的变动等较大事件的发生时间、变动情况等应进行测站沿革考证，并应于当年考证清楚。

(2) 水位资料整编。当出现水尺零点高程变动、短时间水位缺测或观测错误时，须对观测水位进行改正或插补；当采用自动监测资料进行水位整编时，先进行精简。当水位过程呈锯齿状时，采用中心线平滑方法进行处理；当水位过程平缓时，采用摘录的方式进行处理。

(3) 潮位资料整编。因故缺测高低潮位之间的潮位，可根据前后潮位变化趋势或参照相似潮汐，分别选用直线插补法、比例插补法等方法予以插补高低潮之间的潮位；高（低）潮位插补一般选用高（低）潮位相关插补法、高（低）潮位直接插补法、历史相似过程插补法等。

（4）河道流量资料整编。对于不同的测流断面，因自然地理因素及断面选择原因，流量定线和整编分别采用不同的方法。对于测站控制良好、各级水位流量关系都保持稳定的测站，且定线允许误差符合规范的规定采用单一曲线法定线推流，如流量测验符合《河流流量测验规范》（GB 50179—2015）间测条件并实施间测时，间测期间可采用上一年度或历年综合关系线进行整编；对于测站控制条件和河床在一定时期内基本稳定，但在局部时段内存在变化或受结冰影响的测站，采用临时曲线法定线推流；对于受经常性冲淤，受水草生长影响或结冰影响的测站，采用改正水位法定线推流；对于受变动回水影响，且断面基本稳定的测站，可采用等落差法或落差指数法定线推流；对于受洪水涨落影响的测站，可采用校正因数法定线推流，如测验河段基本稳定，且下游不受变动回水影响时，运用抵偿河长法原理，采用上游站水位法或本站水位后移法进行定线推流；对于受断面冲淤、变动回水、水草生长和结冰等多种因素影响使水位流量关系紊乱的测站，可采用连实测流量过程线法定线推流。

（5）水工建筑物流量资料整编。堰闸定线推流一般选用堰闸流量系数法、堰闸过水平均流速法和关系方程式或经验公式法；水电站推流一般采用效率法、电功因子与出流量直接相关法、水力因素法、用电量数推算日平均流量等方法；电力抽水站推流一般采用效率法、低扬程指数函数法。

（6）潮流量资料整编。定线推流方法可根据不同条件选用合轴相关法、定潮汐要素法、全潮要素相关法、一潮推流法、流速相关法等方法。

1）对于较强感潮河段，河道中水流的变化主要受潮汐影响，包括上游站潮位在内的潮汐要素与潮量（平均流量）关系密切的河道站，采用合轴相关法。

2）对于某潮汐要素与潮量关系密切的河道站，采用定潮汐要素法。

3）对于以上游来水控制为主，潮汐影响时段较长的弱潮区，且潮洪混合但潮流、潮位变幅不大，中间无较大支流加入的感潮河道站，采用全潮要素相关法。

4）对于按潮引水或排水，且在闸上下水位接近时开闸和关闸的感潮闸坝站，可采用一潮推流法。

5）采用实时监测潮流速过程的站，采用流速相关法。

（7）悬移质输沙率资料整编。对于单断沙关系良好或比较稳定的测站，采用单断沙关系曲线法进行资料整编；对于实测输沙率测次能控制断沙变化过程的测站，采用实测断沙过程线法进行资料整编；对于单断沙关系点据散乱，定线精度不符合规范规定，但输沙率测次较多，且分布比较均匀，能基本控制单断沙关系变化转折点的测站，采用单断沙比例系数过程线法进行资料整编；当无单沙测验资料或单沙测验资料不完整，而流量与输沙率之间存在一定关系，且输沙率测次基本能控制各主要水、沙峰涨落变化过程时，可采用流量与输沙率关系曲线法推求断沙。

（8）降水量资料整编。当一个站同时有自记记录和人工观测记录时，使用自记记录。自记记录有问题的部分，用人工观测代替，并作附注说明。自记记录无法整理时，全部使用人工观测记录。同时期的降水量摘录表与逐日降水量表所依据的记录，必须完全一致；做各时段最大降水量表的站，根据降水强度转折情况按 5min 或 1h 选摘数据；人工观测记录根据观测段制整理数据。

(9) 水面蒸发量资料整编。对缺测或漏测水面蒸发时，当缺测日的天气状况与前后日大致相似时，根据前后日观测值直线内插，也可借用附近气象站资料；有观测水气压力差和风速资料的站，可绘制有关因素的过程线或相关线进行插补；当水面蒸发量很小时，测出的水面蒸发量是负值者，应改正为"0.0"，并加改正符号；一年中采用不同口径的蒸发器进行观测的站，根据分析的换算系数进行换算，并附注说明，若全年内两种仪器同时观测的，应分别进行整编。

4. 内容与成果

水文资料整编可分为说明资料整编（包括基本资料收集、考证、整理的概述与分析说明）、基本资料整编（包括基本站网的各项资料，实验站、小河站及其配套降水量站的各项资料，专用站对基本站有补充作用的资料）及调查资料整编（包括水量调查资料、暴雨调查资料、洪枯水调查资料）。

(1) 说明资料。说明资料包括整编说明，水位、水文站一览表，降水量、水面蒸发量站一览表，水位、水文站分布图，降水量、水面蒸发量站分布图，水文要素综合图表，测站考证图表（测站说明表分河道站、水库堰闸站两种；测验河段平面图；水文站以上（区间）主要水利工程基本情况表；水文站以上（区间）主要水利工程分布图；陆上（漂浮）水面蒸发场说明表及平面图）。

另外，测站考证资料应在设站第一年编制，公历逢 5 年应重新编制全部考证图表。

(2) 水位资料。水位资料包括水位、水文站的水位有独立使用价值的编制逐日平均水位表，洪水期逐日平均水位不能代表水位变化过程的水位站编制洪水水位摘录表。

(3) 潮位资料。潮位资料包括沿海岛屿或以潮汐为主的感潮河段站编制逐潮高低潮位表、潮位月年统计表；潮汛水位摘录表、逐日最高最低潮位表的编制由复审汇编单位确定；重要港口、大江大河入海口、沿海岛屿以及受风暴潮影响的站宜编制风暴潮要素摘录表。

(4) 流量资料。流量资料包括大江大河干流站可靠资料的全部测次，中小河流、大型水库溢洪道、坝下断面、大型渠道站编制实测流量成果表；大中河流水文站编制实测大断面成果表，水库溢洪道、坝下断面、大型渠道站可根据需要编制；采用堰闸水力因素推求流量的站编制堰闸流量率定成果表；采用水力因素、电功率推求流量的站编制水电（抽水）站流量率定成果表；河道、水库、堰闸站及有需要的渠道站编制逐日平均流量表；洪水期日平均值不能准确表示各项水文要素变化过程的河道站断面编制洪水水文要素摘录表；洪水期或有需要的堰闸站编制堰闸洪水水文要素摘录表；水库站编制水库水文要素摘录表。

(5) 潮流量资料。潮流量资料包括以潮汐为主的感潮河段水文站编制实测潮流量成果表、实测潮量成果统计表，逐潮潮量表、潮量月年统计表的编制，由复审单位确定；受到潮汐影响的堰闸站编制堰闸潮流量率定成果表、堰闸实测潮量成果统计表；推算引排水（潮）量统计表的站编制引排水（潮）量统计表；逐潮高低潮位不能代表潮汐水文要素变化过程的站可编制潮汐水文要素摘录表。

（6）输沙率资料。输沙率资料包括实施悬移质输沙率测验的站应编制悬移质输沙率成果表、逐日平均悬移质输沙率表或悬移质输沙率月年统计表、逐日平均含沙量表，仅有低沙测次的年份可不编制实测悬移质输沙率成果表；洪水期日平均含沙量不能准确表示洪水含沙量变化过程，且洪水水文要素摘录表未编制含沙量要素的站应编制洪水含沙摘录表。

（7）降水量资料。降水量资料包括全年或汛期连续4个月观测降水量的站编制逐日降水量表；四段制及四段制以上观测站（人工、自记、遥测）编制降水量摘录表；采用自记（遥测）资料整编的站编制各时段最大降水量表（1）或表（2）。

（8）水面蒸发量资料。水面蒸发量资料编制逐日水面蒸发量表。

（9）调查资料。调查资料包括水量调查资料包括水量调查说明及成果表、水量调查站（点）一览表（含资料索引）、水文站以上区间水量调查成果表及水库（堰闸）来水量（蓄水变量）月年统计表；暴雨调查资料包括暴雨调查说明及成果表、暴雨量等值线图；洪水调查资料包括洪水调查说明及成果表、洪水调查河段平面图、洪水调查河段水面比降图、洪水痕迹调查表及洪水调查实测大断面成果表；暴雨、洪水调查资料整编要求与表格的形式由复审汇编单位确定。

5.1.3.2　地下水资料整编

1. 目的和依据

地下水资料整编是水文资料整编的一项内容，是对原始的地下水监测资料按科学方法和统一规格，分析、统计、审核、汇编、刊印或储存。地下水原始监测资料只有一份，且空间上和时间上处于离散状态，不能满足使用要求。原始监测数据经过审核、查证，按照统一的标准和规格，整理成系统的简明的图表，汇编成年鉴或其他形式，便于使用。同时资料整编中可以发现地下水水位测验中存在的问题，在工作中不断改进。

技术依据采用地下水资料整编按照监测规范相关要求进行。

2. 主要工作阶段

地下水整编工作的基本流程包括在站整编、整编、审查、复审与验收、汇编与存档5个阶段。

（1）在站整编。在站整编由测站、巡测队负责完成，各市水文分局负责技术指导。

各市水文水资源勘测局随时或分阶段完成测井考证，原始监测资料的记载、审核，过程线的点绘，实测资料的分析检查等。

（2）整编。各市水文水资源勘测局组织技术人员应按所用程序的数据加工要求进行数据录入和上机计算，对电算成果作校核、检查，按规定时限提出站区内各测井符合质量标准的整编成果。

（3）审查。由各市水文水资源勘测局负责组织有关站、队技术人员完成。省局负责技术指导。

1）对各测井原始资料进行全面检查。

2）对整编成果的考证、测井综合水位过程图进行合理性检查，并写出分析检查说明；对刊布表作表面统一检查。

3) 提交整编说明及测井一览表、地下水测井基本情况表等有关资料。

4) 根据审查结果，对各测井整编成果提出是否合格的结论。

(4) 复审与验收。由省水文水资源勘测局组织各市水文水资源勘测局技术骨干完成。

1) 以市水文水资源勘测局为单位，全面检查验收各项原始资料（包括地下水测井基本情况表）。对考证、录入数据文件、综合地下水位过程线图进行全面检查，主要检查测验测量方法、填表格式、计算方法和数字是否正确。

2) 对全部成果表进行表面统一检查。特别要注意文字说明是否确切、数据是否正确，各种符号应填写无误。

3) 绘制江苏省深层地下水测井分布图。

4) 经复审，对送审成果及原始记载资料作出是否符合规范和本规定质量标准的结论。并按优秀、合格、不合格对各单位资料质量作出评价。

(5) 汇编刊布。省水文水资源勘测局负责全省地下水资料的汇编和存档工作。

1) 编写全省深层地下水资料编印说明。

2) 经检查发现成果表存在问题时，可与有关勘测局取得联系后，予以改正。

3) 编排资料顺序。

4) 修饰各表附注及文字说明。

5) 刊布地下水资料整编成果表及编印说明，一式两份，装订成册。原始数据文件和成果表文件及编印说明等文件的存档。

6) 将通过复审验收的原始数据转储存至江苏省地下水数据库。

3. 方法与技术

(1) 基本资料的考证。对监测站的位置、编号、附近影响监测精度的环境变化情况，监测站布设、停测、更换的时间，监测站类别、监测项目、频次的变动情况，监测井深、淤积、洗井、灵敏度试验情况，高程测量（包括引测、复测和校测）记录情况，测具的检定情况等进行考证。

(2) 原始资料的审核。包含监测方法、误差，原始记载表的填写格式检查，测具检定和高程校测的结果及由此导致的监测数值的修正检查，单站监测资料的合理性检查，同一含水层组各监测站之间监测资料的合理性检查。

(3) 水位资料整编。水位资料的缺测时，逐日监测资料插补，每月缺测不超过两次且缺测前、后均有不少于连续3个监测数值者可插补；每5日监测资料插补，每月缺测不超过一次且缺测前、后均有不少于连续3个监测数值者可插补；统计资料不得插补；"井干""井冻""可疑"数值在插补时均按"缺测"对待；插补方法采用相关法、趋势法或内插法。

水位监测资料的数值统计内容包括月平均水位值、月内最高、最低水位值及其发生日期和年平均水位值、年变幅、年末差、年内最高、最低水位值及其发生月、日。在进行水位数值统计时月内无缺测资料，进行月完全统计；年内无缺测资料，进行年完全统计。逐日监测水位资料，月内缺测不超过4次者，进行月不完全统计；超过4次者，不进行月统计。5日监测的水位资料，月内缺测一次者，进行月不完全统计；超过一次者，不进行月统计。年内月不完全统计不超过两个或仅有一个不进行月统计者，进行年不完全统计；年

内月不完全统计超过两个或不进行月统计者超过一个，不进行年统计。

（4）水温资料整编。缺测水温资料不得插补，经审核定为"可疑"的水温监测资料按"缺测"对待。水温监测资料只进行年统计，包括年平均水温值，年最高、年最低水温值及其发生的月份，年内水温变幅，当年末与上年末的水温差。年内缺测一次者，进行年不完全统计；超过一次者，不进行年统计。

由于计算机的广泛应用，江苏省自1989年开始采用电算整编工作，自动完成数据的输入转换，完成地下水站网一览表、地下水位表、地下水温表、埋深统计表、特征值表等整编表格的编制工作。生成的成果可有两种形式输出：一是用于在站校核成果表，二是生成用于资料汇编便于装订成册的成果表。

4. 内容与成果

地下水资料整编成果用表格表示，主要有反映逐日数值及月年统计值的逐日表，反映实测内容的实测成果表、反映瞬时变化过程的摘录表，以及考证资料、综合图表等。具体成果表有基本监测井一览表，逐日水位监测成果——水位监测成果表，水位（或埋深）年特征值统计表，开采量监测成果——水质监测成果表，水温监测成果表，深层地下水监测井网分布图（分类型、分层次编绘），深层地下水水位（埋深）等值线图（分类型、分层次编绘），深层地下年变幅等值线图（分类型、分层次编绘）。

5.2 水文情报预报

水文情报预报工作主要包括收集、处理和提供雨情、水情、旱情、风暴潮、冰情、沙情、地下水、和水质等各项信息；制作和发布不同预见期的水情、旱情、风暴潮、冰情、沙情、地下水、水质及其他水文现象的预报或预测；分析和提供旱涝趋势分析和展望；分析和提供有关水文情势专题，包括水情短信、水情快汛、水情分析等。

5.2.1 水文情报

5.2.1.1 水情信息报汛方式

全省报汛站点目前采用自动报汛及人工报汛相结合的方式。水位、雨量、风浪等信息采用自动采集、报汛，1小时一报；蒸发量、流量、引排水、墒情、地下水、泵站开启、闸门启闭等信息采用人工采集、报汛，除墒情和地下水为5天一报外，其余基本上1天一报，遇特殊雨水情，实时加报。

5.2.1.2 水情信息报送流程

江苏省水情信息报送流程是从测站经分中心到省中心，再由省中心转发。流程如下：各测站人工信息通过语音报汛电话或短信上报到各市水情分中心，分中心接收到水情编码信息后，进行译电处理并入分中心水情数据库；各测站遥测信息通过遥测系统直接入各分中心遥测数据库，遥测报汛软件读入遥测数据直接报汛，入分中心水情数据库。入水情数据库的报汛数据通过"水情交换系统"上传至省中心，同时省中心接收外省、流域机构的信息。省中心通过配发关系，将报汛数据转发给相关分局和外省、流域机构、部水文局。目前，省中心信息接收单位有26个，发送单位有28个。江苏水情信息报汛现状流程图如图5.1所示。

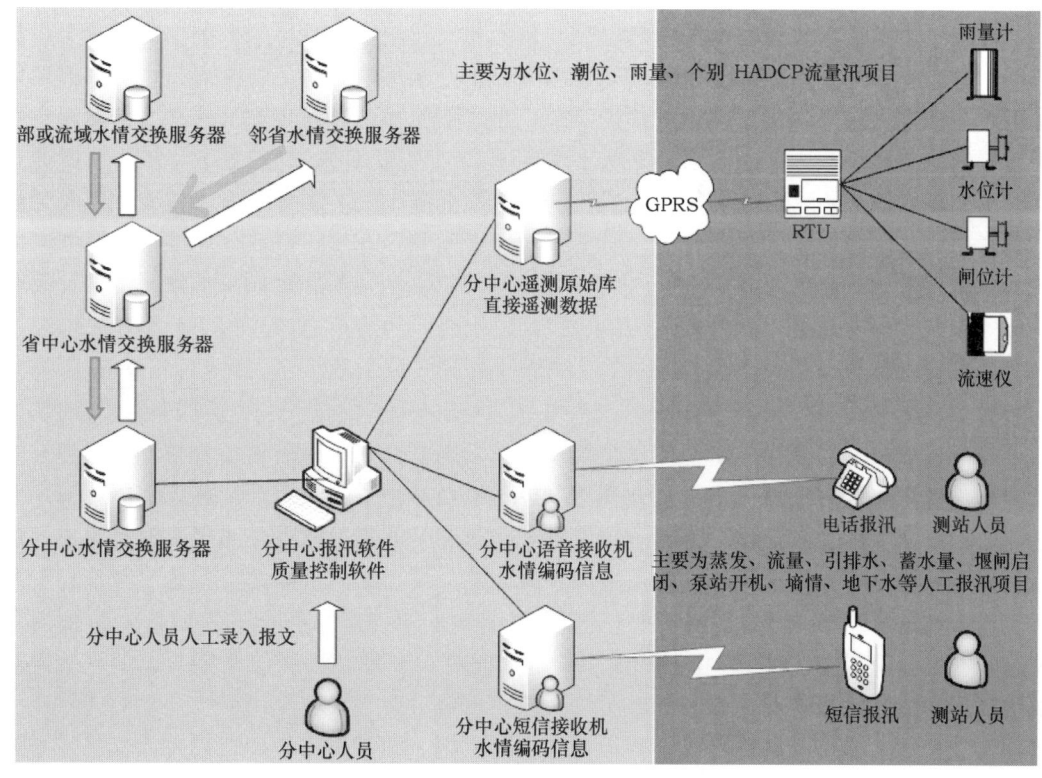

图 5.1　江苏水情信息报汛现状流程图

5.2.1.3　质量控制

2015 年前报汛数据质量控制主要依靠人工来把关，随着水文站网不断完善，水文遥测手段日渐普及，报汛数据量剧增，人工无法快速判别迟报、缺报、漏报、错报的发生，影响了水情报汛质量。面对海量的报汛数据，开发了一套水情报汛质量监控系统，在信息交换前进行数据质量控制。该系统针对不同类型、不同要素的水情报汛数据，构建了质量预警方法与模型，提出了格式检查、完整性检查、时效性检查、值域检查、工程约束关系检查、内部逻辑检查、特征值检查、时间连续性检查、空间一致性检查、预报值检查等 10 大类报汛质量控制方法，对各要素的奇异区域、警示范围、警示类型、警示阈值等进行了优化处理。2015 年 3 月底开始在全省 19 个水情分中心安装使用，经过 1 年多的试运行和不断完善，目前该系统通过对缺报漏报的告警提示和值域控制，提高了报汛信息的完整性和准确性。

5.2.1.4　水情信息交换

我国水文情报工作起于 20 世纪 60 年代，水利电力部于 1964 年年底颁发了《水文情报预报拍报办法》，经过 40 多年的应用，在水情信息报送中发挥了重要作用，随着经济建设和通信、计算机、网络和数字信息技术的快速发展，信息的采集传输处理方式发生了根本变化，水情报汛站点及报汛内容不断增加，报汛要求不断提高，该办法不能满足业务发展的需要。为及时、准确、有效地传输实时水情信息，2005 水利部分别颁布了新的《水

情信息编码标准》(SL 330—2005),2011 年对该标准进行修订。

江苏的水情信息传输工作在 20 世纪 90 年代初以前进行,主要依据邮电部门的电报网传输,各测站通过电话将水情信息以 5 位码形式报送至邮电局,由邮电部门以电报方式传送至各防汛部门,防汛部门通过电传机下载。为了方便、可靠地传输处理水情信息,省水文水资源勘测局于 1995 年开发了实时水情信息传输处理系统,开始采用公众数据交换网(X.25)取代电报网传输水情信息。随着计算机技术的发展,2005 年《水情信息编码标准》(SL 330—2005)取代《水文情报预报拍报办法》颁布执行,全国范围内取消了 5 位码传输水情信息,直接采用标识符加数据的编码方式传输水情信息。江苏省在编码研究及关键技术研究的基础上,依托全省防汛骨干网络及全国防汛骨干网,建设集语音报汛系统、水文遥测系统、水情信息传输处理于一体的江苏省实时水情信息传输处理系统。

目前,部水文局开发的水情信息交换系统在全国范围内统一使用,并替代了江苏省原有水情信息传输处理系统,采用 Oracle 数据库平台,通过库到库的数据交换,淘汰了译电环节,解决了以往人员投入大、占用时间多、解决问题慢,错报、漏报、迟报现象大量发生,以及无法实时报送测站基本信息、预报信息、统计信息等问题。新的水情信息交换系统基于 .Net Framework 技术框架,采用 Web Service 技术,实现"实时雨水情数据库表结构与标识符标准"(2011 版)中基本类、实时类、预报类、统计类等 4 类信息的实时交换功能。采用触发器及轮询的混合机制,在发送数据库平台内采用触发器机制将发生变动的信息(插入、修改及删除等)写入到待交换数据表中,采用轮询机制方式监控待交换的数据表,实现信息的交换,不影响原有业务系统的正常运行,不要求各节点之间的数据库平台完全统一;采用信息文件的模式利于人员掌握,且能够借鉴和采用现有的有关成果;发送节点可以灵活设置轮询的时间间隔,在保证数据迅速传输的情况下,尽量减少系统的开销。

为了提供友好的操作界面,利用 AJax 技术,实现良好的界面交互效果。通过该界面很直观捕捉信息接收、发送情况,并可以很便捷地进行水情信息交换配置、系统配置、信息补送及信息质量统计等工作。水情信息交换系统框架和界面分别如图 5.2 和图 5.3 所示。

2013 年 5 月 1 日起全省水位、雨量信息全部采用遥测信息报汛,2015 年江苏省水文水资源勘测局共向部水文局发送全部报汛站水情信息 1953 万份,是 2012 年 98 万份的近 20 倍,其中汛期共发送水情信息 1066 万份,是 2012 同期 37 万份的近 29 倍。

5.2.1.5 水情信息管理

近几年,江苏省加强了水情信息应用管理工作,开发了水情综合业务系统和实时水情分析评价系统。

水情综合业务系统建立了水情业务统一平台架构,实现了防汛防旱文档、传真邮件、阶段性材料、值班日志、短信的管理和发布等功能,规范了水情工作,提高了工作效率。

实时水情分析评价系统基于 WebGIS 的实时雨水情信息查询、雨量等值线绘制;实现了暴雨洪水统计、与历史暴雨洪水对比、暴雨洪水重现期计算等功能和雨水情报表及分析报告自动生成。

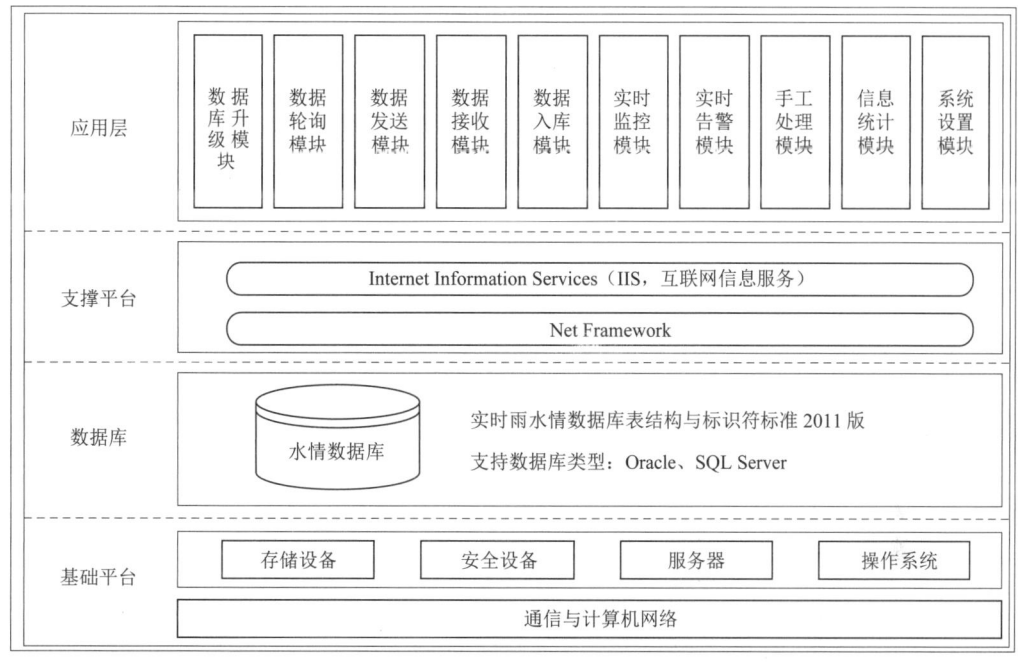

图 5.2　水情信息交换系统框架图

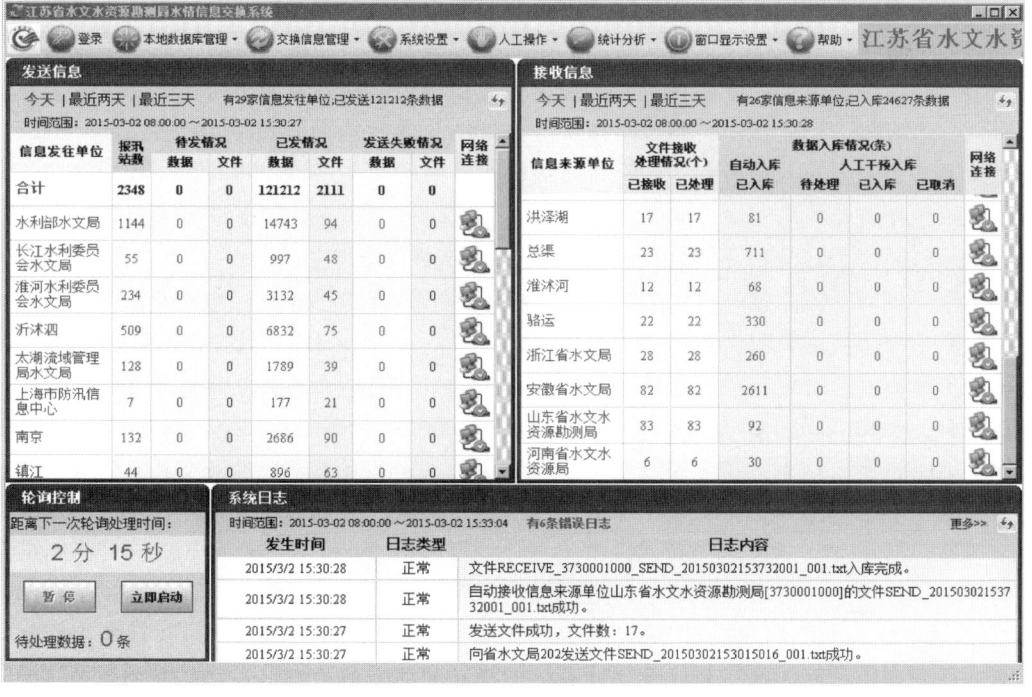

图 5.3　水情信息交换系统界面图

5.2.2 水文预报
5.2.2.1 水文预报方法概述

水文预报就是据已知的信息对未来一定时期内的水文状态做出定性或定量的预测，在防汛、抗旱、水资源开发利用、国民经济建设和国防等领域都有广泛的应用，经济效益巨大。

经过几十年的研究与实践，传统水文预报方法主要分为水文学方法和水力学方法两大类，江苏省已形成一整套适用的预报计算方法体系。由水文学方法提出的实用水文预报模型，主要有新安江模型、API 模型、基于 GIS 和 RS 的分布式水文气象耦合模型应用于全省大部分地区。实际的洪水预报过程中，一些数学方法建立的系统模型也有应用，如基于神经网络方法建立的 BP 神经网络模型；由水力学方法提出的太湖流域水动力学模型，在全省平原水网区得到广泛应用。

1. 水文学方法

水文学方法主要用于河段洪水预报、流域降雨产流预报、流域汇流过程预报三种类型及产汇流综合模型。

（1）河段洪水预报。河段洪水预报有相应水位（流量）预报和河段流量演算两种，相应水位（流量）预报是根据天然河道洪水波运动原理，分析洪水波在运动过程任一位相水位（相当于水位过程线上任一时刻的水位）自上站传播到下站时的相应水位及其传播速度的变化规律，即研究河段上下断面相应水位间和水位与传播速度之间的定量规律，建立相应水位间的相关关系，据此进行预报的一种简便的方法，这种方法主要适用于上下游水位（流量）关系较好的河道。

河段流量演算一般采用马斯京根法，马斯京根法是利用水量平衡方程和槽蓄方程联合求解的河道演算公式，广泛应用于河道汇流演算。模型适用于我国大部分地区，常与新安江模型等流域水文模型组合计算河系流量预报过程。

（2）流域降雨产流预报。流域降雨产流预报主要包括降雨径流相关图法和模型方法，在模型方法中根据流域地理和气候特性有蓄满产流和超渗产流，江苏地区一般用蓄满产流方法进行预报。

1）降雨径流相关法。降雨径流相关图法是在成因分析的基础上，用每次流域平均雨量和相应产生的径流总量，以及影响他们的主要因素所建立起来的一种定量相关图。主要相关因素一般为前期影响雨量，由于方法比较简单，又有一定的精度，在实际应用中比较广泛，是江苏省产流计算中用的最多的一种方法。根据洪水起涨的土壤含水量 P_a 值，把时段雨量 P 序列变成累积雨量序列，用累积雨量查出累积净雨，由累积净雨再转化成时段净雨量序列，通过 $P+P_a$ 与 R 关系曲线推求产流量。P_a 由前期雨量计算，也称前期影响雨量，是反映土壤湿度的参数。

2）蓄满产流法。适用于湿润地区的产流计算方法，流域上某个单位的产流深可以用水量平衡方程求出，蓄满产流的条件是降雨满足包气带的缺水量，使土壤含水量达到田间持水量，新安江模型就是蓄满产流方法的具体应用。蓄满产流法包括蒸散发计算、产流量计算和分水源计算三部分。

（3）流域汇流过程预报。流域汇流过程预报一般采用单位线法，包括经验时段单位线、瞬时单位线和地貌单位线。江苏省应用较多的有经验时段单位线，在无资料地区可以用地貌单位线。

1) 经验单位线。流域上分布均匀的1单位净雨直接径流产流量，所形成的直接径流过程线称为单位线。单位线法假定净雨在面上分布均匀，将流域作为整体，不考虑内部的不均匀性；又假定净雨与其形成的流量过程之间的关系满足倍比、叠加原理，将汇流视为线性时不变系统。单位线的概念由谢尔曼在1932年提出，几十年来得到了非常广泛的应用。在我国也是一种简明易用、效果较好的流域汇流方法。

单位线方法属于一种"黑箱子"方法，是由输入、输出的实测资料反演的。对于每一次降雨径流过程，均可推求出一条单位线，推求的唯一原则是输入通过单位线转换得到的系统响应误差最小（亦即过程线合理）。常用的推求方法有分析法、图解法、试错法或最小二乘法。流域"综合单位线"一般用流域多次洪水分别求出的单位线的综合平均值。

对于无资料地区，可以通过建立实测径流资料与流域自然地理特征相关关系来推求自然地理条件相似地区无观测资料流域的单位线。

2) 地貌单位线。流域中水质点汇流时间的概率密度分布函数等同于瞬时单位线，因此分析计算流域汇流单位线的基本思路：首先分析计算流域（包括离散后的形状不规则的计算单元或小流域）中各栅格内径流的滞留时间，然后根据汇流路径计算每一点的径流到达流域出口的汇流时间，推求瞬时单位线，最后转换成单位净雨的时段单位线。

(4) 产汇流综合模型。

1) 新安江模型。新安江模型是一个分散性模型，把流域分成多块，对每块分别计算产汇流，总和后求得出口断面流量过程。模型由蒸散发、产流、分水源和汇流4个模块组成。新安江模型产流计算同三水源蓄满产流模型、坡面汇流和河道汇流采用三水源的滞后演算模型。模型输入应具备降雨、流量观测资料。

2) API模型。API模型是指整个流域使用一个$P+P_a$与R关系计算产流，利用经验单位线等计算汇流，形成连续的出口断面流量过程的模型，适用于湿润半湿润地区。模型输入参见降雨径流相关图和经验单位线的模型输入条件，参数详见降雨江流相关图法和经验单位线模型法。一般呈山丘区地理特征、区域相对封闭的地区都比较适用该模型，如全省淮北地区。

3) 基于GIS和RS的分布式水文气象耦合模型。基于GIS和RS的分布式水文气象耦合模型通过DEM数字高程模型提取相关信息，并将各类信息网格化存储，作为流域水文模型的输入（如网格化的新安江模型、VIC模型）同时读取相关网格的气象信息（数值降雨预报、雷达雨量信息），然后逐个网格进行汇流计算。模型输入条件包括降雨、流量、蒸发等水文要素以及DEM数字高程模型、雷达影像等信息，可用于无资料流域的洪水预报以及中小型水库的水量预报。模型参数主要分为过程参数和地貌参数，过程参数可通过人工试错法、客观优选法及数学最优化方法进行率定，地貌参数通过对DEM数字高程模型分析提取获得。

4) BP神经网络模型。BP神经网络模型是基于BP算法并根据神经网络原理，将降雨、流量、水位等水文要素作为训练对象的一种数学模型，可用于缺乏流量观测资料而直接进行水位预报的断面。模型输入应具备降雨、水位或流量等观测资料。将流域前期降雨和预报断面的前期流量（或水位）作为 BP 神经网络的输入因子 x，断面当前流量（或水位）作为网络的输出因子 y。设（显著）影响预报断面流量的前期降雨时段数为 M，（显著）影响预报断面流量的前期流量时段数为 N，模型预见期为 L（$L>1$），即神经网络的输入为降雨 P_t-L、P_t-L-1、…、$P_t-L-M-1$，前期流量（或水位）Q_t-L、Q_t-L-1、…、$Q_t-L-N-1$，神经网络的输出为 Q_t。

BP 神经网络模型参数 M、N 和 L 采用试算的方法加以确定，即对 M、N 和 L 设置一定的范围（一般 M、N 可取 1～24 个时段，L 取 1～12 个时段），以网络运行一定次数时的模拟洪水与实测洪水的确定性系数最大化作为目标函数，确定 M、N 和 L 值。一旦 M、N 和 L 和网络参数确定，即可运用建立的模型对洪水进行实时预报。

2. 水力学方法

水力学主要研究液体平衡和运动规律，包括水静力学和水动力学模型。水动力学主要研究水流运动要素随时间和空间的变化规律。基于水流运动机理，建立洪水运动动力方程组，并用一定的数值方法求解而建立的模型称为水动力学模型，简称水力学模型。水力学模型从水流运动的物理规律出发，模拟计算洪水波的运动特性，随着计算机的普及，克服了运算工作量大的障碍，水动力模型越来越多的用于洪水演进模拟、溃口洪水计算、实时洪水预报及调度。在实际应用时，对水情信息准确性的要求较高，需要与水文学模型相配合以获取外边界条件，而且模拟计算精度一般不如水文学方法高，因此需与实时校正的计算方法结合提高预报精度。水动力学模型的基本方程是反映质量守恒定律的水流连续方程和反映动量守恒定律的运动方程联立组成，合称圣维南方程组。

水力学模型适用于江苏省太湖及里下河河网地区，如太湖流域河网水动力学模型。

5.2.2.2 洪水预报方案编制

江苏省水文水资源勘测局 2000 年以来，先后组织了全省 3 次预报方案的编写工作。编写工作如下：

（1）2005 年江苏省水文水资源勘测局参加了长江流域洪水预报方案汇编（第二版）编制，完成了境内秦淮河东山站洪水位预报、滁河晓桥站洪水预报、长江南京站高潮位预报、长江镇江站高潮位预报、长江江阴站潮位过程预报等 5 个方案编制。秦淮河东山站和滁河晓桥站是建立 $P+P_a$ 与 R 相关图进行洪水预报和预报精度为丙等；南京和镇江高潮位预报是建立长江上下游水位相关法，利用多元回归方程进行预报，预见期 24h 以上，预报精度均为甲等；长江江阴站潮位预报是根据实测逐时数据与对应的吴淞站天文潮汐表建立直线相关关系，通过建立数学模型并进行实时校正预报江阴站潮位过程，预报精度达 89%。

（2）2007 年省水文水资源勘测局编写了淮河流域实用水文预报补充方案，主要江河断面有怀洪新河峰山（双沟）站、濉河泗洪站、老濉河泗洪站、徐洪河金锁镇站、入江水道高邮湖水位预报、复新河李楼闸、复新河丰县闸、沿河沛城闸等断面洪水预报，产流采用降雨径流相关图法（$P+P_a$ 与 R），汇流采用汇流单位线法，预报精度在乙等和丙等之间。

（3）省水文水资源勘测局编写沂沭泗流域水文预报方案（2001 年）及沂述泗流域水文预报方案修编（2011 年），主要预报断面有沂河港上站、中运河运河站、房亭河刘集闸站、老沭河新安站、骆马湖、新沂河沭阳站、新沂河沭东段、新沂河海口枢纽、新沭河石梁河水库、厚镇河安峰山水库、青口河小塔山水库等，2011年修编方案新增了骆马湖水位预报。产流采用降雨径流相关法（$P+P_a$ 与 R），河道汇流采用马斯京根法，区间汇流采用单位线法，预报精度在乙等和丙等之间。

5.2.2.3　主要预报系统

江苏省水文预报先后建立了多种预报系统，目前实际投入应用的预报系统主要有太湖预报系统、骆马湖预报系统、江苏沿海沿江潮位预报系统、秦淮河流域洪水多模型集合预报、中小河流预警预报系统等。

1. 太湖预报系统

太湖预报系统是江苏省太湖地区防洪调度系统的子系统，该系统主要建立洪水预报机制，完成对重要江河、防洪地区以及水库的具有不同预见期和不同预报精度的洪水预报和风暴潮预报，为防洪调度提供依据。

在本系统开发中主要包括建立太湖水位预报模型、沿江口门潮位过程预报模型、山丘区产汇流预报模型、平原区产耗水量预报模型、重点防洪控制水位预报模型、实时洪水预报校正模型以及预报计算所依据的数据预处理模块、预报结果存储及发布模块和洪水预报子系统软件的开发。

系统于2008年12月开始调试系统，2009年5月完成了预报模型细化和集成调试，在江苏省水文水资源勘测局进行部署，进入试运行阶段。2009年12月，系统在省防办进行了部署。采用太湖地区实测分区逐日气象部门定量降雨预报结果及太浦闸、望亭立交、望虞闸逐日8时报汛流量资料进行实时预报。系统经过13个月的试运行。2010年正式用于日常预报工作，预报结果作为防汛决策依据。

洪水预报包括预报模型选择、实时预报计算、实时预报结果输出和保存等。可进行一日洪水预报，也可连续演算数日洪水预报，给出洪水未来发展的定量结果或定性趋势。

采用基于DEM的数字水文模型、新安江流域水文模型、河网水动力学模型等所构成的模型群作为流域洪水预报的模型。开发基于地理信息系统的实时洪水预报软件进行作业预报，具体预报内容如下：

（1）太湖水位预报。太湖水位是指望亭太、西山、夹浦、小梅口、大浦口5站平均水位，太湖水位预报是指太湖5站平均水位预报。

（2）重点防洪控制水位预报。采用产汇流模型及河网水动力学模型结合的流域综合性预报模型。主要预报节点为溧阳、宜兴、丹阳、金坛、王母观、访前、青阳、常州、常熟、昆山、湘城、苏州、瓜泾口、琳桥、陈墓、无锡南门、望亭（太）、甘露、平望。

系统为实现以上水位预报，为预报模型提供了三种边界条件的预报，分别是沿江沿海口门潮位过程预报、山丘区产汇流预报、平原区产耗水量预报。沿江沿海口门潮位过程预报，主要利用前期实测资料预报沿江口门镇江、江阴、天生港、徐六泾、浏河、吴淞等站和其他站次日和数日逐时潮位过程；山丘区产汇流预报，主要预报山丘区各子流域或计算分区的降雨径流过程，为平原河网水动力学预报模型提供流量边界条件；平原区产耗水量预报，主要预报平原区各计算分区的产耗水量过程，为平原河网水动力学预报模型提供旁侧流量边界条件。

太湖预报系统具有实时洪水预报校正功能，考虑预报误差规律对预报结果的修正和对流域产汇流状态的修正两个方面。

本系统连接江苏省实时水文数据库，将预报结果自动保存和发布到预报专用数据库中，并提供基于B-S结构的查询。

2. 骆马湖预报系统

骆马湖预报系统包括沂河的临沂到港上以及港上到苗圩站的预报方案、中运河运河站水文预报方案、骆马湖区间预报方案、刘集闸水文预报方案，将4个预报方案进行集成，形成一个耦合的整体预报方案。

系统根据预报边界的不同，整合组成不同预报方案专题。港上预报包括临沂—港上河段演算、港上—苗圩河道演算；运河预报包括韩庄—台儿庄河段演算、运河区间产流 $P+P_a$ 与 R、运河区间汇流；骆马湖区间主要为区间产汇流预报。

本系统基于河网水动力学预报模型，由河海大学开发而成，并于2013年6月正式上线运行，可以通过人工交互进行作业预报，与太湖预报系统一样，骆马湖预报系统连接江苏省水文数据库，将骆马湖水位预报结果自动保存和发布到预报专用数据库中。

3. 江苏沿海沿江潮位预报系统

采用自动分潮优化调和分析预报方法，在江苏首次建立了江苏沿海闸下水位站的天文潮预报系统（简称系统）。系统根据逐时观测资料，按最小二乘求得各分潮调和常数后，即可用于推算任意日期的潮位。采用"自动分潮优化调和分析及预报"模式，即自动分潮优化方法，从大量分潮中，挑选出振幅大、对该站潮位有较大影响的分潮，组成对推算点潮位影响显著的分潮系列进行预报。实际检验表明，按分潮优化方法进行的潮汐推算，比固定分潮预报模式的精度高。利用此方法在江苏首次建立了沿海闸下水位站的天文潮预报系统，该系统已成功应用于连云港、燕尾港等站天文潮预报，经验证，其预报精度不仅达到了水利部颁布的《水文情报预报规范》（GB/T 22482—2008）规定的精度要求，也高于国家海洋局编制的《潮汐表》预报精度，表明采用自动分潮优化调和分析预报方法可以解决江苏沿海闸下潮位预报的以及沿江受潮汐影响明显的河段潮位预报。

4. 秦淮河流域洪水多模型集合预报

秦淮河流域洪水多模型集合预报技术与应用研究采用基于混合线性回归模型的统计相关方法建立东山站水位统计相关预报模型，进行了逐日水位预报；根据秦淮河流域丘陵及平原河流特征，建立了基于遥感及地理信息系统的新安江分布式水文预报模型，根据秦淮河流域的地形、水系及产汇流特点，建立了基于考虑降水分布不均性和下垫面条件非均匀一致性的基础上的HEC-HMS半分布式次降雨径流模型。根据3套预报模型的特点，研究各模型在秦淮河流域的适用性，构建了秦淮河流域水文预报模型库。运用贝叶斯模型平均（BMA）方法，研制了基于统计相关模型及新安江模型的集合预报系统，充分利用不同模型的各自优势进行集合预报，最大限度地降低单个水文预报模型的不确定性，保证洪水预报具备较高的预报精度，提供预报洪峰流量（水位）的置信区间或出现概率。

秦淮河流域预报模型于2013年完成研发，并投入到实际应用中。

5. 中小河流预警预报系统

中小河流预警预报系统建设的总体目标是以实时水雨情、气象产品等数据的采集、存储和管理为基础，运用先进信息技术，以中小河流预警预报业务为核心，建立服务于洪水预报、预警分析发布、测站管理的信息化作业平台和决策会商支撑环境，确保中小河流发生洪水时能及时预警，提高洪水预报精度和延长预见期，提升水文服务能力和服务水平，为江苏省中小河流防洪减灾、水资源开发利用与保护、中小水库的安全运行提供决策依据。

江苏省中小河流预警预报系统主要包括洪水预报系统和预警发布系统两个部分。

系统将全省分为沂沭泗、淮河、里下河、长江-通南沿江、长江-滁河、长江-秦淮河、长江干流及太湖 8 个大预报区域，预报方案采用 API 模型、新安江模型、潮汐模型、平原河网模型等。

（1）洪水预报系统。利用实时水雨情数据库、遥测数据库、历史水文数据库等数据库为数据基础，在系统专用数据库和模型库的支持下，构成洪水预报系统的体系结构。功能主要包括历史数据管理、水位-流量关系曲线、分布式水文模型预报、自动预报、模型管理、预报方案管理、方案构造、参数率定、预报功能、气象预报成果应用、WebGIS 功能、数字高程模型数据等 11 大功能模块。

（2）预警发布系统。预警发布系统是一套集预警分析、预警信息发布等综合业务过程于一体的预警系统，系统采用 GIS 为可视化平台，依托预警模型及算法，对中小河流进行水位、流量、雨量进行地图预警，并通过闪烁、声音提示、弹出窗口、手机短信等提示工作人员，同时预警结果可采用自动或手动方式及时发布预警。具体功能提供功能包括数据读取、指标分析、预警分级、生成预警信息、预警列表、预警图示、测站预警指标模型管理、预警部门管理、预警人员管理、短信发布管理、手动发布设置、发布模板设置、发布记录、预警终端设备管理、短信队列管理等功能。

5.2.2.4 洪水预报典型实例

目前全省已开展的主要河湖水文作业预报有太湖水位、洪泽湖蒋坝水位，骆马湖杨河滩闸水位，长江高京站高潮位、镇江站高潮位、江阴站潮位过程、天生港高潮位、运河及港上洪水预报等。下面以运河水文站、南京潮位站和太湖平均水位为实例，介绍流域产汇流预报、感潮河段潮位预报和流域水动力模型预报的基本方法。

1. 流域产汇流预报——运河水文站洪水预报

运河是连接南四湖及骆马湖的纽带，运河水文站坐落在邳州市运河镇，区间集水面积 6102 km^2，同时还承接南四湖面积为 31700 km^2、会宝岭水库面积为 418 km^2 及江风口分沂入运的来水。运河水文站以上流域内，北部为山丘区，坡度大，水流湍急，邳州市北部地势低洼，运西地区为平原，水势较平缓，流域内闸坝众多，洪水受人类活动影响较大，受骆马湖水的顶托影响，河道具有平原河道的特性，洪水缓涨缓落。

运河水文站的洪水预报对减轻两岸洪水造成的灾害具有重要意义，预报精度直接影响到下游骆马湖的洪水调度，中运河为骆马湖的主要来水水源，也可根据预报成果，对南四湖的韩庄闸的泄量进行反控制，使洪水安全过境。

2005 年 9 月 30 日，受冷暖空气的共同影响，在运河区间流域普降暴雨，2—8 时流域平均降雨 39.3mm，流域前期影响雨量 76.1mm，土壤湿润，河槽底水流量大，南四湖韩庄闸放水 1800m^3/s，运河前期流量 2100m^3/s。

具体预报过程如下：首先确定运河流域降雨 P（39.3mm）及前期影响雨量 P_a（76.1mm），运用运河流的产流方案 $P+P_a$ 与 R 关系，得出径流深 $R=27$mm，根据运河站汇流经验单位线，求出区间洪水过程，再应用马斯京根法选择参数 $k=28$、$x=0.1$、$\Delta t=6$h，把韩庄闸的放水流量演算到运河站，区间过程与演算过程合成，得出预报成果（9月30日9时发布）：10月1日14时前后运河水文站将出现 $2600\sim2700\text{m}^3/\text{s}$ 的洪峰流量，最高水位 $25.4\sim25.5$m。运河站实测结果是10月1日18时30分出现 $2680\text{m}^3/\text{s}$ 的洪峰流量，最高水位 25.51m。洪峰出现时间误差4小时30分，流量误差为0，最高水位误差 0.01m，根据水文情报预报规范预报结果评定为优秀。该场洪水为1974年以来最大洪水，超过 $2000\text{m}^3/\text{s}$ 的警戒流量和 25.5m 的警戒水位。

根据预报成果，防汛部门采取了防洪措施：一是调度抢险队在运河大堤进行逐段检查，24h有人值守，防止大堤出险；二是根据骆马湖及运河的实际情况，对南四湖韩庄闸进行反控制；三是加大骆马湖的泄量，预腾库容。

2. 感潮河段潮位预报——南京站高潮位预报

南京站位于长江干流下游南京市南岸，距离长江入海口约370km，南京潮位既受上游径流影响，又受下游潮汐影响，为非正规半日潮混合型，每日两涨两落，涨潮历时约3h47min，落潮历时为8h38min，半潮周期为12h25min。南京潮位与上游大通水位、下游吴淞潮位有明显的相关关系，通过建立与上下游相关因子的多元回归方程，进行南京潮位预报，效果显著。

2010年6—8月，长江下游出现了两次大的洪水过程，南京站出现了1999年以来的最高潮位9.33m，超过警戒水位0.83m。

应用多元回归方法对南京站高高潮位预报进行多因子相关分析，建立多元回归方程，最后应用5因子滚动率定的回归模型，对2010年6月24至7月5日和7月8日至8月8日南京高高潮位进行了滚动预报，预报效果十分明显，预报精度全部满足水文情报预报规范要求。

具体过程如下：

(1) 建立多元回归方程：

$$H_{2,t}=k_1\times H_{2,t-\theta}-k_2\times H_{1,t-36}+k_3\times H_{1,t-24}+k_4\times H_{3,t-11}-k_5\times H_{3,t-11-\theta}-b \tag{5.3}$$

式中：$H_{2,t}$ 为南京站高高潮；$H_{2,t-\theta}$ 为南京站前一个高高潮；$H_{1,t-36}$ 为大通站前36h水位；$H_{1,t-24}$ 为大通站前24h水位；$H_{3,t-11}$ 为吴淞站高高潮；$H_{3,t-11-\theta}$ 为吴淞站前一个高高潮；k_1、k_2、k_3、k_4、k_5 为回归系数；b 为常数。

根据6月2—23日南京实测潮位、大通相应水位和吴淞高潮位共22组数据建立回归方程为

$$H_{2,t}=0.24H_{2,t-\theta}-0.23H_{1,t-36}+0.74H_{1,t-24}+0.43H_{3,t-11}-0.21H_{3,t-11-\theta}-1.21 \tag{5.4}$$

式中：$H_{2,t}$ 为南京站高高潮；$H_{2,t-\theta}$ 为南京站前一个高高潮；$H_{1,t-36}$ 为大通站前36h水位；$H_{1,t-24}$ 为大通站前24h水位；$H_{3,t-11}$ 为吴淞站高高潮；$H_{3,t-11-\theta}$ 为吴淞站前一个高高潮。

(2) 预报操作：实际预报中，当实测潮位明显高于以往率定的最高潮位时，采用滚动率定方程的系数，即将新的实测数据增加进来，进行率定，得到新的回归方程。如 7 月 14 日高高潮预报是采用 6 月 2 日至 7 月 13 日数据率定的系数进行预报，7 月 16 日至 8 月 8 日是根据 6 月 2 日至 7 月 15 日数据率定的回归模型进行预报。

(3) 预报结果：由表 5.5 南京高高潮预报结果知，大多数预报误差仅在 0.05m 以内，7 月 15 日预报最高潮位 9.34m，与实际出现最高潮 9.33m，仅相差 0.01m。7 月 12—13 日，南京高高潮预报值较实际值分别偏低 0.14m 和 0.24m，主要原因是大通至镇江段区间 7 月 11—12 日普降暴雨和大暴雨，导致区间汇水增加，引起南京站潮位抬高所致。

表 5.5　　　　2010 年 7 月 8—23 日南京高高潮潮位预报结果　　　　单位：m

时间	南京实测高高潮	预报值	预报误差	时间	南京实测高高潮	预报值	预报误差
2010-07-08 7:50	8.06	8.08	0.02	2010-07-24 9:40	8.85	8.84	-0.01
2010-07-09 9:00	8.18	8.08	-0.10	2010-07-25 10:50	8.89	8.89	0.00
2010-07-10 9:20	8.27	8.28	0.01	2010-07-26 11:00	8.93	8.92	-0.01
2010-07-11 10:05	8.43	8.36	-0.07	2010-07-27 11:00	8.93	8.95	0.02
2010-07-12 10:40	8.84	8.70	-0.14	2010-07-28 11:45	8.83	8.88	0.05
2010-07-13 11:00	9.16	8.92	-0.24	2010-07-29 12:00	8.90	8.89	-0.01
2010-07-14 11:50	9.31	9.35	0.04	2010-07-30 12:30	8.89	8.87	-0.02
2010-07-15 12:40	9.33	9.34	0.01	2010-07-31 13:30	8.84	8.88	0.04
2010-07-16 13:30	9.22	9.18	-0.04	2010-08-01 14:15	8.79	8.76	-0.03
2010-07-17 14:00	9.14	9.16	0.02	2010-08-02 14:35	8.67	8.73	0.06
2010-07-18 14:50	9.00	9.01	0.01	2010-08-03 3:30	8.66	8.68	0.02
2010-07-19 16:05	8.84	8.88	0.04	2010-08-04 4:10	8.58	8.58	0.00
2010-07-20 5:20	8.89	8.92	0.03	2010-08-05 6:00	8.53	8.54	0.01
2010-07-21 6:40	8.76	8.79	0.03	2010-08-06 7:20	8.52	8.49	-0.03
2010-07-22 7:55	8.74	8.78	0.04	2010-08-07 8:00	8.53	8.57	0.04
2010-07-23 9:35	8.75	8.76	0.01	2010-08-08 8:50	8.53	8.57	0.04

模型的预见期一般在 11h 之内，若利用大通站报汛资料和吴淞站天文潮预报资料，模型预见期可达 24h；若利用大通站未来预报水位和吴淞天文潮预报，则模型预见期更长，可预报南京站 3～5d 高高潮，但预报精度将受到大通水位与吴淞潮位预报精度的影响。

3. 河网水动力模型预报——太湖平均水位预报

太湖流域地处长江三角洲核心区域，东临东海，北抵长江，南滨钱塘江，西以天目山、茅山等山区为界，总面积 36895km²，太湖是流域内调节水量最大的天然湖泊，水面积 2338 km²，太湖多年平均水位 2.99m，警戒水位 3.80m，历史最高水位 4.97 m。太湖洪水主要来自流域内的浙江西部山区来水和省内湖西区来水，太湖洪水的主要出路有望虞河和太浦河两条，太湖流域在江苏省大部分为典型的河网地区，河道纵横、水系复杂，河道间水力联系密切。

太湖流域水动力模型由山丘部分的水流模拟和平原地区水流模拟两部分组成。山区部分采用三水源新安江模型模拟。平原地区的水流运动模拟主要由产流模型、坡面汇流模型、河网水动力学模型组成。在太湖流域，根据流域特征将流域分为湖西山丘区、浙西山丘区和平原区三部分。太湖流域水动力学模型逻辑结构图如图5.4所示。

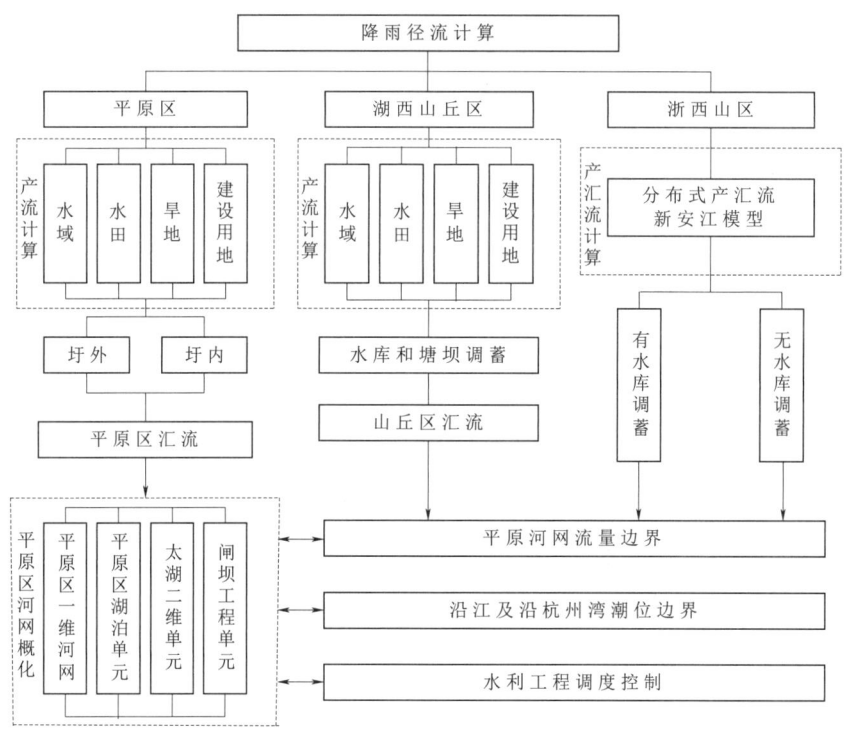

图 5.4 太湖流域水动力学模型逻辑结构图

在实际利用模型预报当中，首先要获取气象数值预报，模型将太湖流域分为浙西区、杭嘉湖区、湖西区、武澄锡虞区、阳澄淀泖区、浦西区、浦东区及太湖湖区，输入未来3天区域的雨量数值预报。2015年6月苏南地区出现3次暴雨过程分别是6月1—2日、6月15—17日、6月24—30日，后两次暴雨导致苏南地区出现超历史最大洪水过程。具体预报过程如下：

（1）边界条件输入，利用太湖流域水动力模型对太湖平均水位进行预报，如2015年6月29日8时获取的降雨数值预报成果见表5.6。望虞闸调度、太浦闸排水默认未来3天都是2015年6月29日8时实测流量578m³/s、309m³/s，望亭立交未排水。模型边界条件输入完毕。

表 5.6 2015年6月28日8时获取的降雨数值预报成果

时间	浙西区	杭嘉湖区	湖西区	武澄锡虞区	阳澄淀泖区	浦西区	浦东区	太湖湖区
2015-06-29 8:00	14	13	15	44	18	0	0	5
2015-06-30 8:00	10	12	14	11	17	31	31	18
2015-07-01 8:00	0	0	0	0	0	0	0	0

(2) 进行模型计算预报，系统提供的模型直接运行产生各个接点的预报水位。

由表 5.7 和图 5.5 可以看出，预报精度较高，预报误差较小，大多数预报误差控制在 0.03m 以内，当然由于降雨预报的误差，误差也随降雨数值预报的误差偏大而偏差较多。

表 5.7　　　　　2015 年 6 月 30 日至 8 月 5 日太湖平均水位预报结果　　　　　单位：m

时　　间	实测值	预报值	预报误差	时　　间	实测值	预报值	预报误差
2015－06－30 8:00	3.92	3.92	0.00	2015－07－30 8:00	3.90	3.95	－0.05
2015－07－01 8:00	3.97	3.98	－0.01	2015－07－31 8:00	3.86	3.87	－0.01
2015－07－20 8:00	4.00	4.01	－0.01	2015－08－01 8:00	3.82	3.84	－0.02
2015－07－03 8:00	4.00	4.00	0.00	2015－08－02 8:00	3.79	3.82	－0.03
2015－07－04 8:00	4.00	4.01	－0.01	2015－08－03 8:00	3.75	3.79	－0.04
2015－07－05 8:00	3.99	4.00	－0.01	2015－08－04 8:00	3.72	3.73	－0.01
2015－07－06 8:00	3.99	4.00	－0.01	2015－08－05 8:00	3.68	3.70	－0.02

图 5.5　2015 年太湖平均实测与预报过程值对比图

6 水量与水质分析技术

水量与水质分析是根据水历史和现状自身属性,分析研究自然界水的量和质发展变化的规律,正确估计水文要素的特征,并对它们在未来长时期内可能发生的变化情况作出概率预估,从而为防汛排涝、水资源开发利用和管理保护、涉水工程规划设计和施工运行以及其他国民经济建设提供必要的水文依据。分析技术随着水文工作领域的不断拓宽、社会需求的不断扩大、科学技术的不断进步而逐步丰富与完善。按水文不同发展时期,水文研究的内容不同,所采用的技术方法、技术手段也不同。

6.1 水文分析与计算

水文分析与计算是为防洪排涝、水资源开发利用和其他有关工程的规划、设计、施工和运行,提供符合规定设计标准水文数据成果的技术总称。

随着社会经济发展的需要,水文分析计算的技术和手段不断提升,全省水文系统开展了设计暴雨洪水分析、年径流分析、蒸发量分析、潮水位潮型分析、水资源调查评价、水资源供需平衡预测等水文分析计算工作,先后编印了《江苏省水文统计》《江苏省水文手册》《江苏省暴雨洪水图集》《江苏省暴雨参数图集》等水文工具书以及《废黄河水文分析计算》《长江干流江苏段防洪设计潮位分析计算》等一大批水文专题报告,提出了许多有实用价值的分析成果。

6.1.1 水文统计

水文现象和其他一切自然现象一样,在它的发生、发展过程中,既有确定性的一面,也有随机性的一面。天文和宏观地理因素决定各条河流的水文情势都有以年为周期的循环性和明显的季节性,这是水文现象的确定性;大气环流的变化,降水的时空分布、蒸发,植被以及土地利用状况等,这些种类繁多、组合复杂多变的影响,使水文现象在其稳定的年、季变化背景下,不断发生各种随机偏差,这是水文现象的随机性。

由于水文现象具有显著的随机性,因此,概率统计方法在水文学的各个方面都得到了广泛的应用。水文统计就是凭借较长时期观测的水文气象资料(样本),采用概率论及数理统计学的原理和方法研究水文事件发生规律的一种技术途径。水文统计的任务就是研究和分析水文随机现象的变化特征,并以此为基础对水文现象未来可能发生的事件做出概率意义上的预估,以满足防洪排涝、水资源开发利用和其他有关工程的规划、设计、施工和运行的需要。

水文统计分析方法主要是水文频率计算和相关分析。

6.1.1.1 水文频率计算

水文频率分析是根据某水文现象的统计特性,利用现有水文资料,分析水文变量设计值与出现频率(或重现期)之间的定量关系。水文频率分析的主要包括利用现有水文资料组成样本系列,选择合适的频率曲线线型和估计它的统计参数,根据所绘制的频率曲线推求相应于各种频率(或重现期)的水文设计值。

1. 样本系列

样本系列是水文频率分析的基础。无限个成因相同、相互独立的同类水文变量的集合称为该水文变量的总体。这个总体是未知的,现有水文资料只是过去发生过的和今后可能发生的整个总体中的一个样本。把现有水文资料的水文变量按大小次序排列组成一个系列,称为样本系列,其中所含水文变量的项数(系列长度)称为样本容量。系列越长,样本容量越大,误差越小,反之误差越大。

2. 水文频率曲线线型

水文变量为连续型随机变量,而这类变量的概率分布,可以通过概率密度函数和分布函数来表示。国内外水文计算中使用的概率分布曲线常用的可分为正态分布型(包括正态分布、对数正态分布及三参数对数正态分布等)、极值分布型(包括耿贝尔分布、通用极值分布及韦布尔分布)、皮尔逊Ⅲ型分布(包括皮尔逊Ⅲ分布、对数皮尔逊Ⅲ分布)三种类型。

在水文实际工作评经验选择频率曲线线型,即根据实测水文资料经验频率分布情况与选配的曲线拟合的好坏来判断理论曲线是否适当。一般来说,选配线型根据的原则一是理论密度曲线的形状应大致符合水文现象的物理性质,曲线一端或者两端应该有限,不应出现负值;二是概率密度函数的数学性质简单,计算方便,同时应该有一定的弹性,以便有广泛的适应性,但又不宜包含过多的参数。

在江苏省应用比较多的是正态分布、皮尔逊Ⅲ型分布。

(1)正态分布。自然界中许多随机变量如水文测量误差、抽样误差等一般服从或近似服从正态分布。其概率密度函数为

$$f(x) = \frac{1}{\sigma\sqrt{2\pi}} e^{\frac{(x-\bar{x})^2}{2\sigma^2}} \quad (-\infty < x < \infty) \tag{6.1}$$

式中:$\bar{x}$ 为平均数;σ 为标准差;e 为自然对数的底。

正态分布曲线如图 6.1 所示。

正态分布的密度曲线具有三个特点:

1)单峰。
2)关于均值 $\bar{x}$ 对称,即 $C_s = 0$。
3)曲线两端趋于无限,并以 x 轴为渐近线。

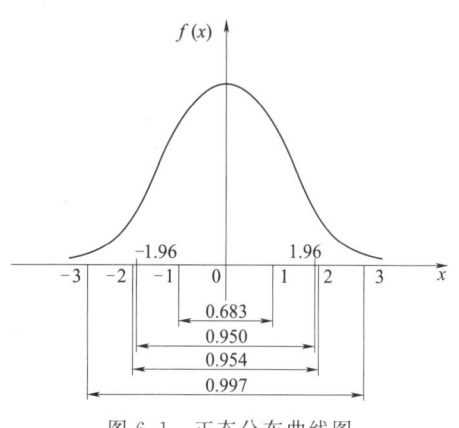

图 6.1 正态分布曲线图

若某个变量服从正态分布,只要求出均值和均方差则分布便可确定。正态频率曲线在普通格纸上是一条规则的S形曲线,它在$P=50\%$前后的曲线方向虽然相反,但形状完全一样。水文计算中常用的"频率格纸",其横坐标的分划就是按把标准正态频率曲线拉成一条直线的原理计算出来的。

(2) 皮尔逊Ⅲ型分布(P-Ⅲ分布)。P-Ⅲ分布是一条一端有限一端无限的不对称单峰、正偏曲线($C_s>0$),数学上常称伽玛分布,其概率密度函数为

$$f(x)=\frac{\beta^\alpha}{\Gamma(\alpha)}(x-a_0)^{\alpha-1}\mathrm{e}^{-\beta(x-a_0)} \tag{6.2}$$

式中:$\Gamma(\alpha)$ 为 α 的伽玛函数,$\Gamma(\alpha)=\int_0^\infty x^{\alpha-1}\mathrm{e}^{-x}\mathrm{d}x$;$\alpha$、$\beta$、$a_0$ 为三个参数,其中 $\alpha=\dfrac{4}{c_s^2}$、$\beta=\dfrac{2}{\bar{x}c_y c_s}$、$a_0=\bar{x}\left(1-\dfrac{2c_y}{c_s}\right)$。

皮尔逊Ⅲ型概率密度曲线如图 6.2 所示。

由于 $\Gamma(\alpha)$ 只有在 $\alpha>0$ 时收敛,所以 P-Ⅲ型分布只适用于 $\alpha>0$ 的场合,若 $\alpha<0$,则 C_s 变成虚数,无意义。而当 $\alpha=0$ 时,$C_s=\pm\infty$;当 $\alpha\to\infty$ 时,$C_s=0$。因此可知,α 和 C_s 指域分别为 $0<\alpha<\infty$、$-\infty<C_s<\infty$。当 $C_s>0$ 时,概率密度曲线为正偏,长尾在右,符合 P-Ⅲ型分布;$C_s=0$ 时,概率密度曲线就变成对称分布,就是正态分布;$C_s<0$ 时,概率密度曲线就变成复偏,长尾在左,不符合 P-Ⅲ型正偏分布特性。物理上由于水文变量应有有限的下限,所以水文学上一般采用 $C_s>0$。

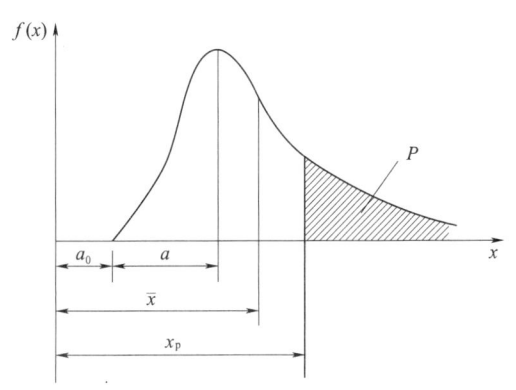

图 6.2 皮尔逊Ⅲ型概率密度曲线

当 $C_s\geqslant 2$ 时,P-Ⅲ曲线呈乙字形,意思指变量在极小值附近取值机会最大,这个不符合水文现象的物理规律,因为对于一般的水文变量,特大值和特小值出现的机会很小,而中间值出现的机会比较多,即概率权限应该为铃型,因此有人认为 $C_s\geqslant 2$ 时,P-Ⅲ分布不适合水文应用。但在实际应用中,我们常不受此限制。

另因为多数水文数据的最小值大于 0,所以此时 $C_s\geqslant 2C_v$。

目前,我国水文频率分析计算一般都采用 P-Ⅲ分布,《水利水电工程设计洪水计算规范》(SL 44—2006)中规定,频率计算的线型一般采用 P-Ⅲ曲线。

3. 参数估计

每一种概率分布都包含若干参数,选定线型后,还必须确定其中的参数,才能进行频率计算。

在概率分布函数中都包含一些表示分布特征的参数,例如正态分布中包含均值与方差两个参数,P-Ⅲ分布曲线中就包含有 $\bar{x}$、C_v、C_s 三个参数。水文频率曲线线型选定以后,为了具体确定出概率分布函数,就得估算出这些参数。由于水文现象的总体通常是无限

的，无法取得，这就需要用有限的样本观测资料去估计总体分布线型中的参数，故称为参数估计。

由样本估计总体参数的方法有很多，如矩法、三点法、概率权重矩法、极大似然法、权函数法、单权函数法、双权函数法、线性矩法以及适线法等。由于江苏省水文频率计算时一般采用 P-Ⅲ型曲线，采用矩法、适线法、优化适线法、设计值计算进行参数估算。

(1) 矩法。矩法是用样本矩估算总体矩，并通过矩和参数间的关系，来估计频率曲线参数的一种方法。P-Ⅲ型曲线有三个参数，即 $\bar{x}$、C_v、C_s，水文统计上常用无偏估值公式来进行总体参数的估算，公式如下：

$$f(x) = \frac{1}{\sigma\sqrt{2\pi}} e^{-\frac{(x-\mu)^2}{2\sigma^2}} \quad (6.3)$$

式中：μ 为均值；σ 为方差；e 为常数，约为 2.7。

当样本数量足够大时，样本矩才接近总体矩，用有限的样本来估计总体的统计参数总会出现一定的误差，这就是抽样误差。现实中，水文系列的样本相对还是较小，因此必然会产生误差，这种误差在水文上称为求矩差，其中 C_s 是三阶中心矩的函数，要用样本的三阶矩估计，误差是很大的。因此，在实际工作中，矩法计算的参数只是作为适线法的参考数值，并且 C_s 不进行计算，而是根据经验假定 C_s 为 C_v 的某一倍数。

(2) 适线法。适线法参数估计中的水文统计法之一，它是一种图解法，是集线型选配和参数估计于一体的方法，是以经验频率点距为基础，在一定的适线准则下，求解与经验点距拟合最优的频率曲线参数，这是一种较好的能满足水文频率分析要求的估计方法。从中华人民共和国成立初期就开始应用于水文计算中，目前仍是我国估计洪水频率统计参数的主要方法。

适线法其基本思想是根据计算样本经验频率点据，并假定样本符合某种已知的分布模型（我国基本采用 P-Ⅲ型曲线），找出配合最佳的拟合曲线，此时与之相应的分布参数即为总体分布参数的估计值。

目估适线法计算步骤如下：

1) 点绘经验点据。将变量按大小排序，用期望值公式估计经验频率，以经验频率为横坐标、变量为纵坐标，点绘经验频率点据。

2) 选定水文频率分布模型（我国基本采用 P-Ⅲ型曲线）。

3) 假定一组参数 C_v、C_s，为了使假定值大致接近实际，用矩法计算 C_v，并假定 C_s 与 C_v 的比值估算 C_s，一般地，对于年径流其比值可采用 2～3，对于暴雨和洪水采用 2.5～4。

4) 根据初定的 C_v 与 C_s 计算频率曲线，并与经验频率点绘在同一张图上，若配合不理想，则调整参数（一般调整 C_s）再次配线，直至配合较好为止。

5) 选择一条与经验点据配合最佳的曲线作为采用曲线，并将该曲线的参数作为总体参数的估计值。

用适线法得到的参数成果仍然存在抽样误差，而这种误差目前还难以精确估算，因此对于工程上最终采用的频率曲线及参数，不能仅仅依据水文统计来分析，而且还要密切结合水文现象的物理成因及地区规律进行综合分析得出。

实际上，随着计算机技术的日益普及，广大的水文科技工作者编制了不少 P-Ⅲ 型水文频率分析应用软件，由于 Excel 软件具有良好的数据存储、计算和绘图功能，因此较多的是利用 Excel 软件为平台编制的水文频率计算软件。此软件省去了大量人工手算点绘的工作量，使频率分析计算工作变得尤为轻松，但是尤其要注意的是，结果要注意符合水文现象的物理规律。

（3）优化适线法。实际工作中还常采用优化适线法来进行总体参数的估计。这种方法是在一定的适线准则（即目标函数）下，求解与经验点据拟合最优的频率曲线的参数的方法。按不同的适线准则分为 3 种，即离差平方和最小准则（OLS）、离差绝对值和最小准则（ABS）及相对离差平方和最小准则（WLS）。近年来，随着水文科技的不断进步，国内又有水文学者引进了遗传算法、模糊数学法等方法用于优化适线，但目前江苏省很少使用。上述几种方法中，由于 OLS 法（又称最小二乘估计法）估计所得的参数和目估适线法的结果最为接近，所以是水文常用的方法之一。该法使经验点据与同频率的频率曲线纵坐标之差的平方和达到最小，避免了目估适线法因人而异而带来的结果的不确定性或任意性，但是水文现象不是简单的数学公式，不论用何种方法，必须结合洪水的特征作合理性分析才能最终采用。

（4）设计值计算。在水利建设早期，水利设施主要以防洪为目的，人们常用历史上出现过的某次大洪水或者安全系数作为设计标准，比如太湖流域的 54 年型大洪水等。但是这样做有些问题：首先，水利设施是未来几十年或者几百年使用的，在这段时间里面会不会出现更大的洪水或者根本不会出现这么大的洪水了；其次，我们对历史上水文情况的了解和掌握多少，那么在对资料掌握充分和不充分的情况下，我们又如何加安全系数？再者，各种工程的重要性是不同的，因此设计标准也应该有区别，这样才经济合理，对不同的工程，统一用历史大洪水作为设计标准，就可能出现设计标准偏高和偏低的情况。

这就要求我们根据水文现象的随机性，用概率（水文习惯称为频率）来描述未来各种大小洪水发生的可能性，引入频率概念后，就可以按照频率划分的等级确定标准了。通常，对重要的工程，设计频率取得小一点（因而设计值大点），对于次要的工程，设计频率取得大点（设计值小点）。因此设计频率也就成为设计标准了。设计标准由国家制定，涉及时应该根据工程的重要性决定。设计标准除了用设计频率表示外，还可以用重现期表示，一般设计频率的倒数称为重现期，例如人们常说的百年一遇的洪水，就是重现期为 100 年的洪水，也就是设计频率为 1% 的洪水。

百年一遇的洪水可能短期内经常发生，就是概率论中的小概率事件经常发生。

水文频率计算的最终目的就是要确定给定的设计频率下的设计值。通常设计频率都比较小，重现期往往大于实测记录年限，因此需要频率曲线外延。一般外延有两种方法，一种是用经验频率曲线外延，将实测资料经验分布点绘在概率格纸上，然后按点据分布的情况描绘一条光滑曲线，并依此曲线的趋势进行延长。再从延长后的曲线上读取给定频率的设计值。这种方法误差大，外延没有标准，因而一般不采用。另一种就是用一定的概率分布模型来描述所研究的水文变量，由于频率曲线有确切的数学表达式，因而外延时能减少主观任意性。另以，水文频率计算的参数是利用实测资料加以估计的，既然是估计，就不可避免地会有误差，为了说明频率计算结果的可靠程度，还必须研究参数估计的误差。因此，参数估计和误差分析也是水文频率计算的另一项重要内容。

6.1.1.2 相关分析

相关分析是研究现象之间是否存在某种依存关系，并对具体有依存关系的现象探讨其相关方向以及相关程度，是研究随机变量之间的相关关系的一种统计方法。

水文现象是一个非常复杂的自然现象，每一种水文变量都受到许多错综复杂的因素影响，它们之间既不是函数关系，也不是完全无关。例如降雨和径流之间，径流主要是降雨形成的，一般来说，降雨大，径流量也大；降雨量小，径流量也小，但是决定径流量大小的不仅仅是雨量，还包括降雨的时空分布，流域的植被、土壤、地质等因素，因此虽然径流量有随着降雨量的增减而增加或减少的趋势，但降雨量不是唯一决定的因素，也就是说相同的降雨可以产生不同数量的径流，即降雨和径流关系不是函数关系，它是不确定的。类似的还有上下游水位（流量）之间，水位和流量之间，蒸发量和气温、湿度、风场之间等都存在这样的关系，相关分析就是要研究两个或者多个随机变量之间的联系。

在水文分析计算中，常常会遇到某一水文要素观测系列很短，而与其有关的另一要素资料却比较长，这样我们就可以通过相关分析将短系列资料延长。此外，在水文预报中也常常用到相关分析的方法。

在进行相关分析时，首先进行成因分析，分析变量之间是否存在内在联系，如果把毫无关系的现象，仅凭数字上的巧合，硬凑出他们之间的相关关系，那是毫无意义的。

1. 任务与内容

相关分析的任务是判断两种变量间相关关系的密切程度，相关关系的密切程度通常用相关系数来表示。

相关分析的内容包括判定变量间是否存在相关关系，若存在，计算其相关系数，以判断相关的密切程度；根据自变量的值，预报或插补、延长应变量的值，并对该估值进行误差分析。

2. 种类

根据变量间相互关系的密切程度，相关分析可分为 3 种情况，即完全相关、零相关和统计相关。

（1）完全相关（函数关系），即两变量 x 与 y 之间，如果每给定一个 x 值，就有一个完全确定的 y 值与之对应的关系。完全相关的形式有直线关系及曲线关系两种。

（2）零相关（没有关系），即两变量之间毫无联系、各自独立、互不影响。

（3）统计相关（相关关系），即两个变量间的关系界于零相关和完全相关之间。当只研究两种变量间的相关关系时，称为简单相关（简相关）；当研究三种或三种以上变量间的相关关系时，则称为复相关（多元相关）。在相关的形式上，也可分为直线相关和曲线相关。

3. 方法

相关分析方法包括简单直线相关、曲线相关和复相关。

（1）简单直线相关。简单直线相关的关键是求相关方程或回归方程，求解相关方程或回归方程的方法主要有相关图解法和相关计算法。

1) 相关图解法。

直接利用作图的方法求解相关直线（方程）$y=a+bx$，其步骤如下：

a. 先求出系列 x 和 y 的均值。

b. 点绘点据，通过点群中间及 (x, y)，绘出一条直线。定线时的目标：使各相关点距离所定直线的纵向距离差的平方和最小。

c. 确定直线的斜率 b 及在纵轴上的截距 a。

2) 相关计算法。为避免相关图解法的任意性，常采用相关计算法来确定相关线的方程，即回归方程。简单直线相关方程的形式如式（6.4）。其中 a、b 为待定常数，可通过最小二乘进行估计，使各相关点距离所定直线的纵向距离差的平方和最小，得到截距 a 和斜率 b。

$$y=a+bx \tag{6.4}$$

(2) 曲线相关。许多水文现象间的关系，并不表现为直线关系而具有曲线相关的形式。水文上常见的曲线形式有幂函数、指数函数、高次多项式等几种。

1) 幂函数。幂函数的一般形式为

$$y=ax^b \tag{6.5}$$

对式（6.5）两边取对数，可对其作直线回归分析。

2) 指数函数。指数函数的一般形式为

$$y=ae^{bx} \tag{6.6}$$

对式（6.6）两边取对数，也可对其作直线相关分析。

3) 高次多项式。高次多项式的一般形式为

$$y=a_0+a_1x+a_2x^2+a_3x^3+\cdots+a_nx^n \tag{6.7}$$

一般水文变量的简相关均可用上式表示，在计算机上求解方程组是很方便的。

(3) 复相关。研究 3 个或 3 个以上变量的相关，称为复相关。简单的复相关可以图解法来进行分析。

以 3 个变量为例，倚变量 z 受自变量 x、y 的影响，可以根据实测点绘出 z 与 x 的对应值于方格纸上，并在点旁注明 y 值，然后做出 y 值相等的"y 等值线"，这样点绘出来的图就是复相关关系图，如图 6.3 所示。

4. 注意的问题

(1) 应用相关分析方法时，其先决条件是变量间确实存在着关系，因此首先必须对变量做成因分析，研究判断是否确有物理的联系，即使根据经验资料发现可能存在关系时，也需从理论上加以证实，决不可由表面数字轻易下结论，以致将物理上毫无关系的两个随机变量认为有相关关系。

(2) 相关分析所依据的样本是随机抽样而得，必然存在抽样误差，误差大小取决于样本的代表性。严格地说，这种误差在回归线中段小，而在上下两端较大，实际工作中应给予注意。因此，应用回归线展延时，必须对展延的成果作合理性分析。《水利水电工程水文计算规范》（SL 278—2002）规定，相关线外延的幅度不宜超过实测变幅的 50%。

(3) 在作复相关时，要求样本容量较简相关时为大，若容量较小，硬性作复相关，则

成果精度未必较简相关为高。

6.1.2 设计暴雨

设计暴雨是为防洪等工程设计拟定的、符合指定设计标准的、当地可能出现的暴雨。设计暴雨主要用于推求设计洪水。全省设计暴雨计算的主要内容有：暴雨特性分析、点暴雨频率计算、面暴雨计算、设计暴雨的时空分布、暴雨强度公式等。

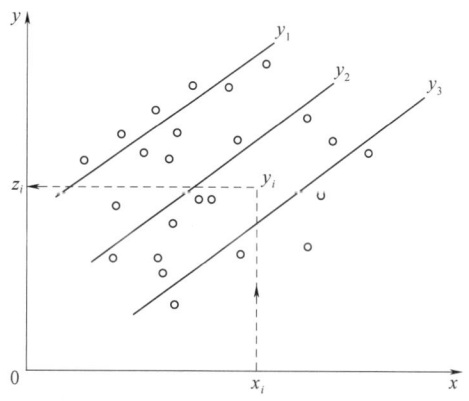

图 6.3 复相关示意图

一般在以下几种情况下需要推求设计暴雨：①在中小流域上设计水利工程或涉水建筑物时，遇到工程所在地流量资料不足，或者代表性检查不够，并难以用相关法等方法插补延长的情况，因此用暴雨资料推求设计洪水。②由于人类活动影响，使得径流发生的条件发生了很大的变化，比如城镇化的迅速发展，下垫面条件发生了巨大的变化以及水利工程的大量兴建，改变了流域原有的产汇流条件，破坏了流量资料的一致性。所以用雨量资料分析设计暴雨，在根据人类活动影响后的径流形成条件，推求设计洪水，就越发显得重要。③在需要用多种方法推求设计洪水，以论证设计结果合理性时，即便是流量资料充足，也需要用设计暴雨推求设计洪水。④在无资料地区小流域的设计洪水，都是通过设计暴雨推求的。⑤可能最大暴雨和洪水是由设计暴雨推求。

设计暴雨的计算精度主要取决于雨量资料的观测精度、雨量资料系列的长短及代表性、是否有十分稀遇的特大暴雨记录或调查值和对设计地区暴雨特性的认识深度（包括对暴雨天气成因的认识深度和对暴雨时面深关系的认识深度）。对设计暴雨的计算成果应作多方面慎重分析和评价。

6.1.2.1 暴雨特性分析

江苏省气旋和台风是形成暴雨的主要原因，较大暴雨的形成，需要具备充足的水汽和动力两方面条件，即需要源源不断的暖湿空气和强烈的上升动力。因为形成各次特大暴雨的气象条件多种多样，而且雨区的地形千差万别，所以特大暴雨在时间和空间上的分布并不相同，应该统计分析当地历次实测暴雨资料，包括其平均情况和极端情况，作为估算设计暴雨的依据。

一次暴雨过程在时间和空间上是不断发展和变化的，属于多维的过程，无法用少数几个特征对一次暴雨作出全面的描述。由于形成各次暴雨的形势不尽相同，再加上雨区的地形、地理条件的作用，使得每次暴雨的天气形势都各具特点。有的暴雨短历时雨量特大，有的暴雨长历时雨量特大。

通常通过研究各站逐时或逐日的暴雨过程资料来分析暴雨时间分配特性；通过编制暴雨特征（如年最大 1d、3d、7d……的雨量）的分布图来说明暴雨的空间分布特性。

描述暴雨的时间分配特性通常是绘制各站暴雨强度在时间上的变化过程线。由于各次暴雨过程差别很大，即使同一场暴雨，雨区内的各站过程线也不相同，为了便于分析比较，一般取若干固定时段，如 1h、3h、6h……统计一次暴雨过程的时段最大雨量，如最大 1h 雨量 $X1h$、最大 3h 雨量 $X3h$……并计算其相对比值如 $X1h/X3h$、$X3h/X6h$……作为暴雨特征，说明暴雨集中或者平坦程度。

分析暴雨的空间分布特性可绘制各种时段的暴雨量等值线图。如一次暴雨总量 X，最大 1d 雨量 $X1$，连续最大 3d 雨量 $X3$……各站可以用不同的起讫时间，也可以绘制同一起讫时间的 1d、3d……的雨量等值线。每次暴雨的等值线的形状和面积大小一般相差是比较大的，因此很难用一种或者几种典型暴雨加以概括。暴雨分布和天气系统有密切的关系，比如全省经常发生的梅暴雨、台风雨以及局部对流雨就有不同的特性，除此之外，暴雨还与地形有密切的关系，暴雨中心多出现在迎风坡上，山顶和山脚一般雨量较小，因此在拟定设计暴雨的空间分布时或移置临近地区大暴雨资料时，必须考虑当地地形的作用。

为了对比各次暴雨的空间分布特性，和定量分析暴雨空间上的集中程度，一般在暴雨等值线图上围绕暴雨中心，量测每条等雨深线所笼罩的面积 f_1，并计算面积 f_1 上的平均雨量 x_1，并将成果绘制成平均面雨量 x 和做笼罩面积 f 的关系曲线，对于同一场暴雨，选取不同的时段，得出若干幅雨量等值线图，也就得出各自的笼罩面积曲线，一般绘制成一张综合的图，即时段长 t、笼罩面积 f 和面平均雨量 x 三者之间的关系，通常叫做时-面-深曲线。显然历年的各场暴雨都可以做出其时-面-深曲线，由于暴雨的随机性，各幅图一般是互不相符的，甚至差别很大，在拟定设计暴雨时，就需要分析和确定符合当地暴雨特性的时-面-深曲线，作为设计依据。

6.1.2.2 点暴雨频率计算

点暴雨频率计算方法分为一般方法和地区综合法。

1. 一般方法

（1）统计选样。暴雨的统计选样与洪水计算的方法一致，一般采用固定时段年最大值法独立选样。

关于暴雨的统计时段，水文上一般以一天为界，暴雨历时超过 1d 的为长历时暴雨，暴雨历时小于 1d 的称为短历时暴雨。长历时一般选取 1d、3d、7d、15d、30d，短历时一般取 1h、3h、6h、12h、24h。

（2）暴雨资料的插补延长。在资料系列较短的情况下，为了增加暴雨资料的系列长度，提高系列的代表性，在可能的情况下，可以用临近的资料来插补延长，但由于暴雨的局地性，使得相邻站的暴雨相关关系很差，一般来讲不能采用相关法进行插补，如果需要插补，可以采用以下办法进行插补延长：

1）与临近站很近时，可直接借用临近站某些年的资料。

2）一般年份当临近站雨量相差不大时，可移用临近各站的平均值。

3）出现大暴雨年份，当临近站测站较多时，可绘制该次暴雨或该年最大暴雨等值线图进行插补。

4）个别大雨年份缺测，用其他办法插补较困难，而临近地区已观测到特大暴雨，由气象条件分析，说明该暴雨有可能发生在本地附近，可移用该特大暴雨资料。移用时要特别注意相邻地区的气候和地形等条件的差别。若相邻两地平行观测的暴雨资料分布有一定差别时，应做必要的订正。

5) 如与洪水的峰（量）关系较好时，可建立暴雨和洪峰的峰或量的相关关系，利用实测或者调查洪水资料插补缺测的暴雨资料，并根据有关点据分布情况，估计其可能的误差范围。

(3) 特大值的改正和处理。在工作实践中发现，暴雨频率的分析成果与资料系列中是否有特大值有着直接的关系，一般年份的暴雨变幅不大，如不出现特大暴雨，统计出来的C_v往往偏小，但若是短系列资料中出现一次罕见的特大暴雨，就会使原来的计算成果发生质的改变。正确处理特大值的关键就是确定其重现期，由于无法直接考证历史暴雨数量，造成暴雨资料的排序困难，会使估计的重现期有很大的误差，一般只能通过小河洪水调查，结合当地历史文献中灾情资料论证暴雨的重现期。

由此可见，对特大暴雨资料的处理是很粗略的，其误差一般较大，因此对暴雨的特大值处理必须十分慎重，若重现期确定不当，将增加设计暴雨量的误差，所以不能单纯以雨量数值较大就判断为特大值，否则误将一般大暴雨作为特大值处理，造成频率计算成果偏低，影响工程设计安全。若没有充分把握，就不宜做特大值处理，以策工程安全。

(4) 经验频率公式、线型、参数估计方法。

1) 经验频率公式：

$$P = m/(n+1) \times 100\% \tag{6.8}$$

式中：P 为频率；m 为排列序号；n 为样本量。

2) 线型：江苏省一般采用 P-Ⅲ 型曲线。

3) 参数估计方法：江苏省一般采用计算机优化实现后，目估适线。

暴雨参数 C_s/C_v 数值，江苏省一般采用 3.5，根据具体实际情况可以适当调整，见表 6.1。

表 6.1 江苏省暴雨 1d、3d 雨量的 C_s/C_v 的数值表

地区	一般地区	$C_v > 0.6$ 地区	$C_v < 0.45$ 地区
C_s/C_v	3.5	3.0	4.0

(5) 合理性检查。设计暴雨计算应该从下列几个方面进行合理性检查：

1) 将各种时段（1d、3d、7d）的暴雨频率曲线和统计参数综合进行比较，一般情况下，随着统计时段的增长，C_v 有减少的趋势，变化有一定的规律，如发现频率曲线在实用范围内有交叉现象时，应对其突出的曲线和参数进行复核检查。

2) 应与本地气候、地形条件相似的地区长系列的站参数进行比较。

3) 各种时段的设计暴雨量应与附近地区的特大暴雨记录进行比较，以检查设计值是否安全可靠。

2. 地区综合法

影响暴雨的因素中，气候条件是主要的，地形条件是次要的，因此暴雨的统计参数在同一地区是相近的，可以将同一地区站群的资料综合在一起，采用地区综合法进行分析，以降低单站计算成果的抽样误差或者解决中小流域无资料地区设计暴雨问题。目前江苏省常用的地区综合法有参数等值线图法和分区综合参数法。前者适合气候条件有所变化的大

范围,要求站点较密、资料较多;后者适合气候、地形条件基本一致的小范围,具体应用时也可将两者结合起来。

(1) 点暴雨统计参数等值线图法。本方法为编制江苏省2005年暴雨参数图集的主要方法。在绘制暴雨参数等值线图时,首先应对当地暴雨特性有所了解,可以选择若干次暴雨资料,在地形图上绘制次暴雨量等值线图。结合天气形势的分析,对暴雨成因、移动路径、地形影响进行分析,这些对勾绘等值线的走向和趋势往往起到指导作用。

将各单站点暴雨频率计算成果,经过代表性分析,插补延长、图解适线等程序得出统计参数(X, C_v, C_s)值,点绘在地形图上。在绘制等值线时,必须注意系列代表性分析,既要依据这些点据,又不能完全依据它们,要结合暴雨特性和地形条件分析,不应该简单地、机械地依据点据勾绘。

特别要注意的是,在使用暴雨参数等值线图时,应该了解等值线绘制的时间、方法和所应用的资料情况,必要时应收集近期内新增的资料,对等值线图进行检验和修正。

(2) 分区综合法。在一个经纬度范围内的分区,如果分区内站点雨量都符合统一的暴雨概率分布函数,则利用站群的资料来估算当地的总体分布,称为分区综合法。分区综合法有站年法和中值法两种。

站年法的基本假定是分区内的各站的暴雨资料,都属于同一总体的独立随机抽样。如区内有 k 站,每站有 n 年资料,则认为有 kn 项样本,即将站群资料合并成一个 kn 年的长系列资料看待。这就要求分区内的各站同一年的暴雨资料有"独立性",相邻雨量站不能太近,而分区综合又要求各站分布一致,导致雨量站不能太远,这个是相互矛盾的,在实际工作中基本很难同时满足这两个方面的要求,所以极少采用。

在江苏省应用较多的地区综合法是均值法(中值法),其要点就是将气候一致区内各站暴雨资料系列的经验分布点据,点绘在同一张频率格纸上。由于假定在气候一致区内各站具有基本一致的总体分布函数,各站系列都是抽自这一总体样本,其经验分布点据应该呈带状散步在这总体附近。因此可以通过点群中心拟合一条理论频率曲线,作为该分区的总体分布曲线。

6.1.2.3 面暴雨计算

推求设计洪水所需要的是流域面平均雨量的设计过程,而不是点暴雨的设计过程。对于较小面积的流域,可直接把流域中心的设计点雨量作为流域的设计面雨量;对于较大面积的流域,显然不能简单地以点设计暴雨代替面设计暴雨。一般来讲小流域($F=0.1 \sim 10 \text{km}^2$)的中心雨量和流域面平均雨量相关关系接近45°直线,尽管点据离差为2%~20%,但由于点或面雨量的资料系列经过频率计算求得的两组统计参数是相近的,因此以点代面求设计暴雨也是可以接受的。但是当面积稍大,点面之间的差异就非常明显了,面积越大,相对离差就越大。因此除面积很小的流域以外,一般都应该做面雨量分析。

设计面雨量的计算方法基本上分两种,一种是由平均雨量直接进行频率计算,适用于资料充分的地区;另一种是通过点面关系,由点雨量间接推求面设计雨量,适用于资料短缺的中小流域。

1. 直接计算法

根据当地雨量站的分布情况,选定流域面雨量的计算方法有算术平均法、面积加权法、等值线法。计算逐日面雨量,求得设计流域的逐日面雨量后,再按照独立选样的方法,选取各年的各种时段的最大面雨量,同一年内各时段雨量未必是在同一场暴雨中选取,以该时段在年内最大的为原则。

2. 间接计算法

当计算流域内雨量资料较短,或各站系列虽长但互不同期,或站数过少、分布不均。不能控制全流域面积,无法提供面雨量的长期系列时,就往往需要先求出流域中心处指定频率的设计点雨量,再通过点面关系,将设计点雨量转化成所要求的设计面雨量。点面关系的建立方法如下:

(1) 定点定面关系。由于其点雨量位置和流域边界历年均固定不变,故称为定点定面关系。其点面折算系数 α 利用同期观测资料按下式计算:

$$\alpha = P_{面}/P_0 \tag{6.9}$$

式中:α 为某时段点面折算系数;$P_{面}$ 为某时段流域面雨量;P_0 为某时段固定点雨量。

有了若干次某时段暴雨量,则可有若干个 α 值,取其平均,即得所求。《江苏省水文手册》中已列出各时段、不流域面积的折算系数,可供查用。

(2) 动点动面关系(暴雨中心点面关系)。在缺乏资料地区,常以动点动面关系代替定点定面关系。这种关系是按照各次暴雨的中心与暴雨等值线图计算求得,因各次暴雨的中心和暴雨分布都不尽相同,故称为动点动面关系。

方法:选择几场大暴雨资料,绘出各种时段的暴雨量等值线图,计算由暴雨中心各等雨量线所包围的面积 F 及 α($=P_i/P_0$)值,点绘 P_i/P_0-F 关系图,该关系线反映各次暴雨面平均雨量随面积增大而减小的特征。同一地区各场雨的面分布梯度有大有小,其关系线也各不相同,一般采用平均线或上包线作为设计暴雨点面折算的依据。某地区暴雨中心点面关系如图 6.4 所示。

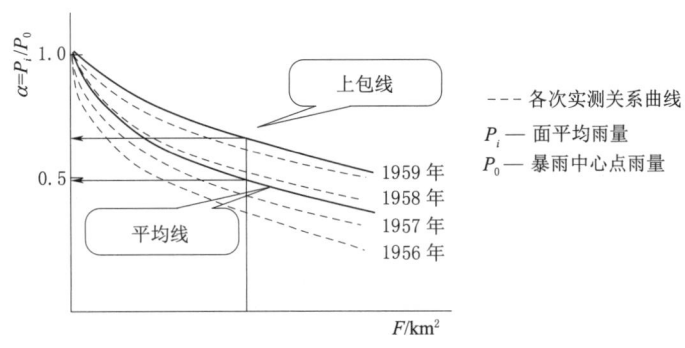

图 6.4 某地区暴雨中心点面关系

6.1.2.4 设计暴雨的时空分布

求得各种时段的相应指定频率的设计面雨量后,就需要确定设计暴雨的时空分布规律,设计时空分布是设计洪水分析计算极其重要的组成部分,其直接影响设计洪水的设计过程和设计洪峰流量,是科学分析设计洪水过程及合理确定水利工程建设规模的关键。一般情况下先选定典型分配过程,再进行同倍比或同频率分时段控制缩放。

1. 设计暴雨的时程分配

在暴雨特性一致的气候区内，选取暴雨总量大，强度也大的暴雨资料作为分析依据。为了考虑工程设计安全，一般选取主雨峰集中在雨期最后的暴雨分配形式作为设计暴雨的典型。分时段控制放大时，控制时段划分不宜过细，一般选取 1d、3d、7d 控制，需要给出日内各时段分配时，一般按照典型暴雨的百分比进行分配。

2. 设计暴雨地区分布

梯级水库设计时需要拟定流域流域上各部分的洪水过程，因此需要给出设计暴雨在地区上的分布，其计算方法和设计洪水的地区组成相似。

典型情况如下，当推求设计断面 A 以上流域的设计暴雨，若上游已有工程措施（例如已经建梯级水库 B)，则必须将 A 以上的流域总雨量分成两部分，即 B 以上流域的雨量及（A-B）区间面积上的雨量。在实际工作中，一般根据以往实测资料，从工程规划的安全和经济综合考虑，选定一种分配模式进行模拟缩放，常用的方法有典型暴雨图法、同频率控制法。

6.1.2.5 暴雨强度公式

暴雨强度公式是城市排水防涝设施规划、建设与管理的重要依据，它的正确性关系到城市基础设施的科学性。目前在进行城市雨水排水系统的规划及设计时，所采用的暴雨强度公式仍是 20 世纪 70—80 年代编制的，计算精度不是很高，无法反映城市化进程中降水量显著增多、平均降水强度明显增大等气候要素的改变，不能很好地反映目前暴雨的实际情况。2014 年 5 月，住房与城乡建设部、中国气象局联合发布了《城市暴雨强度公式编制和设计暴雨雨型确定技术导则》，进一步统一了城市暴雨强度公式编制和设计暴雨雨型确定的基本要求、技术流程、原始资料和统计样本、频率计算和分布曲线、暴雨强度公式参数求解、暴雨雨型确定和适应性分析等方面的技术要求，为暴雨公式修订工作提供了规范依据。因此，江苏省各市住建、水文等部门陆续开展了城市暴雨公式的修订工作，为城市排涝设施建设提供设计依据。江苏省近年来南京、连云港、泰州等市发布了暴雨强度公式。

（1）南京市（南京市城市管理局 2014 年 2 月 17 日发布）暴雨强度公式如下：

$$i=(64.300+53.800\lg P)/(t+32.900)^{1.011} \tag{6.10}$$

式中：i 为降雨强度，mm/min；t 为降雨历时，min；P 为重现期，a。

（2）连云港市暴雨强度公式（市城乡建设局 2014 年 7 月 17 日发布）主要适用于连云港市中心城区，周边地区可参照：

$$i=\frac{9.5\times(1+0.719\lg T)}{(t+11.2)^{0.619}} \tag{6.11}$$

式中：i 为降雨强度，mm/min；t 为降雨历时，min；T 为重现期，a。

（3）泰州市（2014 年 4 月 10 日发布）暴雨强度公式如下：

$$i=\frac{9.100\times(1+0.619\lg T)}{(t+5.648)^{0.644}} \tag{6.12}$$

式中：i 为降雨强度，mm/min；t 为降雨历时，min；T 为重现期，a。

（4）常州市暴雨强度公式于 2013 年 10 月发布。修订后的常州市暴雨强度公式：

$$i=\frac{134.5106\times(1+0.4784\lg T_\mathrm{M})}{(t+32.0692)^{1.1947}} \tag{6.13}$$

式中：i 为降雨强度，mm/min；t 为降雨历时，min；T_M 为重现期，a。

修订公式主要适用于常州市主城区及太滆地区、沿江地区（新北区孟河、春江镇），应考虑 1.12 的系数。

6.1.3 流域产汇流

流域内降雨形成流域出口断面的径流过程分为两个阶段，一是降雨经物留、下渗、填洼等损失过程。降雨扣除这些损失后，剩余的部分称为净雨。净雨在数量上等于它所形成的径流量。降雨转化为净雨的过程称为产流过程，净雨量的计算称为产流计算。二是净雨沿地面和地下汇入河网，并经河网汇集形成流域出口断面的径流过程称为流域汇流过程，与之相应的计算称为汇流计算。两者合称流域产汇流计算。

就径流的来源而论，流出口断面的流量过程是由地面径流、表层流径流（壤中流）、浅层和深层地下径流组成的。深层地下径流（基流）数量很少，且较稳定，又非本次降雨所形成，计算时一般从次径流中分割出去。地面径流和表层流径流直接进入河网，计算中常合并考虑，称为直接径流，通常仍称为地面径流。

6.1.3.1 径流影响要素分析计算

流域产汇流计算一般需要先对实测暴雨、径流和蒸发等资料做一定的整理分析，以便在定量上研究它们之间的因果关系和规律。

1. 流域降雨分析

降雨包括降雨量、降雨强度、降雨历时、降雨过程、降雨分布、笼罩面积及暴雨中心位置等。降雨量指与洪水过程相应的一次降雨过程的总量，它可以指某个雨量站的降雨量，若对一个流域而言，则指流域的面平均雨量。

（1）单站降雨特性分析。

1）降雨强度过程线。降雨强度过程线就是降雨强度随时间的变化过程线。通常以时段平均强度为纵坐标，时间为横坐标的柱状图表示，也常称为降雨量过程线。

2）降雨量累积曲线。自降雨开始起至各时刻降雨量的累积值 P 随时间的变化过程线称为降雨量积曲线，实际上，降雨量的累积曲线就是降雨强度过程线对时间的积分曲线，因此，线上任意一点的坡度就是该时刻的瞬时降雨强度 i。而曲线上任一时段的平均坡度就是该时段的平均降雨强度。

3）降雨强度-历时曲线。统计降雨强度过程线中各种不同历时的最大平均雨强。最大平均雨强与历时的关系即为降雨强度-历时曲线。同一场降雨的雨强随历时增长而减小，不同场降雨因降雨过程不同，因而降雨强度-历时曲线也不同。

（2）流域降雨特性分析。流域降雨特性包括降雨量在时间上的变化过程和空间上的分布情况，用下列方法表示：

1）流域平均降雨量。由雨量站实测雨量记录，计算流域的平均降雨量，常用的方法有 3 种，我们采用算术平均法和泰森多边形法。

2）时-面-深关系曲线。首先绘制某种历时的等雨量线，并从最大雨深处（暴雨中心）向外量取不同等雨量线包围的面积，并求出各面积上的平均降雨量。各包围面积与相应面平均量之间的关系称为雨深、面积关系。对一场降雨，可选取各种历时（如3h、6h、12h、24h、72h）的等雨量线图，分别作雨深-面积关系线，并绘于同一张图上，即为时-面-深曲线。

3）点-面关系曲线。流域上降雨量分布是不均匀的。记某种历时暴雨中心雨量为 P_c，各条等雨量线包围面积内的面平均雨量为 P_i，令 $\alpha_i = \dfrac{P_i}{P_c}$，$\alpha_i$ 与对应等雨量包围的面积的关系即为点、面关系，不同场降雨的点、面关系并不一样，一般取其平均情况作为流域该历时的点、面关系。点、面关系反映降雨在空间上的变化特性。

2. 前期影响雨量

降雨开始时，流域内包气带土壤含水量的大小是影响降雨形成径流过程的一个重要因素。土壤含水量的实测资料很少，即使有也只能代表点的情况，不能代表土壤含水量在流域分布的复杂规律。因此，水文学上用间接的方法来表示流域的土壤含水量。目前，常用的方法有两种，一种是前期影响雨量 P_a，另一种是流域的蓄水量 W。江苏省主要应用前期影响雨量。前期影响雨量的分析计算方法如下。

（1）前期影响雨量 P_a 的计算公式。如果流域内前后两天无雨，前期影响雨量 P_a 的定义为

$$P_{a,t+1} = K P_{a,t} \tag{6.14}$$

式中：$P_{a,t}$ 为第 t 日的前期影响雨量，mm；$P_{a,t+1}$ 为第 $t+1$ 日的前期影响雨量，mm；K 为土壤含水量的日消退系数或折减系数。

如果第 t 日内有降雨 P_t，但未产流，则

$$P_{a,t+1} = K(P_{a,t} + P_t) \tag{6.15}$$

如果第 t 日内有降雨并产生径流 R_t，则

$$P_{a,t+1} = K(P_{a,t} + P_t - R_t) \tag{6.16}$$

但在实际应用中，由于 R_t 不易求得，所以一般仍按式未产流情况计算，但 P_a 值不应大于流域最大蓄水量 WM，所以当计算出的 P_a 值大于 WM 时，取 WM 作为该日的 P_a 值。

若流域较大，P_a 值应按雨量站分块计算，全流域的 P_a 值由各块 P_a 值加权平均。

（2）流域最大蓄水量和消退系数 K。

1）流域最大蓄水量 WM。流域最大蓄水量又称流域蓄水容量，包括植物截留、填洼以及包气带或影响土层的蓄水容量，相当于田间持水量与凋萎系数的差值。

WM 是流域综合平均指标，一般用实测雨洪资料分析确定。选取久旱无雨后一次降雨较大且全流域产流的雨洪资料，计算流域平均降雨量 P 及产流 R，因久旱无雨，可认为降雨开始时 $P_a \approx 0$，所以

$$\text{WM} = P - R - E \tag{6.17}$$

式中：E 为雨期蒸发量；P 为流域平均降雨量；R 为流域平均产品；WM 为流域最大蓄水量。

一个流域的最大蓄水量是反映该流域蓄水能力的基本特征，我国大部分地区的经验表明，WM 一般为 80~120mm，例如广东为 95~100mm、福建为 100~130mm、湖北为 70~110m、陕西为 55~100mm、黑龙江为 140mm 等。流域的实际蓄水量为 0 至最大蓄

水量。

2）消退系数 K。消退系数 K 综合反映流域蓄水量因流域蒸散发而减少的特性，因此，可以直接用水文气象资料分析确定。流域蒸散发一方面取决于蒸散发能力，另一方面取决于供水条件，即流域蓄水量的大小。实用中一般假定流域蒸散发量 E 与流域蓄水量 W 成正比，即

$$\frac{E_t}{E_M}=\frac{W_t}{WM} \text{ 或 } E_t=\frac{EM}{WM}W_t \tag{6.18}$$

若第 t 日无雨，则该日流域前期影响雨量的减少全部转化为流域蒸散发，故

$$E_t=P_{a,t}-P_{a,t+1}=(1-K)P_{a,t} \tag{6.19}$$

又 $P_{a,t}=W_t$，即可求得

$$K=1-\frac{EM}{WM} \tag{6.20}$$

式中：EM 为流域日蒸散发能力，无法进行实测。

根据试验可知，可用 E601 型蒸发器观的水面蒸发值作为近似值。这项蒸发值随地区、季节、晴雨等条件而变，所以，一般按晴天和雨天或按月份分别选用相应的月平均值计算 K 值，P_a 值虽然可用式 6.14 计算，但仍事先确定其起算值。一般前期较长一段时间无雨，土壤已经很干燥，可令 $P_a=0$，而在一场大雨或连续几次大雨之后，土壤含水量已近最大，此时可取 $P_a=WM$，以此为起点往后算。

3. 洪水分割

一次洪水流量过程除包括本次洪水所形成的地面径流、表层流径流和地下径流外，往往还包括前期洪水尚未退完的部分水量及非本次降雨补给的深层地下径流。因此，在计本次洪水径时，首先应把上述后两项水量从洪水过程线中分割出去。其次，洪水中不同的水源成分其水流运动规律是不相同的。因此，对洪水流量过程中的不同水源成分进行划分，以便进行汇流计算。

（1）径流过程线分析。图 6.5 中 $ABCHI$ 为流域出口断面实测洪水过程。图 6.5 中 A 点为洪水开始起涨时刻，该时刻的流量 AG 是由上一次洪水尚未退完的浅层地下径流 AE 和深层地下径流 EG 组成的。假设在点 A 之前没有降雨，则上次洪水没退完的浅层地下径流将从 A 点沿虚线至 F 点退尽，显然，AEF 非本次降雨形成的。在 C 点，因有后续降雨，洪水又上涨。假定在 C 点无降雨，则洪水将从 C 点沿虚线退至 D 点。因此，本次降雨形成的径流过程为 $ABCDFA$，径流总量为图中阴影部分面积。

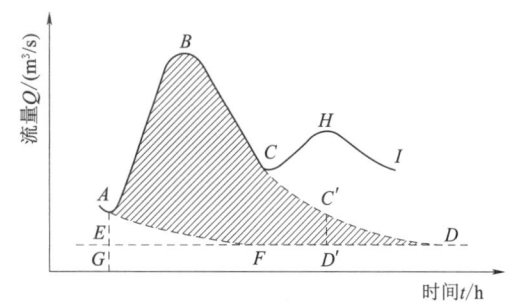

图 6.5　流量过程分割示意图

（2）流量过程的分割。流量过程的分割有两项工作，一是将上述非本次降雨形成的径流割去，求出本次洪水的径流总量；二是由于不同水源的水流运动规律不同，所以还需将

本次洪水径流总量划分为不同的水源,包括地面径流、表层流径流和地下径流,一般把地面径流和表层流径流合并为直接径流,通常仍称为地面径流。地下径流包括浅层地下径流和深层地下径流。深层地下径流非本次降雨形成的,需从流量过程线中分割去。所以,地下径流一般指本次降雨形成的浅层地下径流。深层地下径流比较稳定,流量也较小,是河川的基本流量,所以又称为基流。分割的方法一般取历年最枯流量的平均值或本年汛前最枯流量用水平线分割,如图6.5中 ED 线所示。虚线 AF 表示上次洪水浅层地下径流的退水过程,虚线 CD 为本次洪水的退水过程。由于 C 点的位置较高,所以 CD 段综合反映 C 点以后直接径流和地下径流的退水过程。

不同的水源,其退水规律是不一样的。地面径流消退快、先退尽,表层流径流次之,浅层地下径流消退较慢、后退尽,深层地下径流小且稳定。实测得到的退水过程是上述各种水源的组合过程。由于地面径流和表层流径流合并为直接径流,且深层地下径流已用水平分割去,所以,径流的划分只需划分直接径流和地下径流。

流量过程线的分割及不同水源的划分常采用退水曲线。退水曲线是流蓄水量的消退过程线。对某一流域而言,地下径流退水过程较稳定,所以可取多次实洪水过程的退水部分,绘在透明纸上,然后沿时间轴平移,使它们的尾部重合,最后作光滑的下包线,就是流域地下水退水曲线。有了退水曲线,就可以在流量过程线上做出 AF 段和 CD 段,将非本次降雨形成的径流割去,如图6.6所示。

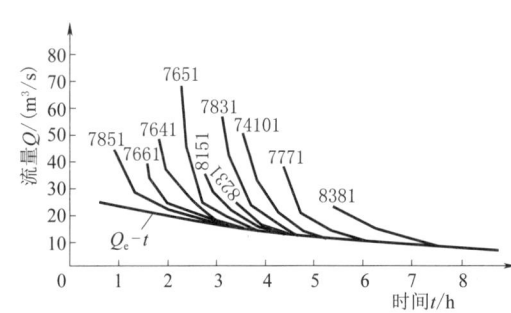

图 6.6 流域地下水退水曲线
(注:图中数字为洪号。)

(3)径流量计算。实测流量过程线割去非本次降雨形成的径流后,本次降雨形成的径流量为图6.5中阴影部分面积,计算公式如下:

$$R=\frac{3.6\sum Q\Delta t}{F} \tag{6.21}$$

式中:R 为次洪径流深,mm;Q 为每隔一个 Δt 的流量值,m^3/s;Δt 为计算时段;F 为流域面积,km^2;3.6为单位换算系数。

在退水规律比较一致的流域,可在 CD 段上找与点流量相等的 C' 点,AEF 的面积与 $C'D'D$ 的面积近似相等,因此,本次降雨形成的径流总量为 $ABCC'DEA$ 包围的面积,仍按式(6.19)计算。

(4)水源的划分。由于直接径流和地下径流有不同的汇流特性,所以求得次径流总量之后,还需划分直接径流和地下径流。简便的方法是斜线分割法。

6.1.3.2 流域产流分析计算

所谓产流,是指流域中各种径流成分的生成过程,其实质是水分在下垫面垂直运行中,在各种因素综合作用下的发展过程,也是流域下垫面(包括地面和包气带)对降雨的再分配过程。不同的下垫面条件具有不同的产流机制,不同的产流机制又影响着整个产流过程的发展，呈现不同的径流特征。下面介绍自然界两种基本的产流形式分析方法。

一般认为，湿润地区以蓄满产流为主，干旱地区以超渗产流为主。半干旱半湿润地区产流方式较为复杂。但对于具体的流域，这两种产流方式是相对的，湿润地区对于以蓄满产流为主的流域，久旱后，在遇到雨强大于下渗能力的降雨时，会出现超渗产流的地面径流，同样，在干旱地区也会出现蓄满产流现象。

江苏省主要以蓄满产流为主，但有时也会出现超渗产流。

1. 蓄满产流

20世纪60—70年代，河海大学赵人俊等在对湿润地区的暴雨径流关系研究中，提出了蓄满产流的概念，并进一步发展成新安江模型。所谓蓄满产流，就是在湿润地区，雨量充沛，地下水位高，包气带薄，缺水易为一次降水所蓄满，则求得

$$R = P - E - (W_m - W_0) \tag{6.22}$$

式中：R 为产流量；P 为降水量；E 为雨间蒸发量；W_m 为包气带影响土层达到田间持水量时的蓄水量，即田间持水量与凋萎含水量的差值，亦称流域蓄水容量；W_0 为雨前流域包气带影响土层的蓄水量。

由于流域内各处包气带厚度和性质不同，其蓄水容量是有差别的，在一次降雨过程中，当全流域未蓄满之前，流域部分面积包气带的缺水量得到满足并开始产生径流，称为部分产流。当降雨继续时，蓄满产流面积逐渐增加，最后达到全流域蓄满产流，称为全面产流。

2. 超渗产流

在干旱和半干旱地区，雨量不足，蒸发量是降水量的几倍甚至十几倍，地下水埋藏很深，包气带很厚，可达几十米甚至上百米，降雨不易使整个包气带达到田间持水量，下渗的水量一般不产生地下径流。只有降水强度超过下渗强度时才有地面径流产生，这种产流方式称为超渗产流。

3. 降雨-径流关系

主要研究流域上降雨扣除植物截留、下渗、填洼等损失，转化为净雨过程的计算方法，称为产流计算。常用的方法有降雨径流相关法及模型分析法。

降雨径流相关法是在成因分析与统计相关相结合的基础上，用每场降雨过程流域的面平均雨量和相应产生的径流量，以及影响径流形成的主要因素建立起来的一种定量的经验关系。该方法简单，又有一定精度，在实际工作中被广泛应用。

对蓄满产流方式，根据流域蓄水容量曲线，求出相应的降雨-径流关系曲线，降雨径流关系曲线的形态取决于流域蓄水容量曲线，不同的降雨 P 值对应不同的径流深 R 值，如图6.7所示。蓄满产流方式的降雨径流关系特点：①未蓄满时，随着降雨量 P 的增大非

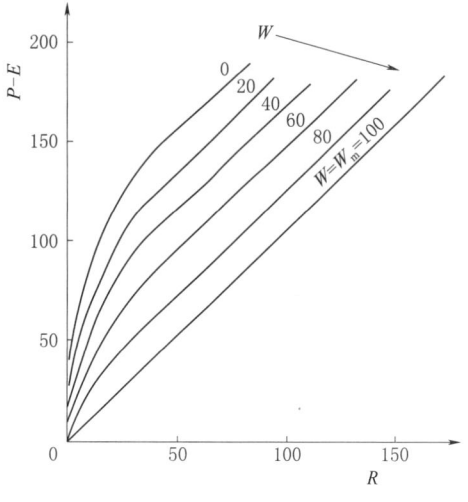

图6.7 降雨-径流关系图

线性增大；②蓄满后，降雨径流关系平行于 45°线。

影响降雨径流关系的主要因素有前期影响雨量或流域起始蓄水量、降雨历时、降雨强度，暴雨中心位置等。

对于超渗产流方式的降雨径流关系，原则上可以根据流域下渗容量面积分布曲线，按同样的原理求出，如图 6.8 所示。

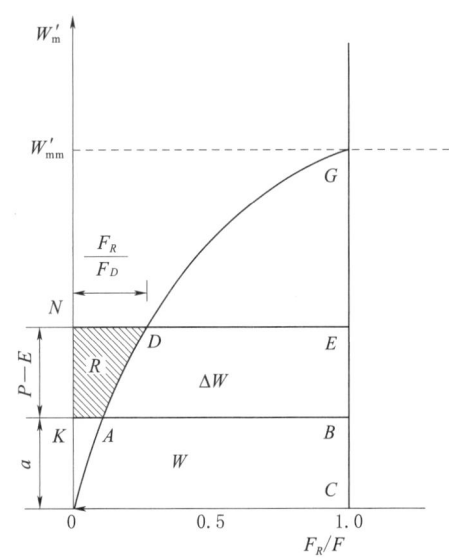

图 6.8 流域蓄水容量曲线图

在《江苏省暴雨洪水图集》中已制作了各水文分区降雨-径流相关图，可用于径流量的推算。

对于超渗产流方式的降雨-径流关系，原则上可以依据流域下渗容量面积分布曲线同样的原理求出。

6.1.3.3 流域汇流分析计算

降落在流域上的雨水，从流域各处向流域出口断面汇集的过程称为流域汇流，包括坡地汇流和河网汇流两个阶段。

在坡地汇流阶段，雨水经过产流阶段扣除损失后形成净雨，净雨在坡地汇流过程中，有的沿着坡面注入河网成为地面径流，有的下渗形成表层流（壤中流）和地下径流后再流入河网。地面径流流速较大且流程短，因而汇流时间较短，地下径流要通过土层中各种孔隙再汇入河网，流速小，汇流时间较长；表层流则介于两者之间。值得一提的是，地面径流在坡面流动过程中，有一部分会渗入土层中成为表层流，而表层流在流动过程中，部分水流又会回归地面成为地面径流。各种水源的径流进入河网后，即开始河网汇流阶段。在这一阶段，各种水源的径流汇集在一起，从低一级河流汇入高一级河流，从上游到下游，最后汇集到流域出口断面。因此，这一阶段不同水源的径流在汇流时间上就不再存在差异。河网中水流的汇流速度比坡地大得多，但因汇流路径长，所以汇流时间也较长。上述两个汇流阶段，在实际降雨过程中并无截然的分界，而是交错进行的。

在水文学中，并不强求掌握水流在流域空间上和时程上变化的全部发展过程，实际所要的是由降雨所形成的流域出口断面的流量过程。因此，流域汇流是研究流域上的地面净雨、表层流净雨和地下净雨如何转化为流域出口断面的流量过程。由于地面径流和表层流具有一些共同的特性，且不易划分，实际工作中把两者合并为直接径流，一般仍称为地面径流，所以，流域汇流过程分为地面径流汇流过程和地下径流汇流过程，计算时由地面净雨和地下净雨分别进行汇流计算，求得流域出口断面各自的流过程，两者叠加，即为流域出口断面的流量过程。

实际工作中常用的汇流曲线有单位线和瞬时单位线等。

6.1.4 设计洪水

设计洪水是根据流域洪水形成的客观规律，结合工程任务、规模和要求而拟定的某一设计标准的洪水。在设计水工建筑物、桥涵或排水等工程时,作为确定工程规模、核算工程安全、估计经济效益等的依据。设计洪水计算的内容主要包括推求设计洪峰流量、不同时段的设计洪水总量、设计洪水过程线,有时还需要提出设计洪水的地区组成和分期设计洪水等。

各项工程的特点和设计要求不同,需要计算的设计洪水内容也就不同,如无调蓄能力的堤防和桥涵工程,要求计算设计洪峰流量;对蓄洪区,主要计算设计洪水总量;对水库工程,需要计算完整的设计洪水过程线;当水库下游有防洪要求时,还需要计算设计洪水的地区组成;施工设计有时要求估算分期(季或月)的设计洪水。设计洪水应按工程要求,对有关的资料进行综合分析计算而决定。根据工程性质和水文资料条件的不同,往往采用不同的计算方法。

6.1.4.1 由流量资料推求设计洪水

由流量资料推求设计洪水,其计算的流程如图 6.9 所示。

图 6.9 由流量资料推求设计洪水工作流程图

1. 洪水资料审查

(1) 资料的可靠性审查。可靠性是指资料的可靠程度。一般通过历年水位流量关系曲线的对照(特别是高水部分),上下游、干支流的水量平衡及洪水过程线的对照,暴雨洪水资料的对照等方面来进行检查。

(2) 资料的一致性审查。一致性是指样本是否来自于同一总体。一个统计系列只能由同一成因的资料所组成。资料的一致性表现在流域的气候条件和下垫面条件的稳定上。如果气候条件和下垫面条件有显著变化,则资料的一致性就遭到破坏。一般认为,流域的气候条件变化是缓慢的,对几十年或几百年来看,可以认为是相对稳定的。而下垫面条件,可能由于人类活动而迅速变化。如在测流断面上游修建了引水工程,则工程建成前后下游水文站所测的实测资料的一致性就被破坏了。

《水利水电工程设计洪水计算规范》(SL 44—2006)中规定:当流域内因修建蓄水、引水、分洪、滞洪等工程,大洪水时发生堤防溃决、溃坝等,明显改变了洪水过程,影响了洪水系列的一致性;或因河道整治、水尺零点高程系统变动影响水(潮)位系列一致性时,应将系列统一到同一基础。处理后的成果,应进行综合分析,检查其合理性。

(3) 资料的代表性审查。代表性是指样本资料的统计特性能否很好地反映总体的统计特性,即样本与总体的接近程度。在频率计算中,则表现为样本的频率分布能否很好地反映总体的概率分布。若样本的代表性不好,就会给设计成果带来误差。由于总体的概率分布是未知的,样本的代表性一般只能通过与更长期的其他相关系列进行对比来分析与衡量。

代表性审查一般采用与水文条件相似的参证站比较二者的统计参数或与本区域有较长系列的雨量站资料对照的方法进行。

对于代表性不好的洪峰系列,应设法加以展延,以增加其代表性,因样本容量越大越能代表总体。

2. 设计洪峰流量的计算

(1) 洪峰流量样本的选样。对于洪峰流量,采用"年最大值法"选样。即每年只选取最大的一个瞬时洪峰流量。若有 n 年资料,就可选得 n 个最大洪峰流量,组成洪峰流量的样本系列。

(2) 经验频率计算。样本系列确定后,就可以用前述方法计算其经验频率。

(3) 统计参数及频率曲线确定。统计参数的仍采用矩法初估、适线法确定,使理论频率曲线与经验点据配合达到最好,此时的参数便是要计算的统计参数,相应的曲线便是要推求的洪峰流量理论频率曲线,根据这根曲线,就可以按设计频率推求出设计洪峰流量了。洪水频率曲线的线型,我国有关规范规定,一般均采用皮尔逊Ⅲ型。

(4) 设计洪水总量的推求。设计洪水总量是指符合设计频率的各种不同统计时段的洪水总量。其推求步骤与推求洪峰流量相似,也是洪水资料审查、洪量的选样和插补延长、洪量系列经验频率计算,适线法推求洪量的理论频率曲线和设计洪量。其中不同的只是洪量的选择和洪量系列的插补延长。

(5) 设计洪水过程线推求。设计洪水过程线是指具有某一设计标准(设计频率)的洪水过程线。不同的洪水过程线经调洪计算将得出不同的防洪库容或要求不同的建筑物尺寸,因此,求得设计洪峰流量及设计洪量后还要进行设计洪水过程线的推求,推求设计条件下洪水流量随时间变化的过程,并以此进行调洪计算,确定工程规模大小、建筑物的尺寸及对已建工程进行防洪安全复核等。

洪水过程是极为复杂的随机过程,目前水文学中还无法对整个随机过程直接进行频率计算来推求指定频率的洪水过程线。一般是选择某一典型洪水过程线加以放大,使得放大后的过程线的某些特征值(洪峰流量、时段洪量)等于设计值,则可认为该过程线就是"设计洪水过程线"。

(6) 设计洪水成果的合理性分析。推求出设计洪水后,还要检查其合理性,如果发现与一般规律有矛盾,要分析其原因,尽可能提高精度,以避免差错。常用的检查方法如下:

1) 本站洪峰及各种历时洪量的频率计算成果互相比较。

a. 同一频率下,应该是 $W_7 > W_3 > W_1$,将它们的理论频率曲线绘在一张上,在实用范围内各线不应相交。

b. 一般情况下,1d 洪量系列的 C_v 值应该大于 3d 洪量的 C_v 值,3d 洪量系列的 C_v 值应该大于 7d 洪量的 C_v 值,历时越短洪量系列的 C_v 值应越大。不过有些河流受暴雨特性及河槽调蓄作用的影响,其洪量系列的 C_v 值也可能随历时的加长而增大,达到最高值后又随历时的加长而减小。

2) 与上、下游及邻近河流的频率计算成果相比较。

a. 同一条河流的上、下游如果在同一地理区或者同一地区大、小不同的河流,应该是洪峰流量及各种历时洪量的均值从上游到下游递增,大河的比小河的要大;而洪峰模数则是小流域的较大。

b. 如果其他条件相同,洪峰流量的 C_v 值比小流域的较大。同样,历时相同的洪量,

其 C_v 值也是上游的较大和小流域的较大。

3) 与暴雨频率计算成果对比。一般情况下，设计洪水的径流深不应大于同频率的、相应历时的面暴雨量，而且洪峰及洪量的 C_v 值都应该比暴雨系列的 C_v 值大。这是因为洪水除受暴雨影响之外，还受下垫面条件（尤其是土壤缺水情况）的影响，所以洪水的变化幅度要大于相应暴雨的变化幅度。

6.1.4.2 由暴雨资料推求设计洪水

当设计流域的流量资料不足或缺乏，人类活动破坏了洪水系列的一致性，需要用多种方法互相印证、合理选定设计值时，就有必要研究由暴雨资料推求设计洪水的问题。另外 PMP 和小流域设计洪水也常用暴雨资料推求。

1. 由暴雨资料推求设计洪水的主要内容和步骤

由暴雨资料推求设计洪水，通常假定洪水与暴雨同频率，即认为某一频率的洪水是由相同频率的暴雨产生的（图 6.10）。按照暴雨洪水的形成过程，推求设计洪水的主要内容和步骤如下：

（1）推求设计暴雨。设计暴雨是指符合某一设计频率的暴雨量及其时空分布。其计算方法与流量资料的频率计算方法类似，即求得不同历时的雨量系列后，进行频率计算，推求设计暴雨量，然后根据典型暴雨过程进行放大，求得设计暴雨过程。

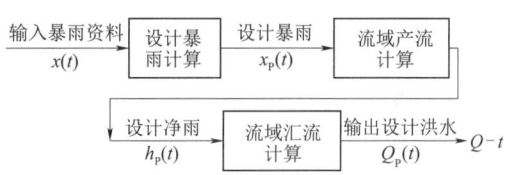

图 6.10 由暴雨资料推求设计洪水

（2）推求设计净雨。根据实测的暴雨洪水资料，建立产流方案，利用产流方案进行产流计算，由设计暴雨过程推求设计净雨过程。

（3）推求设计洪水过程线。根据实测的暴雨洪水资料，建立汇流方案，利用汇流方案进行汇流计算，由设计净雨过程推求设计洪水过程线。

2. 设计洪水推求

设计暴雨、设计净雨及流域产流计算在前面已作介绍，通过设计净雨过程经汇流计算可求出设计洪水过程线。按净雨向流域出口汇集的路径和特性不同，汇流计算常分为地面汇流和地下汇流。由地面净雨进行地面汇流计算，求得出口的地面径流过程；由地下净雨进行地下汇流计算，求得出口的地下径流过程。二者叠加，即得推求的设计洪水过程。对于设计洪水来说，地面径流是主体，因此，汇流计算的重点是地面径流的计算，而地下径流的计算则可采用简化的方法。设计洪水就是用设计净雨通过汇流计算推求而来。

6.1.4.3 小流域设计洪水推求

所谓小流域通常是指集水面积不超过数百平方千米的小河小溪，但并无明确限制。与大中流域相比，小流域设计洪水计算有许多特点，并且广泛应用于铁路、公路的小桥涵、中小型水利工程、农田、城市及厂矿排水等工程的规划设计中，因此水文学上常常作为一个专门的问题进行研究。小流域设计洪水计算的主要特点如下：

（1）绝大多数小流域都没有水文站，即缺乏实测径流资料，甚至降雨资料也没有。

（2）小流域面积小，自然地理条件趋于单一，拟定计算方法时，允许作适当的简化，即允许作出一些概化的假定。例如假定短历时的设计暴雨时空分布均匀。

(3) 小流域分布广、数量多。因此，所拟定的计算方法，在保持一定精度的前提下，将力求简便，一般借助水文手册、图集即可完成。

(4) 小型工程一般对洪水的调节能力较小，工程规模主要受洪峰流量控制，因此对设计洪峰流量的要求高于对洪水过程线的要求。

小流域设计洪水计算工作已有 100 多年，计算方法较多，归纳起来主要有推理公式法、地区经验公式法、历史洪水调查分析法和综合瞬时单位线法、水文模型等方法。它们的基本思路都是以暴雨形成洪水过程的理论为基础，并按设计暴雨、设计净雨、设计洪水的顺序进行计算。

1. 设计暴雨

小流域设计洪水首先要假定设计暴雨和设计洪水是同频率的，小流域设计暴雨计算主要是推求符合设计标准的成峰暴雨。针对小流域水文资料缺乏的特点，设计暴雨推求常采用以下步骤：

(1) 根据江苏省《江苏省水文手册》《江苏省暴雨洪水图集》《江苏省暴雨参数图集》中绘制的暴雨参数等值线图，查算出统计历时的流域设计雨量，如 24h 设计暴雨量等。

(2) 将统计历时的设计雨量通过暴雨公式转化为任一历时的设计雨量。

(3) 按分区概化雨型或移用的暴雨典型同频率控制放大，得设计暴雨过程。

根据上述方法可求得设计流域中心点的各种历时的点暴雨量，应用时需要将点暴雨量转换成流域平均暴雨量，即面雨量。在水文手册中，刊有不同历时暴雨的点面关系图或点面关系表，可供查用。

设计暴雨的时程分配，也可查水文手册或水文图集中的概化雨型，供缺乏资料情况下推求设计暴雨过程时使用。

小流域由于面积较少，也可以不考虑暴雨的面上的不均匀性，可以以流域中心点的雨量代替全流域设计面雨量。

在推求设计洪峰流量时，需要给出任一历时的设计平均雨强，通常要用暴雨公式，即暴雨的强度—历时关系将年最大特定时段的设计暴雨转化为所需历时的设计暴雨。

2. 设计净雨

推求设计净雨的方法很多，前文也交代了不少常用的方法，这里介绍在小流域设计洪水中常常采用的利用损失参数 μ 值的地区综合规律计算小流域设计净雨的方法。

损失参数 μ 是指产流历时 t_c 内的平均损失强度。当降雨强度 $i \leqslant \mu$ 时降雨全部用于损耗，不产流；当 $i > \mu$，损失按照 μ 计算，超出部分即为净雨，由此可见当设计暴雨和 μ 值确定后，便可求出设计净雨。

3. 设计洪水

设计洪水、汇流计算方法前文已经介绍较多，这里主要介绍推理公式法，英美称为"合理化方法"，前苏联称为"稳定形式公式"，它是由暴雨资料推求小流域设计洪水的一种简化方法。该法已有 100 多年的历史，至今仍在国内外广泛应用。推理公式的形式多种多样，我们介绍最常见的一种公式。

假定流域产流强度 γ 在时间和空间上均匀，经过线性汇流推导，可得出得出所形成的洪峰流量计算公式：

$$Q_{\mathrm{m}}=0.278\gamma F=0.278(\alpha-\mu)F \tag{6.23}$$

式中：Q_{m} 为洪峰流量，m^3/s；0.278 为单位换算系数；γ 为产流强度；F 为流域面积，km^2；α 为平均降雨强度，mm/h；μ 为损失强度，mm/h。

推理公式结构简单，便于应用，尤其是在水文资料缺乏地区应用广泛，但是公式要求产流强度必须是不变的，限制了它的应用范围，决定了推理公式比较适用于推求设计暴雨所形成的设计洪峰。

6.1.4.4 可能最大暴雨推求

可能最大暴雨（PMP）是指在现代气候条件下，某一流域一定历时内可能发生的最大降水量。因为洪水是暴雨的产物，暴雨是水气运动的产物。而一个地区空气中水汽是有其上限值的，因而一个地区一定历时的暴雨也必定有其上限值，这个上限值就是可能最大降水。

一般来说，一个地区的可降水量决定于该地区的汽柱高度、纬度、地面高程、距海远近、气象条件等，当前 PMP 的估算就是建立在可降水量这一基本概念基础之上的。

6.1.5 水资源评价

水资源评价是对某一地区或流域水资源的数量、质量、时空分布特征、开发利用条件、开发利用现状和供需发展趋势等作出的分析，是水资源合理开发利用的前提，是科学规划水资源的基础，是保护和管理水资源的依据。从水资源评价的定义来看，其实质是服务于水资源开发利用实践，解决水资源开发利用中存在的问题，为实现水资源可持续利用提供重要保障。

水资源评价作用主要表现在两个方面：一是形成水资源公报，为各级领导、水行政部门、社会各界按年度提供各地的来水、用水、供水、水质的动态状况，为管好、用好、保护好水资源，提供科学依据；二是开展水资源调查分析评价和水资源专题研究，对区域内水资源现状提供综合分析评价以及开发利用展望，包括水资源总量及时空分布特点、开发利用现状分析、水质污染现状分析、水域纳污能力计算、未来用水量的估算和供需关系的分析、合理的水资源开发利用及保护建议等。

水资源评价内容包括 6 个方面：①主要水文要素的时空分布，包括水汽输送，降水、径流、蒸发；②地表水资源量包括调查分区水资源量、江河水资源量和入海水量；③地下水资源量包括评价参数的确定，平原地区地下水资源，山丘区地下水资源；④水资源总量；⑤水质包括天然水质，流域污染负荷，水质评价，泥沙；⑥水资源开发利用包括水资源开发利用现状，旱、涝、洪灾分析，水资源利用预测，解决水资源供需矛盾的对策和措施，提出结论和建议。

6.1.5.1 地表水资源量

计算地表水资源量时，针对江苏省径流资料不足、河道纵横交错的实际情况，按产流特点将下垫面划分为水面、城镇建设用地、水田、旱地等类型，分别建立产流模型，以日为计算时段进行地表水资源量的计算，对城镇建设用地、水域、水田产流模型中的计算参数以实验资料成果或以经验值代替，对旱地产流模型选择省内可率定降雨径流关系区域，计算地表水资源量，与实测资料相互对比，对模型进行检验，优选计算参数，以此作为评价江苏省地表水资源量的基本依据。

1. 水面产流计算

$$R_水 = P - \alpha_1 E_{601} \tag{6.24}$$

式中：$R_水$为水面产水量，允许为负值，逐日累计，mm；α_1为水面蒸发折算系数；P为日降日量，mm；E_{601}为E601蒸发器日蒸发量，mm。

水面产流计算中仅α_1（α_1为水面蒸发折算系数即大水面与E601型蒸发器蒸发量之间的折算系数）这一计算参数，由于该折算系数除了受蒸发器的影响外，基本不受其他外在因素的影响，因此，目前江苏省仍沿用1976年刊布的《江苏省水文手册》中的计算成果，见表6.2。

表6.2　　　　　　　　　江苏省水面蒸发折算系数表

月份	1	2	3	4	5	6	7	8	9	10	11	12	年平均
折算系数	1.05	0.92	0.90	0.88	0.92	0.94	0.94	0.98	1.06	1.04	1.12	1.12	0.98

注　折算系数α_1=大水面蒸发量/E601蒸发器蒸发量。

2. 城镇建设用地产流计算

城镇建设用地基本可以认为是不透水面，其产流量的大小除了受降雨多少的影响外，主要受降雨初期下垫面造成的降雨损失量的制约。假定初损值为I_0，根据90年代初全国四大城市水资源精测与评价中在水泥屋顶及柏油马路上的实验成果，即每场降雨的初损值一般为2.4～2.6mm来确定I_0，考虑本次计算城镇建设用地中除了柏油或水泥马路、屋顶等纯不透水下垫面外，还有城市绿岛、人行道等透水、半透水的下垫面，故取$I_0=$5mm。具体计算时日降雨量小于等于5mm时均不产流，连续日雨量超过5mm时按场次降雨计算，每场降雨仅扣5mm初损值，其余雨量均产流。

3. 水田产流计算

水田产流是以水田不同生长期的水稻水深下限（$H_下$）、水稻适宜水深（$H_宜$）、水稻雨后最大允许水深（$H_大$）为控制，按照水量平衡原理通过水量调节计算来确定的。在现有灌溉制度情况下，以现有水田水深为基础，用降雨减去水田蒸发量（$\alpha_2\alpha_1E_{601}$）及下渗量（I_0），为负时，消耗水田中水量，若水田水深（H）低于水稻水深下限时，则灌溉使水田水深达到水田适宜水深；为正时，水田水深增加，当水田水深超过水稻雨后最大允许水深时的雨量为水田产流量。

$$R_{水田} = H + P - \alpha_2\alpha_1 E_{601} - I_0 - H_大 \quad (R_{水田} \geqslant 0) \tag{6.25}$$

式中：$R_{水田}$为水田产水量，mm；H为水深；P为日降雨量，mm；α_2为水田蒸发折算系数，与作物不同时期的需水量有关；α_1为水面蒸发系数；E_{601}为E601型蒸发器日蒸发量，mm；I_0为下渗量，$H_大$为水稻雨后最大允许水深。

水田蒸发折算系数α_2的取值见表6.3。

表6.3　　　　　　　　　江苏省水田蒸发折算系数表

月份	6	7	8	9
折算系数	1.25	1.4	1.45	1.4

全省水稻生长期一般概化为6月1日至9月30日，通过调查、调研水稻田灌溉制度分为三种：一是南京市、镇江市、常州市、无锡市、苏州市为浅水灌溉，二是徐州市、连

云港市、淮安市、宿迁市、扬州市、泰州市、南通市为浅湿灌溉,三是盐城市为湿润灌溉。由于灌溉方式的不同,取用水稻田生长期的参数不同,具体见表6.4。

表6.4　　　　　　　　　　水稻田不同生长期计算参数取值表

项　目			返青	分　蘖		拔节孕穗	抽穗	成熟
				分蘖初中期	分蘖后期			
起讫日期			6月1—10日	6月11—24日	6月25至7月2日	7月3至8月16日	8月17—28日	8月29至9月30日
天数			10	14	8	45	12	33
浅水灌溉	适用于南京市、镇江市、常州市、无锡市、苏州市	适宜水深/mm	40	40	30	40	30	10
		水深下限/mm	20	20	10	20	10	0
		雨后最大水深/mm	60	60	50	60	50	20
浅湿灌溉	适用于扬州市、泰州市、南通市、淮安市、宿迁市、徐州市、连云港市	适宜水深/mm	40	40	20	30	20	10
		水深下限/mm	20	20	0	10	80(%)	80(%)
		雨后最大水深/mm	60	60	50	60	50	20
控制灌溉	适用于盐城市	适宜水深/mm	25	10	10	10	10	10
		水深下限/mm	5	80(%)	70(%)	80(%)	70(%)	70(%)
		雨后最大水深/mm	60	60	50	60	50	20

注　表中80(%)、70(%)分别为土壤饱和含水量的80%、70%,考虑与旱地产流计算相衔接,取土壤饱和含水量为95mm。

另外全省统一考虑水田的稳渗率为2mm/d,水田的渗漏量为水田生长期内有含水层的天数与稳渗率的积,根据地下水资源量计算中历年水稻灌溉水组成的分析成果,多年平均水稻生长期灌溉水中降雨占1/3,因此认为水田渗漏量的1/3也是由降雨引起的,这部分水量应作为回归水量计入水田的产水量,但针对不同的地区考虑不同的损失量,按地下水资源量计算以苏北灌溉总渠划分南北的原则,同时考虑通南沿江区土壤为高沙土地区,下渗水的损失量与总渠以北地区相同,因此总渠以北的四级区包括通南沿江地区,降雨引起水田渗漏量的一半还原为水田产水量,而其他四级区降雨引起的水田渗漏量均还原为水田产水量。

4. 旱地产流计算

目前,全省的流量站、水位站、引排水量站大部分是闸坝站或测流不闭合的干流控制站,可供分析地表水资源的站点较少。在对全省范围内可率定降雨径流关系的站(片)地区进行基本调查后，取用近期已有的资料对苏州的淀泖片，盐城的东台片、建湖片，连云港的小陆庄，南通的启东片，扬州的陈营，淮宿的金锁镇，常州的沙河水库站（片）进行进一步的产流分析。

采用次降雨径流相关法，用土壤前期影响雨量 P_a 作参数，建立次降雨 $P+P_a$ 与 R 的相关关系，相关曲线采用不通过原点的双曲线数学模型：

$$R = [(P+P_a-C_p)^3 + C_i^3]^{1/3} - C_i \tag{6.26}$$

曲线上方以 45°线为渐近线。

式中：C_p 为相关曲线在 $(P+P_a)$ 轴上交点的坐标；(C_i+C_p) 为相关线的渐近线在 $(P+P_a)$ 轴上的截距；P 为面平均次雨量；P_a 为前期雨量；R 为径流深，均以 mm 计算。

计算 P_a 用：

$$P_{a(t+1)} = K \times (P_{a,t} + P_{a,t}) \tag{6.27}$$

当 $P_a >$ 流域最大初损 I_{max} 时，取 $P_a = I_{max}$。

以实测资料建立江苏省可率定降雨径流关系站（片）地区的场次降雨径流关系，再用多年实测逐日降雨量计算出的年径流量拟合天然径流量，复核、修正场次降雨径流关系，建立该站（片）的降雨径流关系模型，并移用到邻近自然地理属性、土壤、植被基本一致的无资料地区；对无法移用资料的地区，则基本上仍沿用第一次水资源调查评价时的降雨径流关系，只是用该地区近期逐日降雨计算年径流量拟合第一次该地区年降雨径流关系，建立该地区的降雨径流关系模型，并移用到相似地区。

天然径流量的计算主要考虑在实测径流量的基础上，对区域调入、调出水量及工业、农业、生活等耗水量进行还原。区域内调入、调出的水量主要是通过实测资料及建立驻测站与巡测站的关系推求出来的。耗水量的计算主要考虑两个方面：一是水稻田的耗水量，估算依据是历年不同地区的水稻田灌溉定额及渠系利用系数、水田稳渗率计算的；二是包括林牧渔、一般工业、城镇生活、农村居民的耗水量，这部分耗水量的估算主要是依据近年来的江苏省水资源公报及综合规划中水资源开发利用部分的成果，综合分析得出的多年平均耗水量。

5. 地表水资源量计算

按水面、城镇建设用地、水田、旱地 4 种下垫面分别用模型计算出相应的地表水资源量后，用面积加权法求出计算单元的地表水资源量，通过对不同计算单元的面积加权组合，分别计算出各地级行政区、流域四级区、流域三级区的地表水资源量。

6.1.5.2　地下水资源量

地下水资源量计算时，按照平原区、山丘区分别进行计算，其中平原区又分为北方片和南方片。

1. 平原区地下水资源量计算

平原区地下水资源量采用补给量法计算，即除井灌回归补给量外，各项补给量之和为地下水资源量，江苏省以灌溉总渠为界，分南北片进行计算。所有计算都在均衡区内进行，然后再分配到各水资源计算区。

(1) 北方片。北方片除计算各项补给量外,同时还要计算排泄量和地下水蓄变量,并进行水均衡分析,以分析北方平原区地下水资源量计算的合理性。具体为

地下水总补给量 $Q_{总补}$ =降雨入渗补给量+地表水体补给量+山前侧向补给量

(此项江苏省忽略不计)+井灌回归补给量   (6.28)

其中:

地表水体补给量=河道渗漏补给量+库塘渗漏补给量+渠系渗漏补给量

+渠灌田间入渗补给量+人工回灌补给量(此项江苏省为零)

地下水资源量=地下水总补给量−井灌回归补给量

地下水总排泄量 $Q_{总排}$ =潜水蒸发量+河道排泄量+侧向排出量(忽略不计)+实际开采量

地下水蓄变量 ΔW =地下水位变化引起的水量变化

对地下水总补给、排泄量、蓄变量进行水均衡分析,它们之间应满足此关系式:

$$(|Q_{总补}-Q_{总排}\pm\Delta W|)/Q_{总补}100\%\leqslant 20\% \quad(6.29)$$

通过水均衡分析可以检验计算结果的合理性与可靠性。

(2) 南方片。南方片计算各项补给量、潜水蒸发量。各项补给量为水稻生长期近期条件下多年平均地下水补给量、水稻田旱作期及旱地近期条件下多年平均年降水入渗补给量、渠灌田间入渗补给量。各项补给量之和为地下水资源量。其中水稻田生长期地下水补给量为降水入渗补给量和田间灌溉入渗补给量之和,先算出水稻田生长期地下水补给量,然后根据水稻田生长期的降水量与引灌水量之间的比例关系,分别确定出水稻田生长期的降水入渗补给量和渠灌田间入渗补给量。南方片排泄量只算潜水蒸发量,潜水蒸发量为水稻田旱作期及旱地的潜水蒸发量之和,水稻田生长期的潜水蒸发量按0计。

2. 山丘区地下水资源量计算

山丘区地下水资源量采用排泄法进行计算,即各项排泄量之和为山丘区地下水资源量。江苏省山丘区的排泄项主要是河川基流量,其他项忽略不计。把山丘区的河川基流量作为山丘区浅层地下水水资源量,亦即山丘区降水入渗补给量。

3. 地下水资源量计算

由于山丘区与平原区地下水资源量间存在着相互转化关系,在确定区域地下水资源量时,要扣除山丘区与平原区地下水资源量的重复计算量,其多年平均地下水资源量计算如下:

$$Q_{资}=Pr_{山}+Q_{平资}-Q_{基补} \quad(6.30)$$

式中:$Q_{资}$ 为计算分区近期多年平均地下水资源量;$Pr_{山}$ 为山丘区多年平均降水入渗补给量,也是山丘区多年平均地下水资源量;$Q_{平资}$ 为平原区多年平均地下水资源量;$Q_{基补}$ 为平原区多年平均本水资源一级区河川基流量形成的多年平均地表水体补给量。

6.1.5.3 水资源总量

区域水资源总量为地表水资源量加地下水资源量扣除重复水量,计算如下:

$$W=R+Q-D \quad(6.31)$$

式中:W 为水资源总量;R 为地表水资源量;Q 为地下水资源量;D 为地表水与地下水相互转化的重复计算量。

山丘区的降水入渗补给量即基流已在河川径流中包含,平原区中部分降水入渗补给量

产生对河道的排泄也已在河川径流中包含,所以计算水资源总量时,应扣除山丘区基流量、平原区降水入渗补给量形成的河道排泄量,根据水量平衡原理,分区水资源总量一般采用公式:

$$W = R + P_r - R_g \tag{6.32}$$

式中:W 为水资源总量;R 为河川径流量(即地表水资源量);P_r 为地下水的降水入渗补给量(山丘区用地下水总排泄量代替);R_g 为河川基流量(平原区计降水入渗补给量形成的河道排泄量)。

6.1.5.4 水质评价

水资源评价中的水质评价一般分为地表水水质评价和地下水水质评价两部分。

1. 地表水水质评价

地表水水质评价的主要内容:地表水水化学分布特征及规律分析、河流水质评价、湖泊水库水质评价、水质变化趋势分析、水资源分区水质评价、水功能区水质达标率分析。

地表水水化学分布特征及规划分析中一般选用钾、钠、钙、镁、重碳酸根、氯根、硫酸根、碳酸根、总硬度及矿化度 10 项评价指标,并采用阿廖金分类法确定水化学类型。评价代表值采用年最大、年最小、多年均值。

地表水(河流、湖库)水质评价评价因子一般针对水体的天然特性、污染物影响特点及水体的功能等因素来选择。目前,江苏省确定的必评项目为溶解氧、高锰酸盐指数、化学需氧量、五日生化需氧量、氨氮、挥发酚、总砷、总汞、总氰化物、六价铬、总磷、油类共 12 项。

水质评价标准执行国家标准《地表水环境质量标准》(GB 3838—2002)。

水质评价方法采用单指标评价法,即最差的项目赋全权,确定地表水水质类别。评价代表值采用汛期、非汛期和年度平均三个值,评价结果按河长统计,并以Ⅲ类地面水标准值为界限,给出超标率和超标倍数等特征值。水功能区评价按水功能区内的水质监测站为基础进行评价,功能区内具有 2 个或 2 个以上的水质监测站时,以水质最差的监测站为代表站,水功能区评价以区域水功能区的达标率为评判指标。

水体水质变化趋势分析中分综合趋势分析与单因子趋势分析均是选择有水质监测系列的、具有代表性的水质监控点来进行分析。其中,综合趋势分析法中选用的指标一般是总硬度、高锰酸盐指数、五日生化需氧量、氨氮、溶解氧、挥发酚和总镉 7 项,取用的方法是肯得尔检验法,检验后趋势上升表示水质趋向恶化,趋势下降表示水质趋向好转,无趋势变化表示水质趋向反复。

2. 地下水水质评价

地下水水质评价的主要内容:地下水水化学特性、地下水水质污染现状。

地下水的水化学特性通常通过地下水的 pH 值、矿化度、总硬度来反映,地下水的水化学类型选用钾、钠、钙、镁、重碳酸根、氯根、硫酸根、碳酸根等 6 项监测项目,采用舒卡列夫分类法确定地下水化学类型。

地下水水质污染现状评价的必评项目包括 pH 值、矿化度、总硬度(以 $CaCO_3$ 计)、氨氮、挥发性酚类(以苯酚计)、高锰酸盐指数、总大肠菌群等 7 项。评价的技术标准为国家标准《地下水质量标准》(GB/T 14848—93)。评价方法采用单指标评价法确定地下水水质的类别,并将其Ⅲ类水标准值的上限值确定为地下水水质控制标准。

6.2 水质与水生态分析

6.2.1 站点布设

水质站是为掌握水环境与水生态变化动态,收集和积累水体的物理、化学和生物等监测信息而进行采样和现场测定位置的总称。在监测目的、对象和内容方面可具有单一或多重性,在自然地理空间分布上具有唯一性。结合江苏省水利部门多年水质监测实际,本节主要针对常规、水功能区、饮用水水源地水质站点的布设进行论述。

6.2.1.1 基本要求

1. 前期准备

在制定监测方案之前,应尽可能完备地收集欲监测水体及所在区域的有关资料,主要有:

(1) 水体的水文、气候、地质和地貌资料。如水位、水量、流速及流向的变化;降雨量、蒸发量及历史上的水情;河流的宽度、深度、河床结构及地质状况;湖泊沉积物的特性、间温层分布、等深线等。

(2) 水体沿岸城市分布、工业布局、污染源及其排污情况、城市给排水情况等。

(3) 水体沿岸的资源现状和水资源的用途、饮用水源分布和重点水源保护区、水体流域土地功能及近期使用计划等。

(4) 历年水质监测资料。

2. 基本原则

在对调查研究结果和有关资料进行综合分析的基础上,根据水体尺度范围,考虑代表性、可控性及经济性等因素,确定断面类型和采样点数量,并不断优化,水质站点的布设应符合5个方面的基本原则:

(1) 充分考虑河段取水口和排污口分布、行政区域污染物排放、水文及河道地形、支流汇入及水利工程、河岸植被与水土流失情况,以及其他影响水质均匀程度的因素等,能客观、真实地反映自然变化趋势与人类活动对水环境质量的影响状况。

(2) 充分考虑社会经济发展和监测工作实际需要,既要考虑采样断面相对长远性,同时兼顾实际采样时的可行性和方便性。

(3) 具有较好的代表性、完整性、可比性和长期观测的连续性,并兼顾实际采样时可行性和方便性,能客观、真实地反映水环境质量变化的时空分布与特征。

(4) 避开死水区、回水区、排污口处,尽量选择顺直河段、河床稳定、水流平稳,水面宽阔、无急流、无浅滩位置。

(5) 力求与水文观测断面相结合。

6.2.1.2 常规站点

江苏省常规水质站点主要是为出于公共服务目的、经统一规划而设立,为流域或区域水资源开发、利用、保护与管理、防灾减灾等提供重要的水资源质量、水环境与水生态要素信息,监测具有长期性和系统性,站点相对稳定。根据监测目的,常规站点除满足水质站点设置基本要求外，符合下列条件之一的水域均应设置常规水质站点：

（1）国家确定的重要江河干支流的控制河段、入海河口，重要湖泊控制水域，重要地下水漏斗区、超采区、海水入侵区和大型地下水水源地等控制区。

（2）流域面积大于 10000km²，年径流量大于 3 亿 m³ 的河流控制河段；流域面积不小于 5000km²，年径流量大于 5 亿 m³ 的河流控制河段；流域面积小于 5000km²，年径流量大于 25 亿 m³ 的河流控制河段。

（3）常年蓄水量大于 10 亿 m³ 的湖泊；库容大于 5 亿 m³ 的水库；常年蓄水量或库容大于 1 亿 m³，周边或下游有大中城市、大型厂矿，对水资源管理有重要作用的湖泊和水库。

（4）具有代表性、能反映流域水系水生态环境背景值基本情况的源头水域或上游水域。

（5）涉及水生态环境等水事敏感区域的自然生态保护区、调水水源保护区及调水干线，供水人口大于 50 万人的饮用水源地，对水资源管理和防灾减灾有重大影响的行政区界水体等。

（6）重要水工程和水污染防治工程所涉及的江河湖库水域，对区域水环境与水生态有重大影响的入河排污口附近水域。

6.2.1.3 水功能区站点

水功能区划是通过对水资源和水生态环境现状的分析，根据国民经济发展规划与江河流域综合规划的要求，将江河湖库划分为不同使用目的的水功能区，并提出保护水功能区的水质目标。水功能区划采用两级体系，即一级区划和二级区划。一级功能区分 4 类，即保护区、保留区、开发利用区和缓冲区；二级功能区划是在一级功能区中的开发利用区进行，分 7 类，包括饮用水源区、工业用水区、农业用水区、渔业用水区、景观娱乐用水区、过渡区和排污控制区。水功能区水质站点布设要求：

（1）按水功能区的管理要求布设监测断面，水功能区具有多种功能的，按主导功能要求布设监测断面。

（2）每一水功能区监测断面布设不得少于一个，并根据影响水质的主要因素与分布状况等，增设监测断面。

（3）相邻水功能区界间水质变化较大或区间有争议的，按影响水质的主要因素增设监测断面。

（4）水功能区内有较大支流汇入时，在汇入点支流的河口上游处及充分混合后的干流下游处分别布设监测断面。

（5）潮汐河流水功能区上、下游区界处分别布设监测断面。

（6）水网地区河流水功能区，根据区界内河网分布状况、水域污染状况和往复流运动规律等，在上、下游区界内分别布设监测断面。

（7）同一湖泊、水库只划分一种类型水功能区的，应按网格法均匀布设监测断面（点）；划分为两种或两种以上水功能区的，应根据不同类型水功能区的特点布设监测断面（点）。

对保护区、缓冲区、保留区、开发利用区等不同水功能区有针对性的布设水质站点。

6.2.1.4 饮用水水源地站点

对饮用水水源地断面按照不同水域特点和防护要求，划定部分水域、陆域为饮用水水源保护区和饮用水水源准保护区。饮用水水源保护区包括一级保护区、二级保护区，根据其区界内水质情况布设断面。饮用水源区采样断面应在取水口上游区界处和下游100m处分别各布设1个断面。区间内有受入河排污口排污影响的，应在取水口上游1000m处增设一个断面；区间内有多个分散取水口的，应分别在取水口上游1000m处布设断面。

6.2.2 监测技术

为了掌握水环境质量状况和水系中污染物的动态变化，对水的各种特性指标取样、测定，并进行记录或发出讯号的程序化过程，称为水质监测，水质监测技术涉及水样采集、保存与运输、预处理、水质指标的检测及质量控制。

6.2.2.1 水样采集、保存与运输

1. 采集

（1）采集准备。采样前要做好相关准备工作，首先确定采样负责人、制定采样计划，按照监测任务的目的和要求，确定的采样垂线和采样点位、测定项目和数量、采样质量保证措施，采样时间和路线、采样人员和分工、采样器材和交通工具以及需要进行的现场测定项目和安全保证等。其次，采样前要选择合适的采样器，并清洗干净，晾干待用；高压低密度聚乙烯塑料容器用于测定金属及其他无机物的监测项目，玻璃容器用于测定有机物和生物等的监测项目。最后是交通工具的准备，最好有专用的监测船和采样船，若没有，根据气体和气候选用适当吨位的船只。

（2）采样方法及要求。采样方法有涉水采样、桥梁采样、船只采样、缆道采样、冰上采样，在水流较急的河流中采样，采样器应与适当重量的铅鱼与绞车配合使用。直立式采样器适用于水流平缓的河流、湖泊、水库的水样采集；横式采样器与铅鱼联用，用于山区水深流急的河流水样采集；有机玻璃采水器主要用于水生生物样品的采集，也适用于除细菌指标与油类以外水质样品的采集；自动采样器是利用定时关启的电动采样泵抽取水样，或利用进水面与表层水面的水位差产生的压力采样，或可随流速变化自动按比例采样等，此类采样器适用于采集时间或空间混合积分样，但不适宜于油类、pH值、溶解氧、电导率、水温等项目的测定。

1）采样时应保证按时、准确、安全，必要时使用GPS定位仪定位。采样时间应选择采样前连续3天无降雨，水质较稳定的日子（特殊需要除外）。采样应在自然水流状态下进行，尽量不扰动水流与底部沉积物，以保证样品代表性。采样时，采样器或采样瓶应用采样的水冲洗3~4次，再正式采集样品。

2）污水流入河流后，应在充分混合的地点以及流入前的地点采样。在潮汐区应考虑潮的情况，把水质最坏的时刻包括在采样时间内。湖泊水库应根据温度分层现象按深度分层采样。如采样现场水体很不均匀，无法采到有代表性的样品，则应详细记录不均匀的情况和实际采样情况，供使用该数据者参考。

3）采样时应采集足够体积的水样用于检测、留样及质量控制检验。每采集一次样品，均用签字笔或硬质铅笔在现场记录，字迹应端正、清晰、项目完整。采样结束时应核对采样计划、记录与水样，如有错误或遗漏，应立即补采或重采。因采样器容积有限需多次采

样时，可将各次采集的水样放入洗净的大容器中混匀后分装，但本法不适用于溶解氧及细菌等易变项目测定。

4）测定油类的水样，应在水面至 300mm 处时采集柱状水样，并单独采样，全部用于测定。采样瓶（容器）不能用采集的水样冲洗。

5）测溶解氧、生化需氧量和有机污染物等项目时，水样必须注满容器，上部不留空间，并有水封口。

6）如果水样中含沉降性固体（如泥沙等），则应分离除去。分离方法为将所采水样摇匀后倒入筒形玻璃容器（如 1~2L 量筒），静置 30min，将不含沉降性固体但含有悬浮性固体的水样移入盛样容器并加入保存剂。测定水温、pH 值、DO、电导率、总悬浮物和油类的水样除外。

7）测定油类、BOD_5、DO、硫化物、余氯、粪大肠菌群、悬浮物、放射性等项目要单独采样。

2. 保存

凡可在现场测定的项目，应尽可能在现场测定。不能现场测定的项目，按照相应监测规范或拟采用检测方法要求规定进行保存。水样保存技术只能延缓水质变化，最有效的方法就是缩短运输时间，尽快分析。常用水样保存技术如下：

（1）冷藏或冷冻。短期保存样品的一种比较好的方法，能够抑制微生物活动，减缓物理挥发和化学反应速度。采样后要将水样立即投入冰箱或冰水浴中并置于暗处，冷藏温度一般 2~5℃，该法不能长期保存水样。冷冻温度为 −20℃，冷冻时不能将水样充满整个容器。

（2）加入化学保存剂。

1）加入生物抑制剂。例如加入 $HgCl_2$，可抑制生物的氧化还原作用；测定酚的样品用 H_3PO_4 调至 pH 值为 4 时，加入适量 $CuSO_4$，即可抑制苯酚菌的分解活动。

2）调节 pH 值。测定金属离子的水样常用 HNO_3 至 pH 为 1~2，既可防止重金属离子水解沉淀，又可避免金属被器壁吸附；测定氰化物的水样加入 NaOH 调 pH 值为 12。

3）加入氧化剂或还原剂。测定汞的水样需加入 HNO_3（调节 pH<1）和 $K_2Cr_2O_7$（0.05%），使汞保持高价态；测定硫化物的水样，加入抗坏血酸，可以防止被氧化；测定溶解氧的水样则需加入少量硫酸锰和碘化钾固定溶解氧（还原）等。

3. 水样运输

水样运输前应将容器的外（内）盖盖紧。装箱时应用泡沫塑料等分隔，以防破损。箱子上应有"切勿倒置"等明显标志。运输前应检查所采水样是否已全部装箱，运输时应有专门押运人员。

（1）现场管理。水样采集后，应根据不同的分析项目要分装成数瓶，并分别加入化学保存剂。对每个水样瓶都应附上能清晰识别样品来源的水样标签，注明样品编号、加入的保存剂等。同时填写原始采样记录表，注明采样断面、断面位置、样品编号、采样方法、采样时间和采样人员等。

（2）运输要求。装有水样的容器必须妥善密封和捆扎，并在箱子或冰箱上贴上识别标志或"直立"字样，以防在运输途中破损或倒立。在包装时，不要将一个采样位置的水样分开装入不同的箱子或冰箱,除非由于容器尺寸的原因必须分装。如果一个测站的水样必须分装在两个箱子里,则现场采样记录表要复写一份,连同另一箱有关系的瓶子密封在一起。在运送水样时,所有已经装箱的并附有现场采样记录表的水样,采样人和送样人都必须清点和校核,并在送样单上签字,注明装运日期和运输方式。

(3) 水样交接。水样运抵实验室后,收样人员应对照水样标签和送样单核查验收无误后在送样单上签名。若不相符或有异常情况,应注明情况,作为样品分析和资料整编的依据,同时要反馈给采样的组织部门采取补救措施。

6.2.2.2 预处理

自然环境中水样所含组分复杂,并且多数污染组分含量低,存在形态各异,所以在分析测定之前,往往需要进行预处理,常用样品预处理方法如下。

1. 消解

为了破坏有机物、溶解悬浮物、将待测元素转化为单一高价态,需对水样进行消解。水样消解的要求:①透明、澄清、无沉淀;②不引入待测组分和干扰组分;③不损失待测组分。消解方法主要分为湿式、干式两种。

(1) 湿式消解法。利用各种酸或碱进行消解:

1) 酸消解法适用于较清洁水样。

2) 硝酸-高氯酸消解法适用于含难氧化有机物的水样,高氯酸能与羟基化合物反应生成不稳定的高氯酸酯,有发生爆炸的危险,故先加入硝酸,氧化水中的羟基化合物,稍冷后再加高氯酸处理。

3) 硝酸-硫酸消解法不适用于易生成难溶硫酸盐组分(如铅、钡、锶)的水样,硫酸沸点高,可提高消解温度和消解效果。

4) 硫酸-磷酸消解法适用于含 Fe^{3+} 等离子的水样,硫酸氧化性较强,磷酸能与 Fe^{3+} 等金属离子络合,二者结合消解水样,有利于测定时消除 Fe^{3+} 等离子的干扰。

5) 硫酸-高锰酸钾消解法适用于消解测定汞的水样,过量的高锰酸钾用盐酸羟胺溶液除去。

6) 多元消解法为三元以上酸或氧化剂组成的消解体系,如处理测定总铬的水样时,用硫酸、磷酸和高锰酸钾消解。

7) 碱分解法适用于当酸体系消解水样易造成挥发组分损失时,可改用碱分解法,即 $NaOH+H_2O_2$ 或 $NH_3 \cdot H_2O+H_2O_2$。

(2) 干式消解法又称干灰化法、高温分解法。使用该方法,试样分解完全,操作简便快速,适用于少量试样的分析,不适用于处理测定易挥发组分(如砷、汞、镉、硒、锡等)的水样。

2. 富集与分离

当水样中的欲测组分含量低于分析方法的检测限时,必须进行富集或浓缩;当有共存干扰组分时,就必须采取分离或掩蔽措施。富集与分离往往不可分割,同时进行。常用的方法有过滤、挥发、蒸馏、溶剂萃取、离子交换、吸附、共沉淀、层析、低温浓缩等。

(1) 气提、顶空和蒸馏法。

1) 气提法基于把惰性气体通入调制好的水样中,将欲测组分吹出,直接送入仪器测定,或导入吸收液吸收富集后再测定。

2)顶空法用于测定水样中的挥发性有机物(VOCs)或挥发性无机物(VICs)。先在密闭的容器中装入水样,容器上部留存一定空间,再将容器置于恒温水浴中,经一定时间,容器内的气液两相达到平衡。

3)蒸馏法是利用水样中各污染组分具有不同的沸点而使其彼此分离的方法,分为常压蒸馏、减压蒸馏、水蒸气蒸馏、分馏法等。

(2)萃取法。

1)溶剂萃取法是基于物质在互不相溶的两种溶剂中分配系数不同,进行组分的分离和富集。同量的萃取剂,分多次萃取的效率比一次萃取的效率高;增加萃取次数将增大工作量,并将引起误差。

2)固相萃取法(SPE)是水样中欲测组分与共存干扰组分在固相萃取剂上作用力强弱不同,使它们彼此分离。固相萃取剂是含C18或C8、腈基、氨基等基团的特殊填料。

(3)吸附法吸。附法是利用多孔性的固体吸附剂将水样中一种或数种组分吸附于表面,再用适宜溶剂、加热或吹气等方法将欲测组分解吸,达到分离和富集的目的。

(4)离子交换法。离子交换法是利用离子交换剂与溶液中的离子发生交换反应进行分离的方法。离子交换剂分为无机离子交换剂和有机离子交换剂两大类,广泛应用的是有机离子交换剂,即离子交换树脂。

(5)共沉淀法。共沉淀法系指溶液中一种难溶化合物在形成沉淀(载体)过程中,将共存的某些痕量组分一起载带沉淀出来的现象。共沉淀现象在常量分离和分析中是力图避免的,但却是一种分离富集痕量组分的手段。共沉淀的机理基于表面吸附、包藏、形成混晶和异电荷胶态物质相互作用等。

6.2.2.3 检测

为保证检测结果的可靠与准确,必须选择合适的检测方法,其选择原则应遵循灵敏度和准确度能满足测定要求,方法成熟,抗干扰能力好,操作简便。为使监测数据具有可比性,国际标准化组织(ISO)和各国在大量实践的基础上,对各类水体中的不同污染物质都编制了规范化的监测分析方法。目前,水利部门水环境检测指标主要分为物理、化学(无机与有机二类)、生物、放射性四类指标,检测方法大致如下。

1. 物理指标

(1)比较法。配制标准系列,目视比较样品,或者不断稀释,直到对比样品一致,可测定色度、浊度。常见的方法有铂、钴比色法、稀释倍数法、目视比浊法。

(2)定性描述法。臭与味是人的嗅觉和味觉细胞受到某种化学刺激所产生的感受,主要用形容词来描述其臭、味的特征。

(3)分光光度法。标准曲线法(硫酸肼-六次甲基四胺混合标液,生成白色高分子聚合物,作为浊度标准溶液,680nm下测定吸光度)。吸光度大于100度时,需稀释后测定浊度。

(4)重量法。对水或废水在一定的温度下蒸发、烘干后剩余的物质称重,有时对过滤后的物质烘干后称重等,用于测定悬浮物、总可滤残渣和总不可滤残渣等。

(5)仪器法。用专门的检测器测定特定的项目,常见的有温度计法测定温度、电导仪

法测定电导率等

2. 无机指标测定

(1) 流动注射分析将含有试剂的载流由蠕动泵输送进入管道，再由进样阀将一定体积的试样注入载流中，以"试样塞"形式随之恒速移动，试样在载流中受分散过程控制，"试样塞"被分散成一个具有浓度梯度的试样带，并与载流中试剂发生化学反应生成某种可以检测的物质，再由载流带入检测器，给出检测信号（如吸光度、峰面积或峰高、电极电位等），由此求得水样中被分析组分的含量。

(2) 原子吸收法（AAS）分为冷原子吸收法、火焰原子吸收法和石墨炉原子吸收法，可测定多种微量、痕量金属元素。

(3) 分光光度法包括可见、紫外和红外分光光度法，可测定多种金属和非金属离子或化合物，在常规监测中仍占有较大的比重。其中，有些测定项目引进了流动注射技术，实现了自动监测。

(4) 等离子发射光谱（ICP-AES）法。该方法近年来发展很快，已用于各种水体及底质、生物样品中多种元素的同时测定，可同时测定10~30种元素。

(5) 电化学法包括电位分析法、近代极谱分析法和库仑分析法，在常规监测中也占一定比重，并用于水质在线自动监测系统。

(6) 离子色谱法是一种将分离和测定结合于一体的分析技术，一次进样可连续测定多种离子。

(7) 其他方法。化学法、原子荧光法、气相分子吸收光谱法、等离子发射光谱-质谱（ICP-MS）法等在无机污染物监测分析中也有一定应用，特别是ICP-MS法，其灵敏度比ICP-AES法高2~3个数量级，适用于痕量、超痕量有害元素的测定。

3. 有机指标测定

(1) 气相色谱法。它的流动相为载气，它利用物质在两相中分配系数的微小差异，当两相作相对移动时，使被测物质在两相之间进行反复多次分配，这样原来微小的分析差异产生了很大的效果，使各组分离，以达到分离、分析及测定的目的，能够分离分析多种有机污染物。

(2) 液相色谱法是一种以流动相为液体，采用高压泵、高效固定相和高灵敏度检测器的色谱新技术，具有分析速度快，分离效率高和操作自动化等优点。能够分离分析热稳定性差和挥发性差、相对分子质量大的有机物，弥补了气相色谱法的不足。

(3) 气相色谱-质谱法（GC-MS）。该方法把具有高分离效率的色谱仪与具有准确鉴定和定量测定能力的质谱仪结合于一体，借助计算机控制操作条件，处理和解析获得的信息，可以对复杂环境样品中的微量组分进行定性和定量分析。

(4) 其他方法。在常规监测中，如有机污染物类别测定、耗氧有机物测定等，化学分析法、分光光度法、非色散红外吸收法、荧光光谱法等也有一定应用。

4. 生物指标

生物监测是水环境监测的重要组成部分之一。与理化监测分析手段相比，生物监测具有直观、客观、综合和历史可溯源性的特点。利用生物监测，可评价水体的状况和污染物的毒性及其危害性。生物监测需要传统经典的生物学基础知识的支撑，如生物的分类与

鉴定。

目前，水利部门开展的生物指标主要包括微生物指标（细菌总数、粪大肠菌群等）、浮游植物、浮游动物、底栖动物、着生生物、大型水生维管束植物及鱼类，涉及种类、数量与生物量的测定等。

5. 放射性指标

水中放射性监测主要为总 α、总 β 放射性活度。测量总 α 的方法有用电镀源测定测量系统的仪器计数效率，再用实验测定有效厚度的厚样法；有通过待测样品源与含有已知量标准物质的标准源，在相同条件下制样测量的比较测量法；有用已知 α 质量活度的标准物质粉末，制备成一系列不同质量厚度的标准源，测量给出标准源的计数效率与标准源质量厚度的关系，绘制 α 计数效率曲线的标准曲线法。测量总 β 的方法常用已知 β 质量活度的标准物质粉末，制备成一系列不同质量厚度的标准源，测量给出标准源的计数效率与标准源质量厚度的关系，绘制 β 计数效率曲线的薄样法。

6.2.2.4 质量控制

质量控制是水质监测的重要环节，是检测结果可靠准确的重要保障。质量控制一般可分为室外质控、室内质控与室间质控。

1. 室外质控

室外质控包含现场质控、样品保存与运输的质量控制两个方面。

采样人员均须持证上岗，采样时每个采样小组须采集平行样。每批样品均需采集现场平行样，采集率不少于样品总数 10%；另外，每批样品至少采集全过程空白样 1 个。在样品保存与运输过程中，必须严格遵守监测规范相关规定，并针对水样的不同情况和待测样品特征采取相应的保护措施。

2. 室内质控

实验室应尽量杜绝因室内温度、湿度、电源电压波动、空气中污染成分等因素对分析测试的影响，分析仪器设备、玻璃量器定期检定或校准，检测人员应通过考核持证上岗。常用室内质控措施包括空白试验、平行样测定、加标回收试验、标准样品测定及绘制质量控制图。

（1）空白实验。一次平行测定至少两个空白值，平行测定的相对偏差应满足监测规范的要求。

（2）平行样测定。随机抽取 10%～20% 的样品进行平行双样测定，样品数量少于 10 个时，测定率不少于 20%。

（3）加标回收试验。每批水样随机抽取 10%～20% 样品进行加标回收率的测定。做回收率的测定时，加入标准物质的量和样品中待测物质的浓度程度相等或接近。一般情况下要求加标量不大于样品中待调物质含量的 0.50～2 倍。

（4）标准样品测定。每批水样应有标准样控制，质控结果超出不确定度范围，则要从人员、仪器、试剂等各个检测环节查找原因并及时纠正。

（5）质量控制图。为了能直观地掌握数据质量的变更情况，及时发现检测结果的异常变更或变更趋向，常常采用绘制质控图来判断测定过程是否受控。

3. 室间质控

室间质控又称外部质量控制（指由外部的第三者），指采用协作实验、能力验证、实验间比对和质控考核等方式对各个实验室的分析质量进行定期或不定期检查的过程。

通过室间控制评估各实验室间分析的精密度和准确度，判断实验室间是否存在系统误差，检查各实验室间检验数据的有效性和可比性，确定和提高各实验室综合监测技术能力，检查与评定检验人员的技术能力等。

室间质控可选用单个测试项目和一组测试项目，分析和评价实验室单项和综合测试能力；室间质控样品时可选用实际（或加标）样品、标准物质、已知值样品等。

6.2.3 水资源质量评价

水资源质量一般简称为水质，是指水体物理、化学及生物学的特征和性质。水平资源质量评价是以地表水资源保护和管理为目标，根据水资源开发利用和保护要求，参考国家和有关用水部门制定的各类用水水质标准，对水资源水质状况进行的评价。根据当前水资源质量评价工作内容、要求及江苏省水文系统实际工作中水资源质量评价实践，水资源质量评价主要从河湖、地下水、水功区水质评价及湖泊营养化评价4个方面进行介绍。

6.2.3.1 河湖水质评价

河湖水质评价首先要明确评价目的，其次根据评价目的和要求，选择合适的评价参数、评价标准和评价方法，通过调查和监测获得的水质数据，对水体水质状况进行评价。

1. 选择评价参数

在明确评价目的后，水质评价参数的选择应遵循以下原则：

（1）针对性原则，即评价参数能反映评价区域的重要水环境问题，满足水质评价目标要求。

（2）适度原则，即以适量的评价参数参与水质评价获得可信的评价结果。

（3）监测技术可行原则，即所设置的评价参数必须是利用现有技术手段可获取监测数据。

江河水质参数的选择应根据评价目的进行，通常有三种方法：一是根据河湖水质评价要求；二是根据污染源评价结论；三是根据试验条件。河湖水质评价参数包括河湖水质、底质和水生生物。一般应选择在河湖水体中起主要作用的，对环境、生物、人体及社会经济危害大的参数作为主要评价参数。

根据河湖水体特点，河湖水质评价一般应包括水温、pH 值、溶解氧、高锰酸盐指数、化学需氧量、氨氮、总磷、挥发酚、氰化物、砷、汞、六价铬、石油类等参数。由于每条河湖污染物质各不相同，参数亦可据实际情况增减。在一定的区域内，为增加水质评价结果的可比性，在考虑特征性污染物的基础上，水质参数的选择也可据评价目的、评价标准统一确定。

2. 收集整理监测数据

水质监测数据的获得，主要有两条途径。一是通过本单位组织专门的水质监测；二是通过调查收集其他部门通过监测已经获得的水质数据。

水质监测是经统一取样得到水体物理、化学和生物学等特征数据的过程，可分为常规水质监测和专项水质监测。常规水质监测一般对水体进行定点、定时监测，具有长期性和连续性；专项水质监渊是为特定目的服务的水质监渊，其监测项目与频率视服务对象而定。由于不同水质监测网络（部门或单位）在站点设置、采样方法、采样频率、监测时段、实验室分析方法等方面存在差异，源自不同水质监侧网络的水质数据必须根据评价需要进行数据校勘与合理性分析。

3. 确定评价标准

水质标准是水质评价的准则和依据。水质评价标准必须以国家颁布的有关水质标准为基础。随着水环境保护事业的发展，我国相继制定颁布一系列水质标准，为水质评价工作的顺利开展提供较完备的标准体系。由于水环境问题的复杂性，以及随着经济发展和科学技术进步，新的水环境问题也会不断出现，现有评价标准体系中没有包括的水质项目也可能需要进行评价，在进行必要的科学分析对比前提下可参考国外有关水质标准进行。

对于同一水体，采用不同的标准，会得出不同评价结果，甚至对水质是否污染结论也不同。因此，应根据评价水体的用途和评价目的选择相应的评价标准，常见主要水质标准有：《地表水环境质量标准》（GB 3838—2002）、《生活饮用水卫生标准》（GB 5749—2006）、《渔业水质标准》（GB 11607—1989）、《农田灌溉水质标准》（GB 5084—2005）、《海水水质标准》（GB 3097—1997）、行业及地方有关水环境质量标准。

4. 选择评价方法

水质评价的方法很多，有指数评价法、生物评价法、模糊数学方法、层次分析法等，它们在说明水质状况方面各有特点。指数法评价水质，由于简单明了、容易使用，评价结果易于比较，因而应用比较广泛。

指数评价法可分为单因子污染指数法和水质综合污染指数法。单因子污染指数表示单项污染物对水质污染影响的程度，水质综合污染指数表示多项污染物对水质综合污染的影响程度。

(1) 单因子污染指数法。单因子污染指数法是将某种污染物实测浓度与该种污染物的评价标准进行比较以确定水质类别的方法。日常地表水质量评价中，即将每个水质监测参数与《地表水环境质量标准》（GB 3838—2002）进行比较，确定水质类别，最后选择其中最差级别作为该区域的水质状况类别。

(2) 水质综合污染指数法。水质综合污染指数法是指在求出各个单一因子污染指数的基础上，再经过数学运算得到一个水质综合污染指数，据此评价水质，并对水质进行分类的方法。对单一因子污染指数的处理不同，决定了水质综合污染指数法的不同形式，诸如算术平均型指数、加权平均型指数、罗斯水质指数、内梅罗指数、豪顿水质指数等。

单因子污染指数只能代表一种污染物对水质污染的程度，不能反映水质整体污染程度；综合污染指数法是对整体水质做出的定量描述，这样的评价结果只能定性地说明污染程度是轻、严重还是非常严重，不能确定其功能类别为几类。由于单因子评价法采取最差项目赋全权，可以明确指出水质问题的所在，直接了解水质状况与评价标准之间的关系，有利于提出针对性的水环境治理措施。因此，单因子评价法是最普遍使用的评价方法。

5. 评价结论

根据评价结果，提出评价结论。评价结论一般要求揭示地表水水质时空分布规律，指出水污染重点区域，识别污染项目，分析污染类型与污染程度，结合污染源调查评价，指出污染成因，提出水资源保护对策。

6.2.3.2 湖泊富营养化评价

湖泊水体是人类重要的水环境，它与工农业生产、人类生活等息息相关。湖泊也存在着发生、发展和消亡的自然演变过程，湖泊富营养化是演变过程中的一个重要阶段。在自然状态下，湖泊本身的富营养化过程非常缓慢，但现代经济的高速发展和人口剧增，使得湖泊水体的营养负荷急剧增加和积累，引起湖泊中的水生生物（主要是浮游藻类）大量繁殖，使得湖泊富营养化过程加快，水质迅速恶化，水功能丧失，成为当今举世瞩目的重大环境问题之一。

湖泊富营养化评价是通过评价与湖泊营养状态有关的一系列指标及指标间的相互关系，对湖泊的营养状态作出准确的判断。我国湖泊富营养化评价的基本方法主要有营养状态指数法（卡尔森营养状态指数（TSI）、修正的营养状态指数、综合营养状态指数（TLI））、营养度指数法和评分法。目前，日常湖泊富营养评价工作中，水利与环保部门采用的方法不同，前者采用评分法，后者综合营养状态指数。

1. 评价标准

将湖泊营养状态分为贫营养、中营养、富营养（轻度富营养、中度富营养、重度富营养），营养状态指数分别为 $0 \leq EI \leq 20$、$20 < EI \leq 50$、$50 < EI \leq 100$，具体评价标准详见表 6.5。

表 6.5　　　　　　　　　　湖泊营养状态评价标准及分级方法

营养状态分级 EI（营养状态指数）		评价项目赋分值 E_n	总磷 /(mg/L)	总氮 /(mg/L)	叶绿素 a /(mg/L)	高锰酸盐指数 /(mg/L)	透明度 /m
贫营养 $0 \leq EI \leq 20$		10	0.001	0.020	0.0005	0.15	10
		20	0.004	0.050	0.0010	0.4	5.0
中营养 $20 < EI \leq 50$		30	0.010	0.10	0.0020	1.0	3.0
		40	0.025	0.30	0.0040	2.0	1.5
		50	0.050	0.50	0.010	4.0	1.0
富营养	轻度富营养 $50 < EI \leq 60$	60	0.10	1.0	0.026	8.0	0.5
	中度富营养 $60 < EI \leq 80$	70	0.20	2.0	0.064	10	0.4
		80	0.60	6.0	0.16	25	0.3
	重度富营养 $80 < EI \leq 100$	90	0.90	9.0	0.40	40	0.2
		100	1.3	16.0	1.0	60	0.12

2. 评价参数

湖泊营养化评价参数为总磷、总氮、高锰酸盐指数、叶绿素 a、透明度。

3. 评价方法

根据表 6.5 采用指数法进行湖库营养状态评价,包括以下几个步骤:

(1) 采用线性插值法将水质项目浓度值转换为赋分值。

(2) 按下式计算营养状态指数 EI:

$$EI = \sum_{n=1}^{N} E_n / N \tag{6.33}$$

式中:EI 为营养状态指数;E_n 为评价项目赋分值;N 为评价项目个数。

(3) 参照表 6.5,根据营养状态指数确定营养状态分级。

6.2.3.3 地下水水质评价

为保护和合理开发地下水资源,防止和控制地下水污染,开展地下水水质评价是水资源保护的一项重要内容。

1. 评价标准

2017 年 10 月,国家质量监督检验检疫总局、国家标准化管理委员会联合发布了《地下水质量标准》(GB/T 14848—2017),并于 2018 年 5 月 1 日实施。标准依据我国地下水质量状况和人体健康风险,参照并参照生活饮用水、工业、农业等用水质量要求,将地下水质量划分为 5 类。

2. 评价参数

地下水质量评价参数分为常规指标和非常规指标,共 93 项。

常规指标为 39 项,包括色、肉眼可见物、总硬度、溶解性总固体、硫酸盐、挥发性酚、氨氮、硫化物等感官性状及一般化学指标 20 项,总大肠菌群、菌落总数等微生物招标 2 项,亚硝酸盐、氰化物、汞、砷、镉、三氯甲烷、苯、甲苯等毒理学指标 15 项,总 α 放射性、总 β 放射性等放射性指标 2 项。

非常规指标为 54 项,均为毒理学指标,包括铍、锑、萘、蒽、苯并芘、多氯联苯、六六六、滴滴涕、甲基对硫磷、乐果等。

地下水质量评价参数一般以常规指标为主,根据当地水文地质条件、工业排废情况补充选定反映本地区主要水质问题的非常规指标。

3. 评价方法

地下水质量评价以地下水水质调查分析资料或水质监测资料为基础,可分为单项组分评价和综合评价两种。

(1) 单项组分评价,按《地下水质量标准》(GB/T 14848—2017)所列分类指标进行单项组分类别评价,确定单项组分水质类别。指标限值相同时,类别评价从优不从劣。

(2) 综合评价,按单指标评价结果最差的类别确定,并指出最差类别指标,包括指标深度、超Ⅲ类倍数等。

除上述评价方法外,模糊综合评价法、灰色综合评价法、神经网络综合评价法也在地下水质量评价中有所应用,这 3 种方法各有其优点和不足,在进行地下水水质综合评价时要根据实际情况进行适当的选择。

6.2.3.4 水功能区水质评价

水功能区是指为满足水资源合理开发和有效保护的需求，根据水资源的自然条件、功能要求、开发利用现状，按照流域综合规划、水资源保护规划和经济社会发展要求，在相应水域按其主导功能划定并执行相应质量标准的特定区域。

水功能区划分为一级区划和二级区划，水功能一级区分 4 类，包括保护区、保留区、开发利用区、缓冲区；二级功能区划在一级区划中的开发利用区再划分为 7 类，包括饮用水源区、工业用水区、农业用水区、渔业用水区、景观娱乐用水区、过渡区、排污控制区。

1. 评价标准

水功能区评价应以《地表水环境质量标准》（GB 3838—2002）为基本标准，同时应根据水功能区功能要求综合考虑相应的专业标准和行业标准。

对于单一功能水功能区，应以其水质管理目标对应的水质标准为评价标准。多功能水功能区应以水质要求最高功能所规定的水质管理目标对应的水质标准为评价标准。

2. 评价参数

评价参数应根据水功能区功能要求确定，一般为《地表水环境质量标准》（GB 3838—2002）中的基本项目。具有饮用水功能的水功能区除《地表水环境质量标准》（GB 3838—2002）的基本项目外，还应包括标准中的补充项目，有条件的地区宜增加有毒有机物等水源地特定项目。

3. 评价代表值

为客观反应水功能区水质状况，一个水功能水质断面可能设置多个；另外，由于水功能区功能差异，水质评价代表值的确定不能一概而论。只有一个水质代表断面的水功能区，以该断面的水质数作为水功能区的水段代表值；有多个水质监测代表断面的缓冲区，以省界控制断面监测数据作为水质代表值；有多个水质监测代表断面的饮用水源区，以最差断面的水质数据作为水质代表值；有两个或两个以上代表断面的其他水功能区，以各监测断面水质浓度的加权平均值或算术平均值作为水功能区的水质代表值。采用加权方法时，河湖应以流量或河湖长度做权重，湖泊以水面面积做权重，水库以蓄水量做权重。

4. 评价方法

(1) 单次水功能区评价。单次水功能区达标评价应根据水功能区管理目标规定的评价内容进行。对水功能区规定水质类别管理目标的，需进行水质类别达标评价；对规定营养状态管理目标的，需进行营养状态达标评价。水质类别和营养状态均达标的水功能区为达标水功能区，有任何一方面不达标的水功能区为不达标水功能区。

(2) 多次水功能区评价。水期或年度水功能区达标评价应在各水功能区单次达标评价成果基础上进行，可采用均值法和测次法。

6.2.3.5 水资源质量分析评价系统

江苏水利系统自 20 世纪 50 年代开展水质监测工作以来，全省水质站网日益完成，尤其是近 10 年水质监测工作量的突飞猛进，积累了大量的水质资料。如何快速高效地利用这些信息，更好地为水资源保护和管理服务，促进水资源的可持续利用，是水质监测业务部门的迫切需要。

水资源质量分析评价系统在构建了统一水质数据中心的基础上开发了功能全面的分析评价系统，同时对江苏省水环境监测行业的行标、规范进行了补充完善，并在实际工作中建立了应用，更适应于江苏省水资源分析评价行业的实际情况，同时贴合下属单位的工作特性，在行业内属于首创。

系统结合了软件技术、评价技术、统计技术、图文混排技术，基本实现了江苏省水文水资源勘测局水质部门主要工作报表报告的快速生成、输出。而其他省份同行及流域机构的常规报告基本仍采用人工编制的方式，相比而言，该系统的此项功能属行业内创新设计，在全国同行处于领先水平。通过水功能区评价计算模型，采用矢量数据服务器端调度组织、栅格地图客户端实时渲染的技术，对各区域水质类别以不同颜色进行标识，实现了水质站点、水功能区水质等水资源信息的空间展示。对于水功能区水质类别的计算、渲染改变了传统的制图方法，实现了水功能区水质的动态生成。

系统在全省投入使用的近一年内，极大地提高了工作效率，针对不同的群体提供内容明晰、形式多样的信息与展示，为江苏省水资源管理及水生态建设提供了有力的技术支撑。

6.2.4 河湖健康评估

随着工业化、城市化进程快速推进，河湖资源环境问题日趋突出，特别是 2007 年夏季太湖蓝藻集中暴发而引发的局部区域供水危机，警示我们要加强河湖管理，维护河湖的健康生命，保障水资源环境的可持续利用，已经成为全社会一项重要而又紧迫的任务。2008 年，江苏省水利部门启动河湖健康评估体系研究，提出适合江苏的河湖健康评估指标体系和评价方法。2010 年始，选择江苏省主要河湖开展了健康评估，并于当年向社会首次发布了《江苏省主要河湖健康状况报告》，取得了良好的社会反响。

6.2.4.1 健康内涵

河湖健康的概念是伴随生态系统健康概念出现的新概念，目前还没有一个严格的科学定义。20 世纪 80 年代以来，随着人类对生存环境和资源问题的日益关注，推动了生态系统健康理念的形成和发展，并在不同的生态系统领域形成了不同的生态系统健康概念，如草原生态系统健康、森林生态系统健康、湿地生态系统健康、土地健康等。对河湖水生生物和生态系统保护的强调，也促使了河湖健康概念的产生。从河湖管理的角度讲，河湖健康概念的提出具有现实意义，它的提出有助于科学团体和公众之间的沟通，唤起社会对河湖生态状况的关注。

河湖是具有生命特征的，河湖水系的水循环过程是河湖生命维持的关键，使得陆地上的水系不断得以补充，水资源得以再生以及河湖生态系统的发育和繁衍。河湖健康是在河湖生命存在的前提下，人类对其生命存在状态的一种描述。

河湖健康是对河湖系统的要素、结构和功能整体状况的评判，是衡量河湖系统要素、结构、功能特征的隐喻。对于健康河湖而言，其内涵应该包括以下 4 个方面的内容：

（1）健康河湖的组成要素应该完整。健康的河湖系统不仅包含健康的河湖水体、自然结构、河湖生物等自然因素，还应该包括与河湖相关的人类社会经济活动。片面考虑自然要素和社会要素都是不全面的。忽略人类社会要素的河湖健康不符合现实要求,也没有太大意义;而片面强调人类社会要素的河湖系统健康又失去了系统的物质基础,正所谓皮之不存,毛将焉附。

(2) 健康河湖的内部结构要稳定,各组成要素间应协调发展。健康的河湖系统不因某个要素的发展而影响其他要素以及整个河湖系统的发展。河湖系统组成结构的稳定性和协调性是保证各项功能正常发挥的基础,是健康河湖隐形、内向性的表征。

(3) 健康河湖的自然生态环境特征和人类社会服务特征是完备的、平衡的。一般来说,河湖系统的自然生态环境特征和人类社会服务特征之间有协调一致的地方,也有矛盾与冲突的地方。而健康的河湖,是协调和冲突的对立统一,是两者之间的一种平衡。这种平衡既强调保护和恢复河湖生态系统的重要性,也承认了人类社会适度开发河湖的合理性;健康河湖应是河湖自然生态环境特征和人类社会服务特征的统一,是协调的最大化、冲突的最小化,是整个系统整体功能的最优化、最大化。

(4) 健康河湖具有环境适应性、对突发或长期的自然或人为扰动具有一定的抵抗能力和恢复能力,能维持正常的物质循环和能量流动,能在动态调整、平衡、演化中保持长期、稳定、可持续性地发展。

6.2.4.2 健康河湖系统结构

河湖系统是一个包含水量、形态结构、水质状态、涉水工程、沙量和生物栖息地在内的多因素组成的复杂系统。各组成因子之间相互影响、相互作用,存在大量的因果关系。当自然因素和社会因素对河湖系统某些组成因子的影响作用超过河湖系统的承受能力时,该因素就会转化为河湖健康问题的内源性因素。健康河湖系统结构主要包括下面两个子系统。

1. 河湖自然生态环境子系统

作为重要的生态系统类型,河湖生态系统是生物圈物质循环的主要通道之一,很多营养盐及污染物在河湖中得以迁移和降解。河湖的生态环境功能指标用于评价河湖的自然生态环境功能状态,可从河湖的水文、生态、环境状况等方面反映。

河湖是天然的栖息地,是植物和动物(包括人类)能够正常的生活、生长、觅食、繁殖以及进行生命循环周期中其他的重要组成部分的区域。对于迁徙性和运动频繁的野生动物来说,河湖既是栖息地同时又是通道,生物的迁徙促进了水生动物与水域发生相互作用。河湖还具有在调节水文循环、调节气候、土壤形成、涵养水源等方面的生态功能。同时,河湖在一定程度上能够通过自然稀释、扩散、氧化等一系列物理和生物化学反应来净化由径流带入其中的污染物,使水中的泥沙得以沉降,并使水中各种有机和无机溶解物和悬浮物被降解和截留,从而使水得到澄清,同时可将许多有毒有害的物质分解转化为无害的甚至是有用的物质。这种环境净化作用为人们提供了巨大的生态效益和社会效益。

2. 河湖社会服务功能子系统

河湖不仅是自然的河湖,更是社会的河湖。由于当前的河湖绝大多数已不再是天然状态下的河湖,撇开人类活动影响来研究河湖问题是不合适的。随着人类社会的不断发展,人类开发和利用自然的能力逐渐加强,河湖的服务功能应运而生。

河湖的社会服务功能是指是河湖系统与河湖过程所形成及所维持的人类赖以生存的自然环境条件与效用。一方面河湖系统中包含充沛的淡水资源和丰富的势能,可以为人类提供物质和能量,另一方面河湖系统独特的景观可以给人类提供文化娱乐。河湖健康不仅意味着河湖自然生态环境功能完善,而且意味着河湖社会服务功能良好发挥。维护河湖健康就是在尊重河湖自然属性的前提下,充分发挥河湖服务功能,实现人类和河湖自然和谐相处。所以,对于河湖社会服务子系统的研究在健康河湖中是非常重要的。

河湖系统服务功能是人类文明和可持续发展的基础。根据河湖生态系统的组成特点、结构特征和生态过程,一条健康的河湖应该具备的社会服务功能,主要包括灾害调节、水源供给、运输功能、美学效应等,具体可体现在防洪、供水、航运、景观、休闲娱乐等众多方面。

河湖的社会服务功能大部分均是基于人类对河湖进行开发的基础之上,对河湖的开发利用是保障社会经济健康发展的重要基础,但过度开发会使河湖的"生命"受到威胁。一条没有资源可利用的河湖不能称其为具有"健康生命"的河湖。试图保持一条河湖的原始状态也是不科学、不理性、不现实的。因此,我们需要做的是在保护中开发、在开发中保护,达到发展与保护双赢的目的。

6.2.4.3 指标体系构建

构建科学合理的河湖健康指标体系,是维持河湖健康生命及服务功能的基本依据,是河流水资源可持续利用的基础,是从定性研究走向定量研究的关键环节,也是健康河流综合评价的重要内容。

江苏省河湖健康评估指标体系分为四个层次:目标层、控制层、准则层和指标层。

目标层:河湖复杂巨系统的总目标,以河湖健康综合指数作为衡量目标层的综合指标。

控制层:根据健康河湖结构特征,本研究将健康河湖复杂巨系统的两个子系统的特征(河湖自然环境子系统特征、河湖社会服务子系统特征)作为河湖健康评估指标体系的控制层。

准则层:准则层是制约控制层的主要准则,也可理解为分目标层。

指标层:指标层是影响准则层的主要要素,由可以直接度量的指标构成,它是河湖健康评估指标体系最基本的层面,具体描述了准则层的特性。

据此,根据河湖结构和特征,针对江苏省河湖特点,结合 2010 年水利部发布的《全国重要河湖健康评估(试点)工作大纲》,分别提出了具有江苏省河流健康评估指标体系、江苏省湖泊健康评估指标体系。江苏省河流健康评估指标体系由 1 个目标层、2 个控制层、7 个准则层、11 个指标层构成,详见表 6.6。江苏省湖泊健康评估指标体系由 1 个目标层、2 个控制层、6 个准则层、8 个指标层构成,详见表 6.6 和表 6.7。

6.2.4.4 评价标准构建

河湖健康评估评价标准的确定不仅取决于河流的自然属性,更取决于人类社会经济发展水平和人们的生活质量的要求,评价标准是一个动态数值,其建立也应从社会经济可持续发展和环境协调的原则进行考虑。

表 6.6　　　　　　　　　　江苏省河流健康评估指标体系

目标层	控制层	准则层	指标层
河流健康	自然属性	自然及水文	河岸稳定性
			流动性
			生态流量满足程度
		河流水质	水质污染指数
		生态特征	岸坡植被结构完整性
			水生生物多样性指数
	社会服务	防洪工程	防洪工程达标率
		岸线利用管理	岸线利用管理
		公众满意状况	公众满意度
		供水保证	供水水量保证率
			水功能区达标率

表 6.7　　　　　　　　　　江苏省湖泊健康评估指标体系

目标层	控制层	准则层	指标层
湖泊健康	自然属性	湖泊形态	口门畅通率
		水动力	湖水交换能力
		湖体水质	水质污染指数
			营养化指数
		水生生物	蓝藻密度
			底栖动物多样性
	社会服务	防洪工程	调蓄指数
		水资源供给	水功能区达标率

评价标准参考系的选择一是在同一生物地理区系内寻找同一河流系统类型的未受或者少受人类干扰的系统，二是从被评价系统的历史资料中获得在较少受到人类干扰条件下系统的状态描述，作为安全参照系。目前，在人类活动对自然环境的强烈干扰下，单纯地依靠寻找未受人类干扰的河流系统确定理想值难度较大。因此，对于评价标准的确立可考虑从以下几方面选择：

（1）国家标准、行业标准、国际标准。如国家或国际组织颁布执行的环境质量标准、公共卫生标准、各行业发布的环境安全评价规范和规定、各地方政府颁布的规划区目标等。

（2）背景值或本底值。可以用所评价地区河流自然地理、生态环境的背景值或本底值作为评价标准。

（3）类比标准。以未受人类严重干扰的水资源与生态环境安全性高的相似河流系统作为类比标准，这类标准需要根据评价内容和要求科学地选择。

（4）科学研究中已判定的生态效应。通过当地或相似条件下科学研究已判定的保障生态与环境安全的指标，亦可作为区域水环境安全评价中的参考标准。

江苏省河流、湖泊健康状况评价标准详见表6.8和表6.9。

表6.8　　　　　　　　　　　江苏省河流健康评价标准

序号	指标		指标分级标准及阈值			
			优	良	中	差
1	河岸稳定性指数		[0.85, 1]	[0.70, 0.85)	[0.40, 0.70)	[0, 0.40)
2	河流流动性指数		[0.80, 1]	[0.60, 0.80)	[0.40, 0.60)	[0, 0.40)
3	生态流量满足程度指数		[0.95, 1]	[0.9, 0.95)	[0.8, 0.9)	[0, 0.8)
4	河流水质	《地表水环境质量标准》(GB 3838—2002)	Ⅰ、Ⅱ	Ⅲ	Ⅳ	Ⅴ、劣Ⅴ
		水质综合指数	[4, 5]	[3, 4)	[2, 3)	[0, 2)
5	岸坡植被结构完整性指数		[0.85, 1]	[0.60, 0.85)	[0.40, 0.60)	[0, 0.40)
6	河流生物多样性指数		≥3.0	[2.0, 3.0)	[1.0, 2.0)	[0, 1.0)
7	防洪工程达标率/%		[95, 100]	[85, 95)	[65, 85)	[0, 65)
8	岸线利用管理指数		[0.90, 1]	[0.70, 0.90)	[0.50, 0.70)	[0, 0.50)
9	公众满意度（赋分值）		很满意 [90, 100]	满意 [70, 90)	基本满意 [45, 70)	不满意 [0, 45)
10	供水水量保证率/%		[95, 100]	[85, 95)	[65, 85)	[0, 65)
11	水功能区水质达标率/%		[80, 100]	[70, 80)	[50, 70)	[0, 50)
12	综合评价		[85, 100]	[70, 85)	[40, 70)	[0, 40)

注　1. "["表示"≥或≤"。
　　2. ")"表示"<"。

表6.9　　　　　　　　　　　江苏省湖泊健康评价标准

序号	指标		指标分级标准			
			优	良	中	差
1	口门畅通率/%		[80, 100]	[70, 80)	[50, 70)	[0, 50)
2	湖水交换能力		≥1.5	(1, 1.5]	(0.5, 1]	(0, 0.5]
3	水质污染指数	《地表水环境质量标准》GB 3838—2002	Ⅰ	Ⅱ	Ⅲ	Ⅳ	Ⅴ
		DO/(mg/L)	≥7.5	≥6	≥5	≥3	≥2
		COD_{Mn}/(mg/L)	≤2	≤4	≤6	≤10	≤15
		BOD_5/(mg/L)	≤3	≤3	≤4	≤6	≤10
		NH_3-N/(mg/L)	≤0.15	≤0.5	≤1.0	≤1.5	≤2.0
		TN/(mg/L)	≤0.2	≤0.5	≤1.0	≤1.5	≤2.0
		TP/(mg/L)	≤0.01	≤0.025	≤0.05	≤0.1	≤0.2

续表

序号	指标	指标分级标准			
		优	良	中	差
4	富营养化指数	贫营养	中营养	轻度富营养	中、重度富营养
		[0, 20]	(20, 50]	(50, 60]	(60, 100]
5	蓝藻密度/万个每L	[0, 300]	(300, 1700]	(1700, 3500]	>3500
6	底栖动物多样性	≥3	[2, 3)	[1, 2)	[0, 1)
7	调蓄能力/%	[0, 50]	(50, 70]	(70, 80]	(80, 100]
8	水功能区达标率/%	[80, 100]	(70, 80]	[50, 70)	[0, 50)
9	综合评价	[80, 100]	(60, 80]	[40, 60)	[0, 40)

注 1. "["表示"≥"。
2. "]"表示"≤"。
3. "("表示">"。
4. ")"表示"<"。

6.2.4.5 评估实践

江苏是著名的水乡，水生态文明是江苏省生态文明建设的重要组成和基础保障，科学评估江苏河湖健康状况是建设江苏省水生态文明的基础。2010年开始，江苏省在前期河湖健康评估指标体系研究的基础上，正式开展了2010年江苏省重要河湖健康状况评估工作。

江苏省河湖健康评价范围在近年的实践中，评价河湖布局得到了优化完善，截至2013年，共选择了16条河流、11个省管湖泊。其中，评价河流的选择，根据江苏省流域水系特点，分别按淮河、长江和太湖三大流域，优先选择9条流域性河流（指流域内干流、重要一级支流以及跨流域调水骨干河道）、7条区域性河流（指区域性或跨区域的骨干供水河道、综合功能突出的调度性河道）进行健康状况评估，分别为淮河流域中运河、里运河、通榆河、苏北灌溉总渠、长江干流、新通扬运河、秦淮河、江南运河、望虞河及大沙河、北六塘河、新洋港、句容河、九圩港、张家港、太滆运河。湖泊健康评估对象的选择，根据江苏省人民政府发布的《江苏省湖泊名录》，选择对区域水资源和水环境影响较大的省管湖泊为对象，包括太湖、洪泽湖、高邮湖、骆马湖、石臼湖、滆湖、邵伯湖、长荡湖、白马湖、固城湖、宝应湖。

根据河湖健康评估指标体系及评价标准，利用图表及简要文字形式分别表述了河湖健康各个指标评价结果及综合评价结果，并以图表形式予以标识。例如，根据调查与监测结果，单项指标（河流流动性状况）评价结果及综合评价（湖泊）健康状况如图6.11和图6.12所示。

通过对江苏省主要河湖健康状况评估，较好地掌握了河湖健康状况及变化态势。河湖健康评估结果显示：部分河湖因水环境综合整治工作的不断推进，采取了行之有效的治理措施，河湖健康状况有所改善；个别河流岸线过度利用，部分湖泊人类活动干扰依然很强，非法圈圩、过量无序采砂、围网养殖强度大，个别年份蓝藻水华出现的湖泊增多等问题。

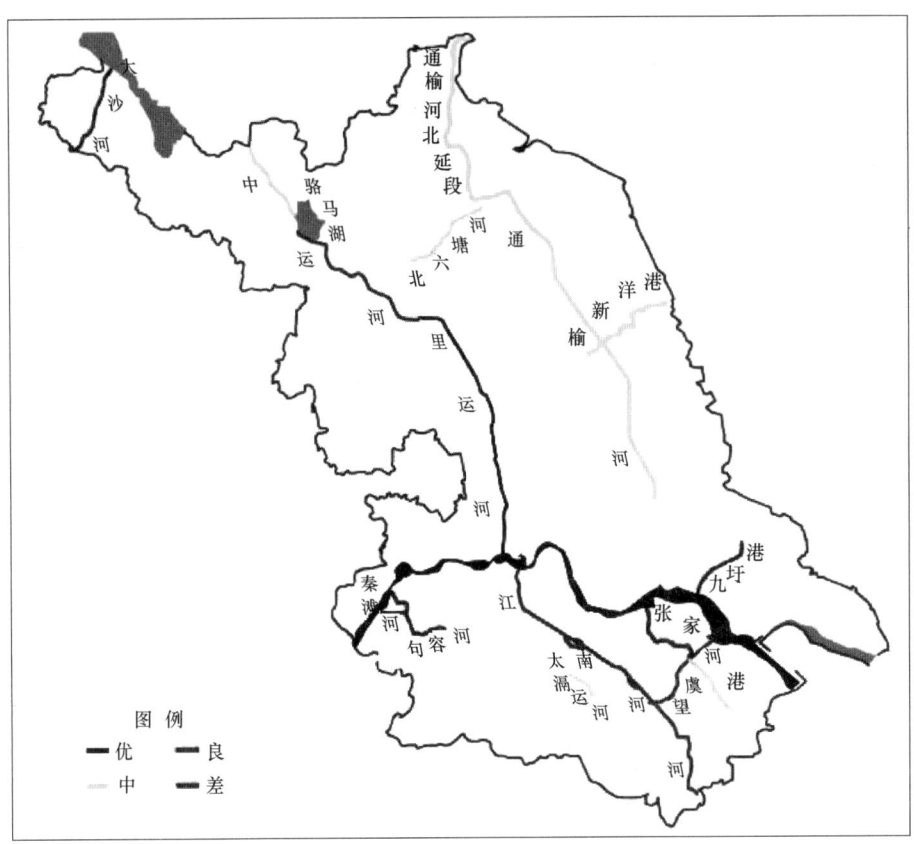

图 6.11 河流流动性状况评价结果图

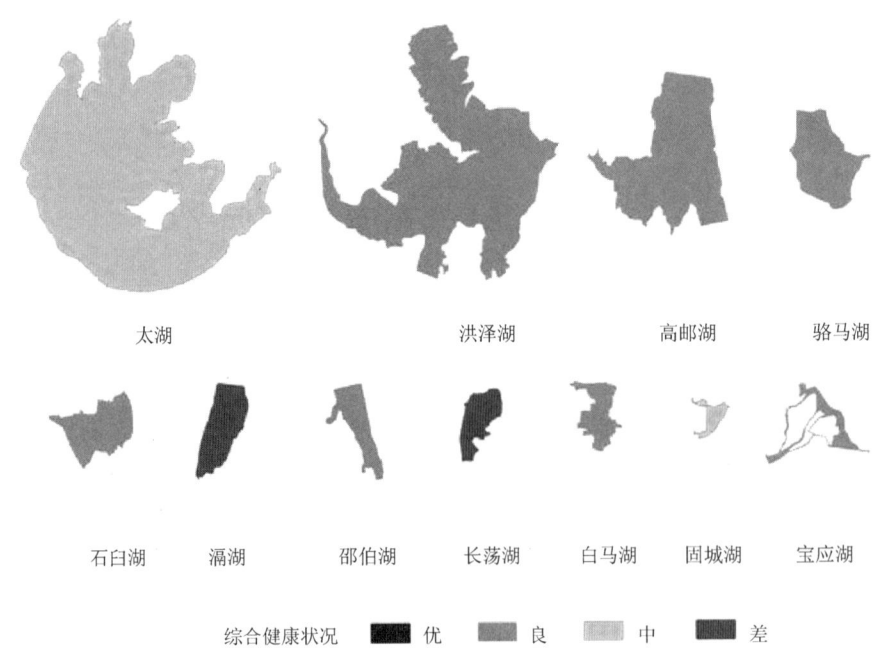

图 6.12 湖泊健康状况综合评价结果图

根据河湖健康评价结果，行政管理部门举一反三，强化和完善河湖管理和保护工作，建立健全河湖管理保护体系，全面建立河湖蓝线管理制度，积极推行"河长制"，强化水功能区管理，加快建立最严格的水资源管理制度，全力推进河湖健康，全面推进江苏省现代化和水生态文明建设，为"两个率先"和江苏提供更好的水安全、水资源和水环境及水生态保障。

7 水文信息化

7.1 数据（信息）采集

2010年以来，江苏省致力于水文自动测报系统的集成与整合研究，形成了统一、完整的江苏省水文自动监测体系架构，改变了以前多系统、多平台、信息孤岛的混乱局面。

江苏省水文自动监测体系架构涵盖了遥测站点标准化、数据传输控制、远程通信管理、数据采集平台、遥测数据库、运行管理规范等。制订了数据采集和传输标准，建立全省统一的水文自动测报系统平台，设计统一的远程通信模式，定义全省统一的遥测数据库，统一全省的数据流程、工作机制，协调统一系统通信和数据，形成科学合理，相互兼容，资源共享的信息管理体制。

目前，全省359个省级以上报汛站水位、雨量、风速、风向全部实现自动测报，全省653个资料整编站水位、雨量90%以上实现自动测报，水情报汛、水文资料整编利用自动监测数据。全省852座小型水库全部实现防洪自动监测、自动预警。全省205条中小河流范围内的水文站、水位站、雨量站全部实现自动测报。

省级以上水情报汛站、资料整编站、小型水库预警站、中小河流水文监测站共2000多个省级水文自动监测站，监测项目包括雨量、地表水水位、地下水水位、流量、流速、闸位、风速、风向、报警及状态等，均在统一平台上每5min一次在线实时监测，且数据入库率达到99%以上。水文自动监测系统稳定性好，实时在线率高，数据准确可靠，远远超过了《水文自动测报系统技术规范》（SL 61—2003）要求，为全省的防汛抗旱调度、水资源配置、河湖管理提供了实时准确的信息支撑。

7.1.1 数据采集传输标准

为了建立统一的数据采集和传输规约，协调统一系统通信和数据，2011年省水文水资源勘测局组织编制了《江苏省水文自动测报系统数据传输规约》（DB32/T 2197—2012）。2012年12月28日，地方标准《江苏省水文自动测报系统数据传输规约》（DB32/T 2197—2012）获江苏省质量技术监督局批准施行。

该标准参照IEC相关通信标准，对报文结构、报文编码、报文传输、考核办法等进行明确规定，适用于各级各类水文自动测报系统中遥测站与中心站之间的数据传输、遥测终端与传感器之间的数据采集，规范了各级各类水文自动测报系统的设计、建设和管理，并在江苏省水文自动监测系统建设中取得了很好的应用效果。

本标准提出了基于水文业务的信息编码与信息处理机制，实现了业务处理负荷在系统间的有效均衡，提高了系统可靠性。

规约设计了实用的帧结构，采用 HEX 编码方式对报文头、控制功能码、应用功能码、数据域参数、校验码及结束符等进行定义。相比于文本编码方式，HEX 报文编码效率至少提高 1 倍，相同信息量时报文越短其传输可靠性越高；同时采用 HEX 编码，更接近机器思维方式，便于采用嵌入式处理器的产品开发和实现。规约对复杂的统计分析，尤其涉及大量历史数据的处理应用，没有强制要求在采集前端实现，这样便于在系统实现时将该功能集中于具有强大处理能力的中心站或者分中心，而嵌入式采集前端可以集中精力完成现场数据的准确采集、可靠存储和及时传输，实现业务处理负荷在系统间的有效均衡，有利于提高系统的整体可靠性。

本标准采用了基于信道延时及信道容量的自适应传输策略，实现了异构信道的灵活组网与控制，提高了系统适用性。

规约设计了用户数据长度 L、报文拆分标志 DIV、帧计数控制块 FCB、传输服务类别 SX 等 4 个指标；规定了北斗信道包长不超过 98 字节、短信信道包长不超过 140 字节，透明信道包长则为 1K 字节的倍数；当数据长度超过信道容量时，发送端采用报文拆分机制，接收端采用多包拼接方法；不同类型的传输服务，对相邻报文之间的信道延时采用不同的处理策略。这样，在系统中存在多种信道时，即采用异构信道组网时，系统将依据每个信道的特点自动进行组包、拆包及超时处理，保证多种信道资源同时使用，有效扩大了系统设计及建设的方案选择范围。

本标准基于参数分类及功能定义的业务应用框架，实现了基础要素及运行模式的统一，提高了系统兼容性。

规约设计了 15 类控制功能码和 40 类应用功能码，控制功能码用来定义雨量、水位、流量、流速、位、功率、气压、风速、水温、水质、土壤含水率和蒸发量等各类水文要素，应用功能码用来定义各要素的采集、存储、传输、查询等操作处理方式，设计了数据域参数用来定义各要素的数值表示、范围、精度、采集频度等，从而建立了统一的业务应用框架，保证不同设备厂家之间的互操作和兼容性。此外，控制功能码、应用功能码及数据域参数均预留足够的空间，允许扩充和自定义，为系统功能扩展带来极大方便，也为设备厂家开发特殊应用提供余地。

在应用中，对有些参数作了相应约定，如控制命令的时效时间、发送失败的超时时间、心跳间隔时间、电池电压告警值、密钥算法、地址编码方式等。

本标准采用基于动态密钥及传输时效的安全校验方法，实现了远程可靠控制与维护管理，提高了系统安全性。

设计了远程控制及密钥算法，由发信端按系统约定的算法产生密钥，并与密钥算法一起在报文中下发，由接收终端进行校验；终端根据密钥及算法产生密码，与预设的密码比对，有效则响应，否则放弃。同时在下发报文中，增加时间标签，记录命令生成时间及允许信道延迟时间，接收端判断报文收发时差是否超过允许延迟时间，超过则放弃，否则有效。采用两种安全校验方法，保证远程控制的安全性和时效性。

7.1.2 数据采集平台

全省统一开发数据采集平台，分布部署于省中心、19个水情分中心（13个市水文分局、6个厅属水利工程管理处）。数据采集平台借鉴了成熟的水文遥测系统的特点与优势，以南京南瑞公司的 ACSCOMM 为基础，采用先进、主流、可靠的技术，开发了融合数据采集、传输控制和数据处理于一体，采用模块化设计，应用多线程技术，保证系统的可靠性、高效性、稳定性、开放性，形成统一化、智能化的数据采集平台。

数据采集平台的通信协议采用《江苏省水文自动测报系统数据传输规约》（DB32/T 2197—2012），主要功能如下：

（1）实现多种信道、主备信道数据通讯。

（2）数据入库。具备后台数据库接口，通过该接口可以将接收的数据写入后台数据库。当后台数据库异常时，采集平台需要保存未写库成功的数据，当后台数据库恢复时，采集平台能够将未写库成功的数据重新写库后台数据库。工作参数配置，数据采集平台能够支持直接在界面上进行参数配置工作，参数配置时不影响平台的其他功能，如主备信道数据采集、数据写库等。

（3）信息显示。在界面上能够显示遥测站来数信息、接收/发送的原始报文以及遥测站的 GPRS 在线状态。

（4）省中心-分中心通信。当省中心和分中心之间的网络畅通时，省中心的采集平台要能够将接收的数据直接发送给分中心的采集平台；而分中心采集平台可以通过省中心的采集平台对遥测站进行远程访问。

7.1.3 通信模式

2008年以前江苏省水文自动测报系统基本采用短波、超短波无线通信的传输方式，期间也尝试过有线传输、GSM、GPRS 数据传输等通信方式。2009年通过对江苏省已建系统的通信信道使用情况比较，研究国内可选的无线远距离通信技术方案，结合江苏省公众移动通信情况，确定自动测报系统采用移动 GPRS VPDN 为主信道，电信 CDMA VPDN 为备份信道的通信方案。

对比超短波、GSM 等信道，GPRS/CDMA VPDN 信道具有网络带宽大、通信实时性好、信道稳定性强、维护和运行费用低、网络安全性高、系统扩展能力强等突出优势。由不同的通信运营商分别提供通信信道的服务，互为备份，确保系统通信的稳定；通信运营商承诺积极配合系统建设并给出较低的运行费，测站 GPRS 费用为 5元/月，CDMA 费用为 6.5元/月。

全省19个分中心中采用 GPRS VPDN 专线，带宽 2M，具有专网固定网络节点和固定 IP 地址。省中心采用 CDMA VPDN 专线，通过省中心经水利专网在各分中心形成网络节点作为备份信道。两条信道可以自动切换，互为备份。测站遥测终端自动侦别主信道畅通情况，并在主信道无法运行时自动切换至备用信道进行数据传输。

测站系统主信道长期值守，备份信道休眠。当主信道不通时，启用备份信道，备份信道值守至主信道恢复后再次休眠。

主信道采用分中心集中的方式。即利用各分中心的 GPRS VPDN 专线接收该分中心所辖测站水情信息，主信道所收信息在分中心落地、校验、入库，同时通过交换软件传输实时传输数据至省中心。

备份信道采用省中心集中的方式。即利用省中心的 CDMA 专线集中所有分中心的测站信息，由省中心建立集合转发站，把接收到的测站信息向各分中心自动分发。分中心对接收到的信息进行正常的入库、校验及发送。

7.1.4 遥测数据库

规范自动监测数据入库标准，统一设计全省遥测数据库，分布部署于省中心、19 个水情分中心。遥测数据库定义参照《实时雨水情数据库表结构与标识符》(SL 323—2011)体系和表分类，在每个表中按照需要增加或减少的一些字段，用来表示系统运行状况，如 MDA、RDTM 和 INDBTM 等字段，其中 MDA 表示采集数据来源，MDA 为 0 表示是遥测站自动采集的数据，MDA 为 1 表示是测站人工通过采集终端置数数的据，且定义为主键。RDTM 表示接收到数据的时间，INDBTM 表示数据入库的时间。增加的字段 MDA 使得测站自动采集的数据有问题的时候，可以人工置数后发送到采集平台，也可以是人工观测的项目通过遥测系统发送到采集平台。字段 RDTM 可以反映出测站到采集平台之间的工作状况、数据延迟的时间，字段 INDBTM 可以反映采集平台数据入库的工作状况。遥测数据库的表分类基本按照《实时雨水情数据库表结构与标识符》(SL 323—2011) 中相应的表，增加了 ST_STATUS_R_T（状态信息表）表示测站的工作状态、ST_CMD_R（命令信息表）记录采集平台的指令状况。

7.1.5 数据传输流程及控制策略

数据传输流程为遥测终端自报信息优先通过主信道传输至分中心采集软件，分中心采集软件将信息进行初步合理性判断后入分中心遥测数据库，通过交换共享软件传输至省中心遥测数据库。

在主信道不通的情况下，遥测终端自动切换至备份信道传输信息至省中心采集软件，通过采集软件间的传输模块将信息传输至分中心采集软件，分中心采集软件对信息进行初步合理性判断后入分中心遥测数据库。

分中心数据库数据变更后由交换共享软件自动传输至省中心数据库。

数据传输控制策略如下：

(1) 遥测终端定时自报采集信息，采集软件应给遥测终端信息发送成功确认信号。采集软件对信息进行初步合理性判断后入库，并由采集软件记录未到水情信息指针标志。分中心采集软件在规定时间自动对未接收到水情信息发送数据补传指令，分中心管理人员可以随时人工通过采集软件发送数据补传指令，补传测站的一天数据或某一时段的数据。

(2) 如果测站未收到发送成功确认信号，认为自报信息发送失败，遥测终端将发送不成功的信息进行标注后临时存储，一旦通信连接成功，将自动重新发送。

(3) 系统还具备召测功能，召测指令使得遥测终端立即将采集到的数据立即发送至采集软件，省中心采集软件召测指令通过分中心采集软件执行并反馈召测数据。召测指令的下达由特定的管理员用户发出。

(4) 测站工作人员也可以通过遥测终端进行人工置数，人工置数的数据将自动发送至采集平台，并标注为人工置数。

该数据传输流程及控制策略有效地保证了江苏省水文自动测报系统数据采集的实时性、完整性。

7.2 通信网络

7.2.1 行业专用通信网的发展

江苏省的公共通信发展一直处于全国前列,水文行业通信、水情报汛依托公共通信系统的同时,跟踪通信技术的发展进行行业专用通信网建设。

1. 短波、超短波通信

淮河75·8大水后,贯彻水利部"防汛通信是防汛工作的生命线"的指示精神,江苏省开始进行防汛短波应急通信系统的建设,通信范围覆盖淮河流域大部分市及厅属工程管理处,改变了防汛通信完全依赖公共有线电话的状况。

1986—1987年,结合入江水道工程建设,组建了以江苏省防汛防旱指挥部为中心,三河闸、江都水利工程管理处和金湖、宝应、高邮、江都四县防汛指挥部为分中心,数十个车载和手持用户站的淮河入江水道防汛超短波应急通信系统,移动通信开始在防汛中利用,通信的实时性、应急性有所提高。

1988—1990年,根据防汛调度指挥和工程运行管理语音、数据业务通信的实际需要,研制组建了南京至宿迁超短波多路接力数字通信传输线,沿线包括南京、冶山、三河闸、淮阴、泗阳闸等8个站。该技术在当时条件下,有效地解决了省防办至宿迁沿线有关水利部门之间的通信。

20世纪80年代末、90年代初,江苏省开始利用超短波建设小区域的水文自动测报系统,如无锡、南京、淮阴等市小范围的建设。大规模建设始于1994年,太湖流域水雨情自动测报系统,世行贷款项目江苏省大运河监测调度系统(简称大运河系统),江海堤防达标工程水文信息采集系统等建成后,利用超短波通信的水文自动测报系统基本覆盖了全省。

2. 一点多址微波通信技术

1994—1998年,世行贷款项目江苏省大运河系统建设,组建了由1个中心站、1个直通中继站、5个下话路中继站、7个普通外围站和2个微型外围站组成的一点多址数字微波通信传输系统,覆盖了苏北京杭运河沿线水管单位。江苏省一点多址主干通路路由示意图如图7.1所示。

一点多址数字微波通信传输系统不仅提供了语音通信,还提供了数字电路组建了计算机网络,传输速率为64kb/s。

3. 集群移动通信技术

1994—1998年,世行贷款项目江苏省大运河系统中组建了800MHz数字集群移动通信系统,由南京水利局、江都管理处、骆运管理处、南运西闸、淮阴市水利局5个基站、30部手机和30部车载台组成。800MHz集群移动通信系统示意图如图7.2所示。集群移动通信网各基站通过一点多址微波联网,各无线用户可以实现多区联网,并省中心站程控交换机联网,实现了手机、车载台在网内相互通信、自动漫游功能,且各手机、车载台可与微波电话、省中心程控交换机电话相互通信。

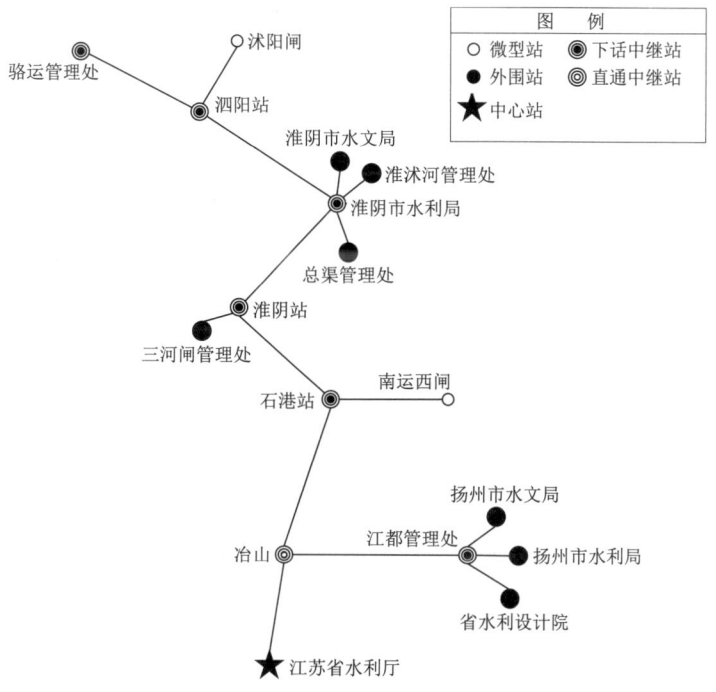

图 7.1 江苏省一点多址主干通路路由示意图

4. 卫星通信技术

1999—2002 年，泰州引江河防汛指挥系统建设中，组建了防汛卫星应急通信系统。同时，研制建设防汛卫星应急移动通信车，利用水利部卫星资源，实现实时、移动的图像、语音传输。江苏省防汛卫星应急移动通信车是全国水利部门第一辆，2000 年 6 月 6 日，该车远征湖南岳阳，在全国抗洪抢险抗旱新技术新产品演示推广暨防汛抢险队伍建设现场会上得到成功展示，并成功地将现场会进行实况转播，传输至水利部。

5. 光纤通信技术

2000—2010 年，通过租用电信 2Mb/s 带宽 SDH 光纤电路，构建了省水利厅至 8 个厅属水利工程管理处（秦淮河、太湖、江都、三河闸、总渠、骆运、淮沭河、泰州引江河）、13 个市水利局（南京、苏州、无锡、常州、镇江、南通、扬州、泰州、连云港、盐城、徐州、淮阴、宿迁）、11 个

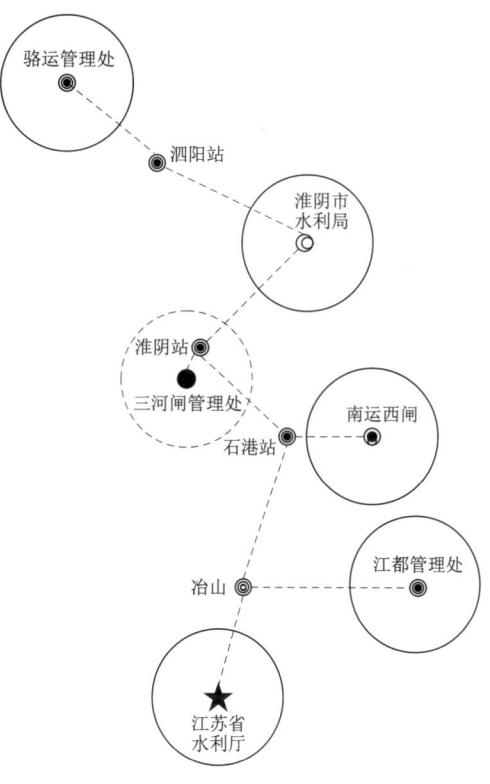

图 7.2 800MHz 集群移动通信系统示意图

市水文分局(南京、苏州、无锡、常州、镇江、南通、扬州、连云港、盐城、徐州、淮阴)星型结构的水利骨干通信传输网。2012年带宽扩到4Mb/s。

6. 数字程控交换技术

1990—1991年,为满足水利厅内部业务部门间语音交换通信,组建了省水利厅语音程控交换系统,容量为200门。1994—1995年,结合江苏水利大厦办公楼的建设,重新组建了语音程控交换系统,容量为1000门。1998年,一点多址微波通信系统与程控交换机汇接,实现了省厅程控交换机用户和一点多址微波通信系统用户之间的通信。2003年完成江苏水利大厦程控交换系统的技术升级与扩容,容量为1000门,并实现了程控交换机用户和江苏水利信息网用户的汇接。

7.2.2 测站至分中心(省中心)的通信传输

最初测站的水情报汛完全采用人工方式,人工观测后利用邮电电报将水情信息发送到所属的分中心,电话普及后,利用电话发送人工观测的数据。20世纪90年代开始,逐渐开始建设自动监测,通信传输主要采用450M超短波通信技术,通信频率利用国家统一规划的水利行业频点,数据传输速率可达300～2400b/s。1994年建设的太湖流域水雨情自动测报系统,1994—1998年建设的世行贷款项目江苏省大运河监测调度系统,2000年建设的江海堤防达标工程水文信息采集系统、泰州引江河防汛指挥系统都利用超短波通信方式,建成遍布全省的中继站,测站通过就近的中继站,将信息传输到所属的水情分中心。

2000年以后,随着全球移动通信系统(Global System for Mobile Communications,GSM)的发展,南京、徐州市的自建系统曾利用GSM短信作为测站传输的备用信道,主信道仍采用450M超短波通信。

2006年,望虞河、太浦河自动监测系统建设6个水质水量自动监测站,利用联通公司CDMA VPDN传输水质水量监测信息和图像信息。

2010年,利用省级水情报汛站自动测报系统改扩建工程的契机,对全省水情测报系统的传输方案进行优化、整合。通过对国内已建水情自动测报系统的通信信道使用情况比较,研究国内可选的无线远距离通信技术方案,结合江苏省公众移动通信情况,确定测站采用移动GPRS VPDN为主信道,电信CDMA VPDN为备份信道的通信方案。主信道直接发送至分中心,备用信道发送至省中心后经广域网路由到分中心。分中心、省中心采集接收端提供独立的2M VPDN专线节点,分配网内专有IP地址,SIM卡绑定在系统的地址池内,从而形成水情信息在以分中心为单位的专网内传输,提高通信安全性和保密性。

7.2.3 省中心至分中心的通信网络

1989年,利用远程拨号客户端,将省防办与各市防办、南京军区计算机互连,用于防汛信息、防汛指令的传输。

1992年,利用邮电部门的公用分组数据交换网(X.25)将省中心(省水文总站)与各水情分中心(水文分站、管理处)计算机互连,用于水情报汛信息传输。

1998年,利用大运河监测调度一点多址数字微波,组建省中心至扬州、淮阴、徐州市水利局、江都、总渠、淮沭新河、三河闸、骆运管理处的计算机网络,速率为64kb/s,首次建成江苏省计算机广域网。

2000年,江海堤防达标防汛指挥系统和泰州引江河防汛指挥系统工程建设中,租用

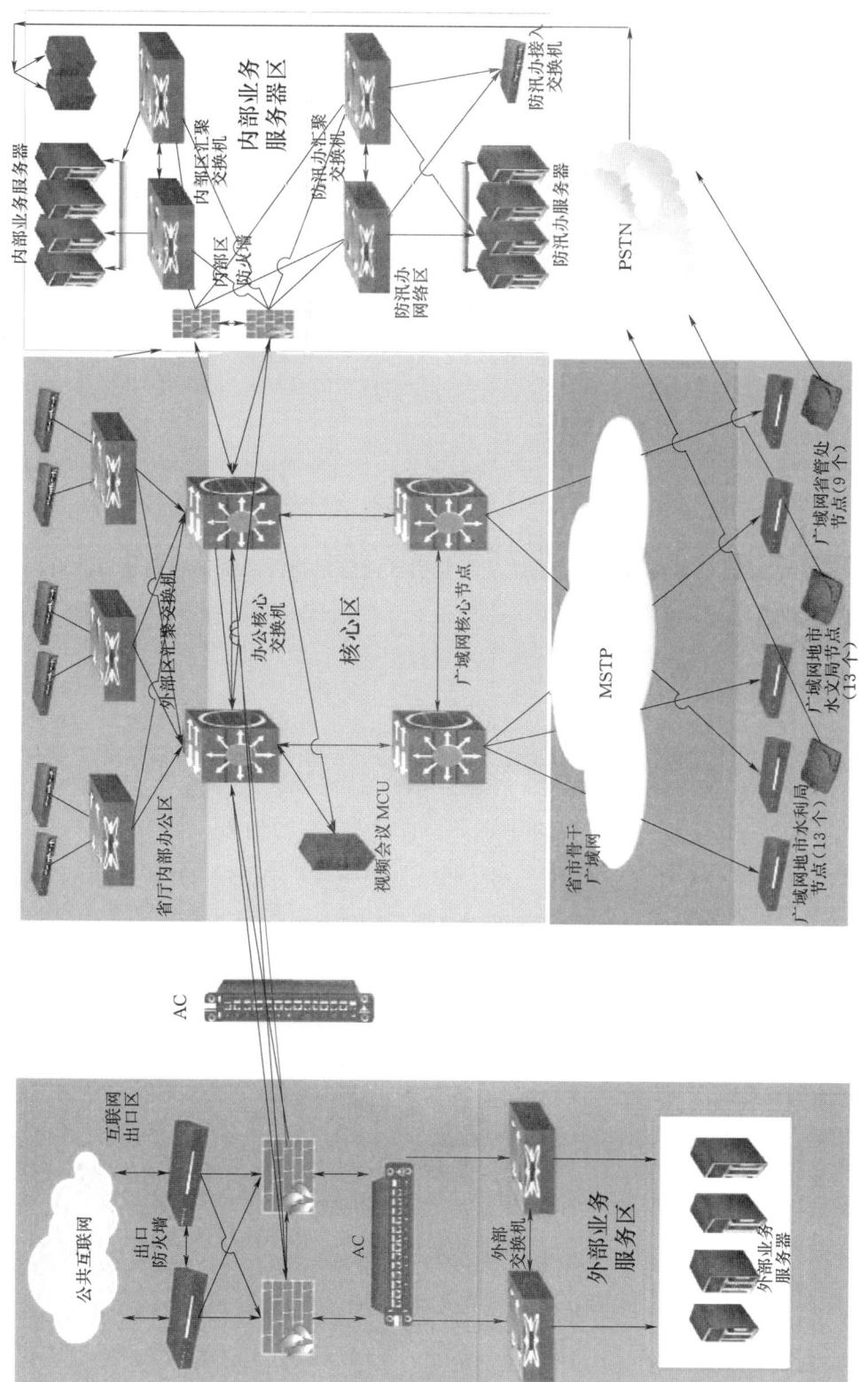

图7.3 计算机广域网网络拓扑图

电信 21 条 2Mb/s SDH 光纤数字电路,将 13 个市水利局、8 个厅属管理处与省厅网络中心联网,形成江苏省水利信息骨干网,提供数据、图像、语音综合应用。之后,利用水利工程带动信息化建设,不断完善、扩展,至 2010 年,已建成按照省、市、县三级网络架构,形成上联水利部、流域机构,下联省内水利部门,覆盖全省 13 个地市水利局、9 个厅属工程管理处、2 个厅直单位、13 个市水文分局以及全省 108 个县区水利部门的计算机广域网。广域网交换设备选用加拿大北方电讯公司的 Passport 系列多业务交换机。在 Internet 入口处、广域网接口处分别部署了防火墙。

2012 年计算机广域网改扩建工程,提高带宽至 4Mb/s,优化了广域网拓扑,更换了广域网交换机为 CISCO 系列广域网设备,提高了网络的健壮性、可用性。

计算机广域网网络拓扑如图 7.3 所示。

江苏省水利信息网实现了省、市、县水利部门计算机网络的互联互通,承载了全省水利部门之间的数据通信、内部语音联网、视频会议业务。

数据通信业务是水利信息网络的一项基本业务。支持数据的分布存储、检索、处理。全省的水情、工情等各种水利信息以数据、文本、图片的方式可以在网上任意节点间传输,远程数据库连接实现了异地数据的存储、操作、查询。

江苏省水利信息网络安全系统按照"统一规划、分步实施、急用先建、逐步完善"的建设原则,在统一规划的基础上,分期分步建设。2003 年 2 月,省水利信息中心完成《江苏省水利信息网络安全系统一期工程初步设计》,经省发展计划委员会批准建设,主要集中建设省厅的信息安全防护体系。2012 年的网络改扩建工程和 2014 年水利科技项目"网络安全管理系统"都进一步实施了网络安全体系。基本建成江苏省水利信息网络管理与安全防护体系,从而提高网络的保密性、完整性和可用性。

7.3 数据中心

7.3.1 数据中心的概念

1. 定义和功能

数据中心和云计算、大数据等一样,是发展中的概念,具有多种技术和内涵,没有一个被普遍接受的定义。通常指在一个物理空间内实现对数据信息的集中处理、存储、传输、交换、管理,实现业务系统、工具、流程等的有机组合,满足应用、数据、网络和安全、运行管理需求。

数据中心主要具有以下几类功能:

(1) 基础设施。包括计算机、服务器、网络、存储等关键设备,机房、供电、制冷、机柜、消防、监控等关键物理设施,提供整体 IT 运行维护服务。

(2) 数据资源。实现数据和信息资源的集中和整合,形成数据仓库和共享中心。

(3) 支撑平台。统一的运行、开发环境、中间件、组件等,提供架构级支持。

(4) 应用服务。包括业务系统、基于数据仓库的分析系统、信息服务系统等。

数据中心以数据集成、服务集成、应用集成为发展方向,数据集成将跨部门、跨应用、跨地域结构化数据库、非结构化数据,通过数据仓库、数据联邦、中间件技术等,集成为一个逻辑上的全局数据视图，使业务应用获得统一、标准、规范的数据结构、类型和结果。服务集成是通过将公共业务逻辑、计算方法、功能模型等，提取形成业务应用开发所需的基本组件、服务集，减少重复开发，提高业务应用的规范程度与技术水平。应用集成是在数据和服务集成基础上，通过总线技术、门户技术、工作流技术等将各种业务应用集成在统一的平台架构内，利于业务间协同，并可以通过流程编排等，形成综合业务系统。

2. 分类和分级

数据中心的分类，按照服务的对象，可以分为企业数据中心和互联网数据中心。依据建设方式，数据中心可分为自建机房式、租用电信机房方式。按业务功能，数据中心分为主数据中心、灾备中心等，为保障安全，重要数据中心常采用"两地三中心"方式建设，包括3种类型：主数据中心/灾备数据中心、双运营数据中心和双活数据中心。

根据服务级别，数据中心分为单极、多级数据中心。单极数据中心指以大集中方式进行数据中心建设，分布式建设的数据中心是多级数据中心。

依据可用性，数据中心分为基础级、具冗余设备级、可并行维护级、容错级4个级别。

依据安全性，参照国家信息安全等级保护规定，以信息系统等保密要求分级。

3. 发展趋势

随着信息技术的发展，传统数据中心已经逐渐向模块化、虚拟化发展，出现了软件定义化数据中心、云计算数据中心等概念和类型，具有弹性、扩展性、自动化特性的云数据中心将是未来发展的方向，大数据时代数据中心的重要性将日益显著。

7.3.2 水文数据中心的特点

1. 水文业务和信息流程

水文业务和信息紧密相关，水文信息的收集、处理、监视，水雨情分析和预报，江河湖库及地下水水量与水质的监测、分析和评价，为防汛防旱和水资源管理提供决策支持，为经济社会发展提供水文服务的基本职能，和"信息技术是获取、存贮、传递、处理分析以及使信息标准化的技术""信息化是充分利用信息技术，开发利用信息资源，促进信息交流和知识共享，提供经济增长质量，推动经济社会发展转型的历史进程"的概念理论相一致。

水文生产的过程就是信息的采集、传输、处理、分析、决策支持，数据挖掘和规律探寻的过程，和数据、信息、知识、智慧的层次相一致。基础水文信息采集、汇集及其加工成果，与空间数据、水利行业内及其他相关信息资源整合融合，形成数据中心多形式、多主题的基本数据存储，构成预案库、模型库、专家知识库，以支撑信息产品的生成、面向主题业务应用、多模式的信息发布与服务。

水文信息资源是以持续、广泛采集为基础的时间序列数据、大数据，包含各类自然及人类活动影响产生的水质水量信息，是水利工作的基础，具有多元异构性，实时交换、共享服务与统计分析的需求并存。水文信息资源的集成、整合、开发、应用，是水文信息化、现代化、水文业务和规律探索深入开展的基础。水文业务信息化流程体系如图7.4所示。

水文数据中心属于图7.4所示的水文信息化流程体系的3、4、5层，信息汇集与存储

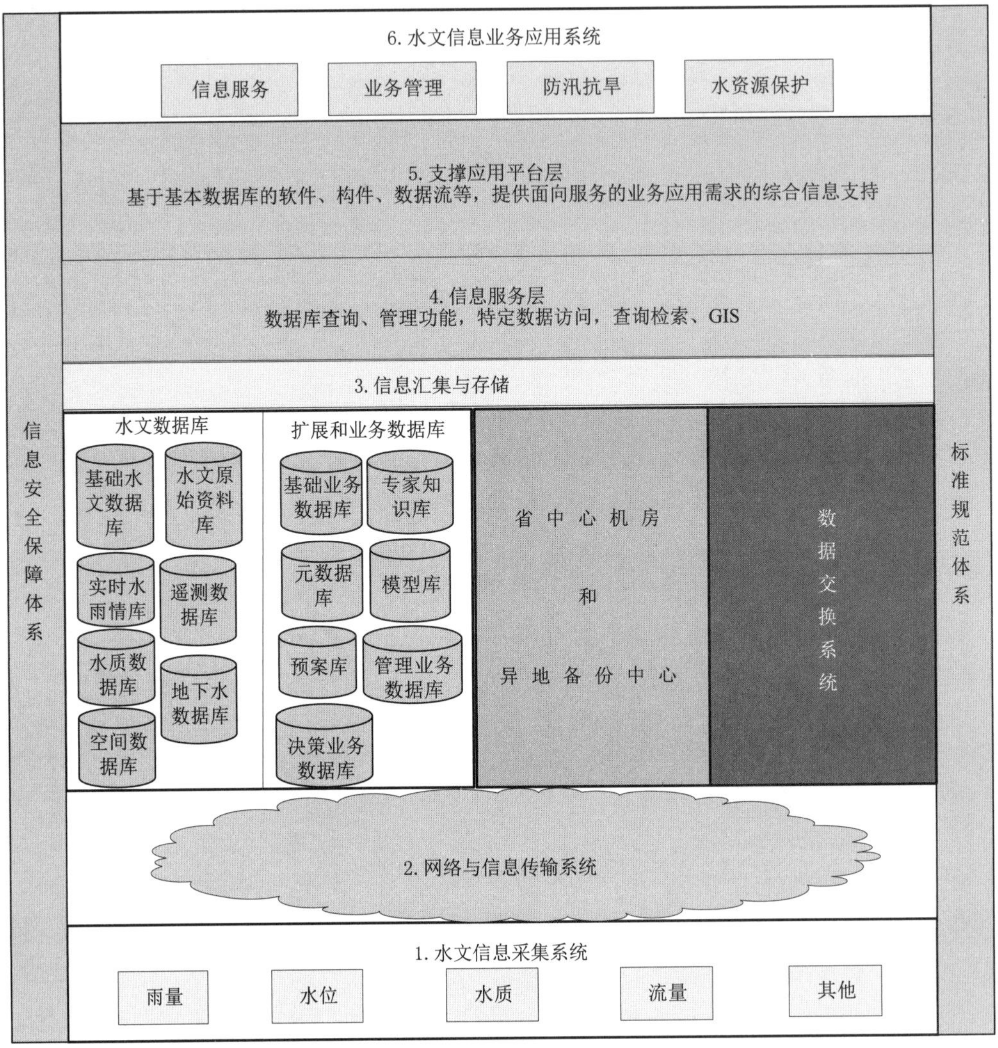

图 7.4 水文业务信息化流程体系图

层主要完成信息的交换和存储;信息服务层主要包括向业务应用或信息用户提供特定信息服务的功能,数据访问是其最基本的服务;支撑应用平台层是业务应用中具有相同功能的软件构件的集成,其目标是最大限度地减少业务应用系统的重复开发,并提供面向服务的业务应用需求的综合信息支持。

数据中心不仅是数据的集合,更是信息与服务的集合,是通过对信息资源的共享与开发,实现为特定的业务提供信息支撑与服务的信息基础设施。

2. 功能需求和特点

水文数据中心满足全省地表、地下水雨情、水质、水量监测数据汇集、存储、交换、共享需求;满足多种类型数据资源(监测、整编、GIS)整合、应用需求;满足数据管理、监控预警、分析计算、预测预报等业务系统运行需求;满足为水利行业提供基本数据、计算成果、应用支撑、决策支持的需求;满足向交通、电力、环保、农林等相关部门、设计和科研院所，社会公众发布信息服务的需求。

水文数据中心的特点：海量数据存储共享，需要数据仓库级系统支持；高频次、大范围的监测数据传输、汇集、处理，需要稳定高效的传输、交换软件；现代水文分析计算、模型推演、数据挖掘等大数据量，以及密集信息的处理，需要高性能计算支持。水文数据作为相关业务部门的基础支撑，作为国家重要基础资源依法向社会公开，需要强大的信息共享和应用服务能力支持。

此外，水文数据的具有保密性质，长系列潮水位、重要水功能区水质、水量等观测资料和分析数据，属于国家秘密，存储和使用需满足安全保密管理规定的要求。省级水文数据中心作为国家水文数据中心三级节点、地区级水情分中心汇集节点，需要满足水文信息传输可靠性、时效性、标准规范和访问性能要求。

水文信息化是水利信息化的基础，水文数据库是水利数据库的重要组成部分，水文信息采集、交换、计算、服务平台是水利业务和基础水信息系统的重要支撑，水利数据中心的机房、网络、存储等信息化资源可以为水文数据中心提供环境支撑。两者的规划、建设、管理可以协调一致，充分解决水利信息资源整合共享的难题。

7.3.3 现状和目标

水文水资源数据已纳入国家科技基础条件平台科学数据共享中心、国家自然资源与地理空间基础信息库的水利资源数据分中心，作为共享服务的基础支撑工程，水利部已启动开展国家水文数据中心项目建设，各流域、省已相继开展区域水文数据中心的建设工作。江苏省已建设基于遥测采集信息系统、水情传输系统、水质自动监测系统的水文监测数据库，基本完成了水文整编数据库的建设，开发了水文共享交换软件，并以此为架构开发了多平台的水文信息查询系统，水雨情、水资源分析评价系统，水文数据挖掘系统等，构建了水文数据中心基本架构和功能。

建设水文数据中心主要解决当前水文水资源信息管理分散，基础数据存储零乱，标准化差，应用服务适用性单一，难以共享等问题。整合现有数据库和系统资源，深入开发新的数据库；建立和健全标准规范体系和安全体系，建立集中管理、安全规范、充分共享、全面服务的水文水资源数据中心。它是水文信息化最重要的基础设施，对加强水文信息化建设和实现对水文基础信息的统一管理，强调水文信息应用开发的相对统一，以及实现水文信息化具有全局意义。现代信息技术飞速发展，计算机、通信网络、3S技术日益更新，云计算、物联网、大数据时代，依托广泛的信息采集网络，先进的软硬件支撑平台，良好的应用开发架构，可靠的信息安全保障系统，构建信息完整、功能完善、业务充分、性能强大的综合业务型、计算分析型、决策支持型、规律探索型的智慧水文数据中心，是今后发展的目标。

建设水文数据中心，一是承担数据资源和信息系统的安全保障，运行环境支持，通过基础设施建设、信息资源整合，提供安全高效的信息访问物理环境和计算支持；二是完善和加强基础水文数据库建设，做好国家水文数据库的查缺纠错和信息补全，加快开展在建、未建水文数据库的建设入库工作，形成系统、完整、规范、准确的水文基础信息资源池，为进一步开发利用做好基础准备；三是通过共享交换平台、水文资源目录系统、业务支撑平台建设，形成水文信息共享体系，实现区域间、部门间、信息系统间基础数据、业务信息、服务功能的协调、统一；四是建设多样式、面向主题的信息服务和信息展示，为行业应用和社会公众提供服务；五是开展水文算法库、模型库、构件库、预案库、专家知识库等建设，建设基于数据仓库的分析和数据挖掘应用系统，为形成更专业的水文产品，开展更深入的分析研究提供支持。

7.3.4 总体架构

1. 逻辑架构

江苏省水文数据中心环境依托江苏省水利数据中心建设，由三层两系统构成。基础支撑层包含机房环境及配套、基础网络、统一存储、容灾备份、服务器集群等。数据层由基础水文数据库、专用数据库、元信息库、主题信息库等组成，从数据库层面实现数据集成。平台层由资源目录系统、共享交换平台、信息服务系统组成，实现数据资源统一访问，多源信息重新组织、业务组件服务复用，为应用提供支撑。信息安全保障系统由满足信息系统安全等级第三级基本要求的软硬件设施、CA统一认证平台等组成，为信息安全和使用访问提供保障和防护。运行维护管理系统包括机房环境监控、报警、运维管理系统、自动备份，虚拟化管理平台等。水文数据中心逻辑架构图如图7.5所示。

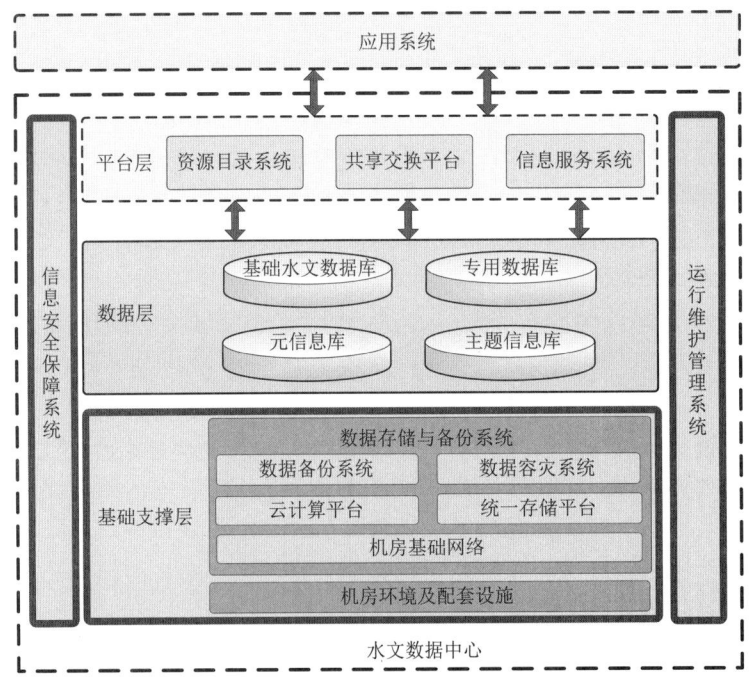

图7.5 水文数据中心逻辑架构图

2. 物理架构

江苏省水文数据中心属于企业级数据中心，为确保信息安全，保障业务系统不间断运行，采用两地三中心架构中的主/备中心方式，自建机房，租用运营商光纤，连接省中心和同城灾备中心。在双中心内部各自构建一套SAN存储，通过灾备系统实现双向备份；

各自构建一套虚拟化云计算平台，实现计算资源的灵活扩展、弹性分配和业务系统的在线备份、自动切换。

3. 层次架构

江苏省水文数据中心属于国家水文数据中心三级节点、地级水情分中心汇集节点、省水利数据中心内部节点。依据有关规定，向国家、流域机构提供数据共享。省地两级水情中心采用统一的数据库标准、共享交换平台、资源目录、数据管理和信息服务平台，实现全省水文采集信息的集中、交换、共享、服务且互为备份。地级水情中心直接访问省中心资源，也可访问本级数据资源，分担省中心访问压力。水文、水利数据中心共享物理环境、逻辑包含、信息共享、业务协同。

7.3.5 基础支撑层

1. 机房

主机房在水利厅内部，灾备机房相距10km，属于同城灾备中心。

机房相关基础环境和配套设施主要通过机房工艺与装修、电源配套、空调配套、动环与安防系统等基础设施，为部署相关IT设施提供安全可靠的物理运行环境。要求满足信息安全等级保护三级要求中关于物理安全的要求，采用高标准、低成本、可持续发展的理念建设。

高标准，即机房环境参照等保三级及TIA942 A类T4标准建设，合理规划机房布局，有效提高单位面积机架数；采用生物识别技术、气体自动灭火等先进安防技术，同时规范机房日常运维、设备与网络维护、工程施工、安全检查与审批等管理制度，提高机房环境安全等级；采用远程安防系统（视频监控、门禁等）、远程动环监控（市电参数、设备状态等），实现远程智能管理；维护空间环境设计人性化，保证合适的照明、温湿度等，可确保不间断维护。

低成本，即通过封闭通道技术及热回收技术等，降低机房功耗，节省电源、空调等配套投资；结合功耗采集、环温湿度采集等能耗检测平台，有效控制PUE值。

可持续发展，即合理预估未来10~15年用电需求，实现市电一次引入，避免重复建设；根据先期建设规模及实际需求，分期部署UPS、电池容量、空调等，实现平滑过渡；在建筑物内预设管线吊架等，增加管线设置灵活性，减少后期改造工作量。

2. 网络

目前采用电信100M的内部业务网，采用大二层网络技术构建主备中心连接。

数据存储与备份系统涉及数据中心主机房和数据中心灾备机房两个节点，为保证灾备中心的安全稳定运行，必须建设高标准的基础网络。灾备中心网络容量应与主中心保持相当，并与主中心网络实现可靠对接。目前采用的虚拟交换机技术，将分布在主机房与灾备机房内的核心交换机实现虚拟一体化，从而形成跨越主机房与灾备机房的大二层网络，满足虚拟化迁移后的IP地址和网关不变，实现异址数据中心间的资源动态调配和管理，保持业务连续性；在数据中心内部，以VLAN为单位控制互通与隔离；支持大规模二层网络与平滑扩容，简化大二层网络内SAN备份。

在具体组网方式上，主中心与灾备中心相关服务器统一接入本地核心交换机，相关存储、备份设备统一接入本地SAN网络光纤交换机；在主机房与灾备机房之间直接布放裸

纤,实现节点间核心交换机互连与光纤交换机互连,通过密集波分设备进一步实现线路复用,最终实现主中心与灾备中心大二层可达、SAN 网络互通。同时,为提高链路与波分设备可靠性及信息安全等级保护三级的要求考虑,采用两家不同运营商、不同物理路由的裸纤,不同裸纤将采用不同波分设备独立对接,每条裸纤同时承载数据网络链路与存储网络链路,一旦主链路失效,可以通过备用波分设备自动转接到冗余链路。

裸光纤为数据中心两个机房之间 LAN 与 SAN 的高速连接提供了保证,使数据同步复制、提供业务连续策略成为可能,从而可根据实际需求及业务发展调整容灾与备份策略,而不仅仅局限于少数核心应用系统。

3. 存储、备份和容灾

存储区域网络(SAN)是当前主流的数据存储技术,在保障系统数据安全的同时,可大大提高系统数据访问速度,并具有很好的可扩展性,水文数据中心建设目标是将原有各应用相互独立的存储系统所形成的"SAN 孤岛"整合至统一的交换架构中,对空间实行统一管理、统一分配,同时可通过虚拟 SAN(VSAN)实现各个应用系统逻辑分离,减少相互之间的影响,提高从主机系统到存储系统的管理效率。

主机房与灾备机房分别设置独立备份域及备份服务器,可实现本地与远程同步备份策略、备份进度的统一协调与管控;在发生故障后,只需将故障站点相关索引、日志等必要信息同步复制到远程站点即可在远程站点实现恢复。

对于数据容灾,通过专线和集群技术实现关键数据库同城镜像级实时同步复制;对于应用容灾,通过虚拟化计算资源池,在主/备中心机房之间复制虚机镜像,实现异址间虚机无感知自动迁移切换,实现快速接管、保证业务不中断;对于网络容灾,同一大二层网络,在虚机完成异址迁移后,IP 地址和网关不变;在数据中心内部,虚拟平台管理软件根据承载虚机的新物理机 MAC 寻址并实现内部流量自动转向。

4. 云计算平台

云计算技术在江苏水文数据中心中的应用主要包括以下两个方面:

(1) 构建水文数据中心的应用部署环境。基于云计算技术资源复用、弹性可扩展的特点,在主机房和灾备机房部署相应规模的云计算虚拟化计算资源池,用于部署新增业务应用。提升应用部署上线效率,规避间断性的新增硬件带来的资源难以分配和维护管理困难。应逐步推动现有相关设备和系统的云化工作,促进计算资源整合,提升综合承载能力和弹性调度能力。

(2) 构建横跨主备机房的应用备份环境。对于水文数据中心的稳定运行来说,关键应用的及时恢复也是非常重要的工作。在灾备机房部署相应的云计算虚拟化资源池,用于对主机房承载关键性应用的服务器进行镜像级同步。通过灾备机房的云计算虚拟化管理软件与主机房的虚拟化管理软件协同,实现主机房及灾备机房服务器镜像文件的在线复制、自动切换等功能。

7.3.6 数据层

1. 概念和类型

基础水文数据库存储水文整编资料成果,是水文核心数据库。专用数据库主要包括实时水雨情库(遥测和人工报汛)、水质、地下水、水土保持、墒情数据库等。此外水资源评价、河道观测资料成果、水文分析计算成果类、历史洪水成果类、流域属性信息类及水文年鉴未刊布的气象资料、基础地理空间数据水文专题数据库及水资源数据库、文本、视频（图像）、音频等其他类型信息，也作为专用数据保存。元数据是对数据的描述，《水利地理空间信息元数据标准》（SL 420—2007）、《水利信息核心元数据》（SL 473—2010）等为建立水文元数据提供了重要参考。通过水文资源目录建设，构建水文元数据库，为水文标准化数据、业务流程的整合建立基础。主题信息库是面向不同类型应用，建设的专题数据库和特征数据库，以及运用数据仓库技术构建的数据集市。

2. 建设情况

（1）基础水文数据库。基础水文数据库是水文资料的整编成果库，江苏省建库阶段始于1988年，先后完成了水文数据库建库实验、水文年鉴的数据量统计、数据录入软件的编制、测站编码录入审定等工作。1997年8月，完成入库数据达到总数据量的86%，软硬件环境和数据质量达到水利部"初步建成"的技术要求。2003年，对1950—2000年的淮河流域部分站点的日表、月年统计表和摘录表进行了查缺补漏，共补录水文资料近2000站年。2006年11月，根据《基础水文数据库表结构及标识符标准》（SL 324—2005），组织开展了"基础水文数据库贯标及完善"项目，对基础水文数据库进行贯标转贮，并对江苏省特有引排水量表和高低水位表进行了表结构设计补充。

作为水文分析型历史数据信息资源，仍存在测站沿革、断面关系、水准点沿革、位置图等基础资料没有入库的现象，已入库的年鉴资料约有近10%缺录，并存在少量错误数据。此外，历史观测记载簿（纸质）、摘录过程、分析计算成果等一些非电子化、非结构化形式存在的数据，存在是否需要电子化保存、如何管理和应用的问题。

（2）专用数据库。国家防汛抗旱指挥系统工程中建设的实时水雨情库，采用人工报汛和自动测报，满足实时水雨情信息30min内收集至省中心并上传至部水文信息中心的要求。目前，已全部实现雨量、水（潮）位、闸门启闭、泵站信息等的遥测代替报汛，水位数据采集频率为5min一次。小水库、中小河流项目将全省遥测站点扩展至2000个。

依据《水质数据库表结构及标识符》（SL 325—2014），已建水质数据库，收集自动测报和人工上报的水质监测信息。依据《水文数据库表结构及标识符》（SL/T 324—2019），基本完成了地下水数据库建设。土壤墒情数据依托实时水雨情库上报，水土保持数据库尚未建设。在省水利地理信息系统、水利普查等项目中，建设了和水文相关的基础地理信息数据库和水利、水文专题图层。水资源评价类、观测计算成果类、属性类、气象资料等尚未建库。

（3）元信息库。在江苏省水利地理信息系统项目中，对水文地理信息元数据进行规定并建库，在水文监测资料共享平台课题中，对水文元数据标准进行研究并建库，水文数据具有空间、时间、要素等信息，元数据不仅包括数据库的资源描述，还包括非结构化水文成果信息的描述，服务、组件、模型的描述等，为水文资源集成共享建立基础。

（4）主题信息库。根据水文业务特点，应面向防汛抗旱、水资源和水环境分析评价、规划支持等建设主题信息库。已建水雨情特征值库，为水情报表级、分析级应用提高了效率。目前江苏水文数据库群，依托消息中间件信息总线实现数据ETL，但没有在数据仓库层面进行整合集成，面向业务主题形成数据集市，使信息使用开发更加便捷高效。

7.3.7 平台层

1. 资源目录系统

目录服务系统作为基础平台引入到信息系统建设中，可以解决信息孤岛问题，实现信息资源的整合。水文资源目录库，以元数据描述水文数据资源，并形成目录，为水文数据资源整合集中创造全局视图，实现水文资源发现与定位、规划与整理。

与河海大学合作开展的江苏省水文监测资料共享平台的课题研究，在建立水文元数据库、水文资源目录系统，促进水文内部数据、业务功能整合，提高水文信息使用效率方面进行了探索。依托水文资源目录，构建了标准化信息查询和应用组件，为用户使用水文资料提供了便捷，也为应用系统开发提供了服务支撑。

资源目录系统采用J2EE架构，作为发现、管理、访问的基础，实现以下功能：①资源管理：资源注册与反注册，浏览、检索、提取，属性增、删、改；②目录管理：目录增、删、改、属性信息编辑；③元数据管理：元数据增、删、改，浏览、检索、提取。提供访问服务接口，按两种类型设计和开发：直接访问，提供客户端一个句柄，当这个句柄被客户端使用时，可以提供数据给客户端；代理访问，提供客户端订购数据的方法，以外部的其他方式提供数据访问。

2. 共享交换平台

在江苏省省级水情报汛站自动测报系统改扩建工程中，建设了数据交换平台，平台采用面向服务（SOA）架构，依托江苏省水利专网，以消息中间件MQ作为传输通道，以企业服务总线（ESB）为核心，构建分布式系统架构，结合了公共对象请求代理体系（CORBA）、JMS规范，使多种通信模式融为一体，灵活支持多级节点上各种跨部门异源、异构信息共享交换应用和共享库的建设，实现全省水文信息集成。

目前实现1个省级节点、19个市级（二级）节点、29个县级（三级）节点之间2000多个水文遥测采集点5min一次的数据汇集和共享交换，传输完整率100％，传输效率大大提高。基于平台数据源，采用J2EE组件式服务架构，开发了水文数据查询系统，解决水文信息一平台展示问题，实现数据中心汇集、共享、服务模型。

3. 信息服务系统

江苏省水利地理信息系统项目，依据江苏省1∶10000基础地理信息数据和高分辨率遥感影像、航片，更新了与水利有关的基础地理信息数据，采集了省级和试点市、县乡级以上水利管理对象空间信息，建立了省级水利地理空间数据库及管理、发布和数据维护系统，建立了基于VR和Skyline的三维场景展示系统和运行环境，实现二维、三维一体化联动功能，提供水利地理信息服务，首次实现全省水利"一张图"，为水、雨、工、灾情的信息管理和分析提供了可视化查询和GIS空间分析支持。

其中采用CORS定位技术，采集了省级以上水文站点的水位自计台、雨量计、蒸发器、水质、地下水监测点位置等，江苏省第一次水利普查项目采集了全省乡级以上一万条以上河道和县级以上水利对象的空间信息，大大完善了水利地理空间数据库，为水文查询展示、监测预警、分析计算、防汛会商、站网规划等提供支持。

水利地理信息服务平台项目，基于已有数据资源，通过扩充标准规范，整合、集成省及试点市、县水利地理信息，建设全省水利地理信息在线服务数据集，构建基于云服务环境的省级水利地理信息服务平台及示范建设市、县水利地理信息服务平台；基于网络为全省水利行业及政府部门、社会公众提供水利地理信息服务，形成"框架统一、逻辑一致、数据分级、互联互通"的省水利地理信息公共服务体系，满足水利信息化对水利地理信息资源的需要，促进水利信息化和现代化的快速发展。

7.4 应用系统

江苏省水文事业发展"十二五"规划指出：水文业务应用系统是水文工作服务于防灾减灾、水资源开发利用、水环境生态保护的基础支撑，是提高水文整体服务能力和水平的重要保障。水文业务应用系统主要包括水文业务处理系统、水文水资源预测预报系统、实时动态监视系统、防汛抗旱水情会商系统、办公自动化系统等。

水文业务应用系统建设目标：建立完善水文业务处理系统、水文水资源预测预报系统、实时动态监视系统、防汛抗旱水情会商系统、办公自动化系统等业务应用系统，对水文业务的预测预报预警及分析评价手段不断研究创新、优化完善，整体提高水文业务效率和综合服务水平，满足防汛抗旱、水资源管理、江河湖治理及社会各方面对水文信息服务的要求。

7.4.1 水文资料整汇编管理系统

建设省中心、分中心、巡测基地、测站等4个层面的水文业务处理系统。实现遥测代替报汛，做到自动报汛、自动入库、自动备份、自动输出整编报表以及其他图表，满足报汛及资料整编的相关要求。实现省、市、巡测基地和基层水文测站的信息连接，引进国外成熟的资料整编软件，并根据我国水文资料整编的要求进行二次开发和定制，以准确、可靠、快捷、全面地提供远程资料校核和资料整编方面服务。信息流程如图7.6所示。

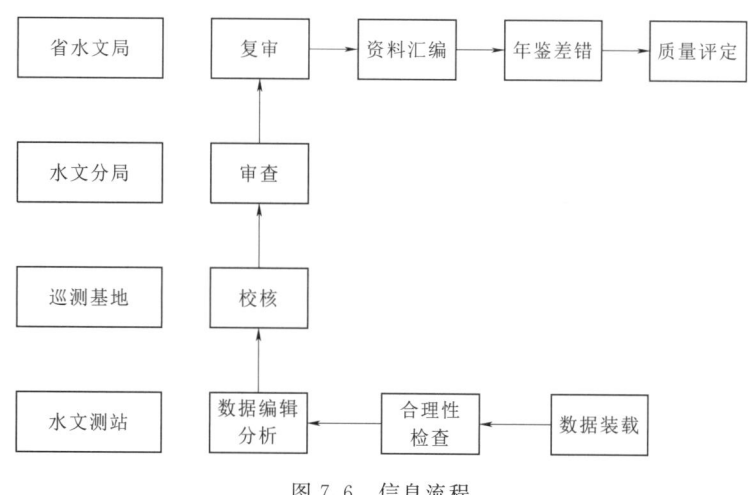

图7.6 信息流程

功能主要包括数据处理、在站整编、巡测基地审查、分局审查、省局复审、资料汇编、年鉴差错、质量评定等。

数据处理实现原始数据的合理性检查、时序数据编辑、数据的统计汇总等功能，如水文数据不同时段总量或均值的计算、极值的统计、加权统计等；把水文时序数据以曲线展示，并能在曲线上直接对数据进行编辑；对水文数据的编辑状态进行管理；对水文数据的质量进行管理，为质量评定提供基础；遥测数据与人工数据做曲线对比。

在站整编主要实现以下功能：

（1）按照编制水文年鉴的刊印底表的要求，制作各种成果表的模板，如逐日平均水位表、实测流量成果表、实测大断面成果表等。

（2）运用实测数据，将有一定算法、标准规范约束、定线精度与关系曲线检验规则的定线推流方法纳入系统，系统提供拟合关系曲线功能，如水位流量关系曲线，水位面积、水位流速、水位库容等关系曲线，单样含沙量与断面平均含沙量的关系线等。同时提供人机交互界面，整编人员可根据经验修正关系曲线，作为用前一要素推算后一要素的依据，方便各水文测站根据自身情况运用不同的计算模型或程序进行推流。

（3）为各水文测站用户提供该测站逐时或逐日水文要素过程线的展示界面，如可根据各测站不用需求，一并展示 24h（如 8∶00—次日 8∶00）或者 12h 的平均水位过程线等。

巡测基地审查实现对所辖各水文站的整编成果交叉审查，并抽核部分原始数据。

分局审查实现对所辖各巡测基地的整编成果交叉审查，并抽核部分原始数据。将整编好的成果按照一定的规范要求生成整编成果表，并提供 Web 输出，Excel、Word 等格式导出功能。

省局复审实现对各水文分局的整编成果交叉审查，并抽核部分原始数据。

资料汇编提供资料汇编交互操作界面，并可以按照统一格式输出水文年鉴等汇编数据文件。

年鉴查错实现水文年鉴自动查错，给出错误信息提示，提供直接定位到错误信息的快捷操作菜单。

质量评定实现计算机辅助质量评定，输出水文整编数据的统一规范的质量评定结果。

7.4.2 水文水资源分析评价系统

以江苏省为计算区域，开发基于开源地理信息系统的水文分析计算专业模型软件系统，可广泛应用于全省水文分析计算、水资源计算分析评价、防洪分析计算与评价各种任务。水资源业务信息流程图如图 7.7 所示。

系统建成后，能实现准实时年（多年）、月、旬的全省水文计算任务（包括蒸发、下渗、产流、汇流），水资源量计算分析与评价，污染物通量计算，设计暴雨与设计洪水计算，降水量及水位频率分析计算，河道壅水与水面线分析计算，行洪能力分析计算，河道冲淤分析计算，水库调洪演算，蓄滞洪区分洪/退水计算，引排水计算，水量平衡分析计算，形成各类专业分析图表。主要功能有：

（1）水资源基础数据库运行管理。参考行业标准建设水资源数据库［《水资源监控管理数据库表结构及标识符标准》（SL 380—2007）］，存储各分局巡测数据（口门引排水数据、外省数据和水资源监测数据），并提供数据库管理功能，实现巡测数据的分局录入、上报省局、省局审核提交入库。

（2）水资源论证报告审核、水资源评价资质管理、电子文档管理、文档检索。

（3）水资源分析与评价。利用水文计算模型（包括蒸发、下渗、产流、汇流），对各

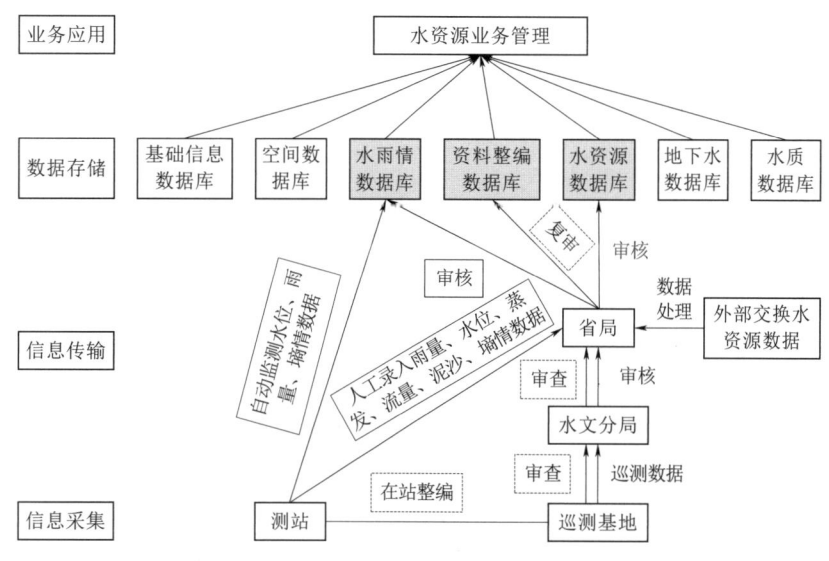

图 7.7 水资源业务信息流程图

分区水资源量计算分析与评价。

（4）入河湖污染物量计算。建立实时水质数据库，通过数据交换平台，实时获取同步监测站网的水量水质数据。在此基础上使用平原水网区水文分析计算的模型，计算河湖的水量及氨氮、总磷、总氮和高锰酸盐指数，得出入河湖总污染物量，分析评价河湖的水质状况和变化趋势，为有效掌控河道的入湖污染物量、提出限制排污总量意见提供技术支撑与决策依据。

（5）河湖、水源地健康评价。通过计算各项河湖、水源地健康指标值，提供自定义模板功能，最终生成河湖健康、水源地报告报表。

（6）沿江沿海引排水计算。通过数据交换平台，提取各分区的时段径流量，建立不同分区间取用水量的时间变化序列，填报各分区数据，计算入境和出境水量，分析不同分区出入境水量的变化规律，为制定高效用水配置规则提供参考。

（7）设计暴雨与设计洪水计算。设计暴雨包括各历时的设计点暴雨量、设计面暴雨量（以面平均雨深计）、设计暴雨的时程分配、设计暴雨的面分布和分期设计暴雨等。设计洪水的内容包括设计洪峰、不同时段的设计洪量、设计洪水过程线、设计洪水的地区组成和分期设计洪水等。可根据工程特点和设计要求计算其全部或部分内容。

（8）水量平衡分析计算。通过省内各水资源分区的水资源分析计算，确定该区域各种水体的数量，结合水文、气象以及水文地质条件等自然因素的分布规律，分析这些水体在空间和时程两个方面是否满足水量平衡关系。

（9）水资源公报、月报、年报编制。在水资源计算分析成果的基础上，编制水资源公报、月报、年报。

7.4.3 水环境业务管理系统

整合用于部门管理需求的统一数据库中心，包括地表水、地下水、排污口、水源地等。采用 B/S 架构，建立可跨操作系统平台的，基于 GIS 的，且集查询展示、报表、分析、评价于一体的，统一的水环境业务综合管理系统。

（1）建立水质数据库。在原有地表水水质数据库的基础上，新建入河排污口、地下水质数据库。

（2）建设以业务为导向的水环境业务管理服务平台，支持各种数据源和评价模式之间的信息访问、交换以及协作的统一集成化环境，达到高度的资源共享以及计算、分析、评价结果互相支持，实现水环境分析评价系统的高效性与智能性。

构建基于GIS的水环境业务综合管理系统，其业务包括：①地表水、地下水、排污口等监测，其他专项监测主要考虑非常态的专项监测，如蓝藻集中监测、中小河流等。②多元数据分析模型。采用数据钻取及固定模型，进行数据分析。③信息发布。按模块化实现多种形式信息发布，可结合GIS或其他形式统一展示管理部门成果信息。主要功能如下。

1. 水质信息综合管理服务

将整理、集成后的数据库与水质信息采集系统衔接，通过人工数据录入和自动站数据采集同步方式，实现全省水质数据的采集同步，经过分局审核、省局审核等多个环节，全面完成水质信息共享和互联互通。

2. 水质综合统计分析与决策支持系统

以网络信息技术为手段，对水质信息监测数据进行实时统计，对水源地水质保障提供预警分析。综合统计分析与决策支持系统是集网上直报、数据管理、统计分析、综合查询、信息发布和信息更新等功能于一体的综合统计分析系统。

（1）实时展示与统计。实现对水质实时数据进行动态展示，展示内容见表7.1。

表7.1　　　　　　水质综合分析与决策支持系统实时展示内容

序号	展　示　内　容	序号	展　示　内　容
1	各个监测点水质数据	4	各个监测点水质超标项目
2	指定区域水质变化情况	5	统计全省水质总体评价状况和达标率
3	统计各个流域、水源地、重点湖泊的水质评价情况	6	统计全省水源地水文情报

（2）预警分析。对未达标的数据进行预警显示，包括监测数据超过设定阈值，以及评价数据未达标，采用图形化的方式直观进行预警。

（3）综合分析报告。针对水质监测数据，结合水质监测业务需求定制特定专题的统计分析报告。

3. 智能查询

面向不同类型的用户，使用查询界面定制工具，定制个性化水质综合统计查询系列界面。综合查询可以为5个层次的查询，分别是按表的类别查询、按表名查询、按时间查询、按地区查询、按指标查询。用户可根据需求逐级将查询条件细化和具体，进行动态交互式查询，系统根据查询统计条件和用户权限，提供给用户查询结果。查询结果直接导出为用户所需要的数据格式，也可以打印。对查询结果可进行数据分析和图形（饼图、折线图、直方图）显示表达，对数据库中指标被检索和查询的次数和时段进行分析。

4. 信息发布模块

按照信息保密的规定，通过综合统计信息发布工具，按照综合统计报表的类别（年报、快报、月报、半月报、季报等)、报表年份、专业分类、报表名称,将各类统计信息面向社会进行发布,并以多种形式表达,如报表、专题图等,使得管理人员和社会公众充分地了解水质监测状况。用 WEB 发布界面定制工具,按照综合统计报表的类别、报表年份、专业分类、报表名称等信息,显示要发布的各类统计信息。

7.4.4　地下水业务管理系统

建立并不断完善水文水资结合 GIS 技术,以区域地下水资源信息化为目标,通过综合自然地理、社会经济、水文地质、水环境等方面的信息,分别建立地下水资源的基础、属性、空间和元数据库。以开发江苏省地下水资源分析评价系统,实现在同一平台上对地下水监测信息和资源信息的管理、评价、预测、分析、图件和报表生成等功能,为提高地下水资源评价预测精度和效率,实现地下水资源管理信息化提供高新技术支撑。

建设地下水业务信息管理与应用服务系统,实现对地下水动态监测数据的管理、查询、统计、分析、展示。该系统包含 GIS 空间信息的显示与分析(包括地下水等值线、等值面、变幅分区图等功能),基本数据维护,地下水分析、查询、预警、统计、报表生成、简报生成、年鉴管理等。主要功能:①省内地下水资料整编、分局数据及分析成果向省局的实时上报;②县(区、市)指标考核的变幅计算,分值计算;③等值线(面)专题图的绘制及分区统计计算;④地下水简报、通报等的自动生成;⑤通过 GIS 平台实现监测站网、泉域、水源地、超采区的空间分布展示;⑥实现任意时刻不同区域的地下水位变化查询、统计分析等多项功能。

7.4.5　水文业务信息发布门户

水文业务信息发布门户系统是一个集成化的资源展现系统,资源来源于支撑平台和业务系统,服务于最终使用人员。门户为用户访问系统提供统一入口,集成水文业务处理系统中包括的各类业务应用和信息服务,同时结合相应的权限控制,实现其个性化的资源展现。

系统通过统一的界面开发,运行管理和集成框架,以及利用框架特性将各业务系统的界面和交互机制联合聚集起来,从而形成统一的用户登录、数据访问和信息资源展现,实现信息资源和业务应用系统的内容集成和聚合服务,达到信息资源的全方位共享。

7.4.6　预测预报系统

建立并不断完善水文水资源预测预报系统,包括基于实时雨水情数据库、基础水文数据库、特征值数据库、遥测库等开发,能够实现数据查询展现、GIS 空间计算、频率计算、雨水情各项分析统计及图表绘制、常规水雨情分析报告自动生成以及雨水情综合评价等功能的实时雨水情分析评价系统;对于可能发生的暴雨、超警戒水位、超历史特大值、变化率异常的数据、奇异数据、洪峰信息、持续暴雨信息、持续干旱信息等水情信息作出实时性和预测性的警告的实时雨水情预警系统;提供测站、河流、水系、流域的水情综合分析和洪水预报预测成果,构建各类洪水预报方案的洪水预警预报系统;提供水质信息处理、水质分析、水质评价服务的水质信息服务系统;收集处理水质信息并进行水量水质综合分析的预警预报和分析评价的水资预警系统;具有流域和区域的河川径流中长期预报、经济社会需水量预测、水资源分析评价、水质优化调度的模拟仿真功能的水资源预测预报及分析评价系统等。

参 考 文 献

[1] 《太湖水利史稿》编写组. 太湖水利史稿 [M]. 南京：河海大学出版社，1993.
[2] David R. Maidment. 水文学手册 [M]. 张建云，李纪生，译. 北京：科学出版社，2002.
[3] 国家环境保护总局. 地表水环境质量标准：GB 3838—2002 [S]. 北京：中国环境科学出版社，2002.
[4] 中华人民共和国卫生部. 生活饮用水卫生标准：GB 5749—2006 [S]. 北京：中国标准出版社，2007.
[5] 中华人民共和国住房和城乡建设部. 水功能区划分标准：GB/T 50594—2010 [S]. 北京：中国计划出版社，2011.
[6] 中华人民共和国环境保护部. 饮用水水源保护区划分技术规范：HJ/T 338—2018 [S]. 北京：中国环境科学出版社，2018.
[7] 中华人民共和国水利部水文司. 水环境监测规范：SL 219—2013 [S]. 北京：中国水利水电出版社，2014.
[8] 中华人民共和国水利部. 水文数据库表结构及标识符：SL 324—2019 [S]. 北京：中国水利水电出版社，2019.
[9] 中华人民共和国水利部. 地表水资源质量评价技术规程：SL 395—2007 [S]. 北京：中国水利水电出版社，2007.
[10] 中华人民共和国水利部. 水文资料整编规范：SL 247—2012 [S]. 北京：中国水利水电出版社，2013.
[11] 中华人民共和国水利部. 水文站网规划技术导则：SL 34—2013 [S]. 北京：中国水利水电出版社，2013.
[12] 中华人民共和国水利部. 水文年鉴汇编刊印规范：SL 460—2009 [S]. 北京：中国水利水电出版社，2009.
[13] 王延贵，刘茜，史红玲. 长江中下游水沙态势变异及主要影响因素 [J]. 泥沙研究，2014 (5)，38-47.
[14] 王俊德. 水文统计 [M]. 北京：水利电力出版社，1993.
[15] 水利部水文局，等. 水文情报预报技术手册 [M]. 北京：中国水利水电出版社，2010.
[16] 水利电力部水利司. 水文测验手册 [M]. 北京：水利电力出版社，1975.
[17] 水利部水文司. 中国水文志 [M]. 北京：中国水利水电出版社，1997.
[18] 水利部水文局. 水文年鉴 [R]，1950—2015.
[19] 水利部水文局. 国家地下水监测工程可行性研究报告（水利部分）[Z]，2011.
[20] 水利部淮河水利委员会. 淮河 [M]. 北京：科学出版社. 2006.
[21] 牛占. 水文勘测工 [M]. 郑州：黄河水利出版社，2011.
[22] 水利部长江水利委员会水文局. 长江流域洪水预报方案汇编（第二册）[Z]，2005.
[23] 叶水庭，施鑫源. 地下水水文学 [M]. 南京：河海大学出版社，1991.
[24] 朱晓原，张留柱，姚永熙. 水文测验实用手册 [M]. 北京：中国水利水电出版社，2013.
[25] 朱晓原，张留柱，姚永熙. 水文测验实用手册 [M]. 北京：中国水利水电出版社，2013.
[26] 庄一鸰，林三益. 水文预报 [M]. 北京：水利电力出版社，1992.
[27] 刘光文. 水文分析与计算 [M]. 南京：河海大学，1994.

[28] 江苏省水文水资源勘测局. 江苏省水文志 [M]. 南京：江苏古籍出版社，2002.
[29] 江苏省水文总站. 江苏省水文手册 [M]. 南京：江苏省水文总站，1976.
[30] 江苏省水文总站. 江苏省暴雨洪水图集 [M]. 南京：江苏省水文总站，1984.
[31] 江苏省水利厅，等. 江苏水利图书籍 [M]. 福建：福建省地图出版社，1996.
[32] 江苏省地方志编纂委员会. 江苏省志·水利志 [M]. 南京：江苏古籍出版社，2001.
[33] 翟浩辉. 江苏省防汛防旱手册 [M]. 南京：江苏省防汛防旱指挥部办公室，1999.
[34] 许全喜，朱玲玲，袁晶. 长江中下游水沙与河床冲淤变化特性研究 [J]. 人民长江，2013，23（44），16-21.
[35] 许全喜，时国钰，陈泽芳. 长江上游近期水沙变化特点及其趋势分析 [J]. 水利学进展，2004，15（4），420-426.
[36] 许全喜，童辉. 近50年来长江水沙变化规律研究 [J]. 水文，2012，32（5），38-47.
[37] 严义顺. 水文测验学 [M]. 北京：水利电力出版社，1987.
[38] 府仁寿，虞志英，金缪，等. 长江水沙变化发展趋势 [J]. 水利学报，2003（11），21-29.
[39] 胡方荣，候宇光. 水文学原理 [M]. 北京：水利电力出版社，1997.
[40] 胡行陵. 江苏省决策气象服务手册 [M]. 北京：气象出版社，2001.
[41] 闻余华，司存友，罗俐雅. 多元回归方法在长江南京站潮位预报中的应用 [J] 江苏水利，2012（4）：28-29.
[42] 姚永熙，章树安，杨建青. 水资源信息监测及传输应用技术 [M] 南京：河海大学出版社，2013.
[43] 夏玉宇，等. 化验员实用手册 [M]. 北京：化学工业出版社，2000.9.
[44] 奚旦立，等. 环境监测（第三版）[M]. 北京：高等教育出版社，2004.7.
[45] 章树安，陈喜，等. 国外地下水监测与管理 [M]. 南京：河海大学出版社，2010.
[46] 水利部淮委沂沭泗水利管理局. 淮河流域沂沭泗水系实用水文预报方案 [Z]，2001.
[47] 水利部淮河水利委员会. 淮河流域实用水文预报补充方案 [M]. 北京：中国水利水电出版社，2007.
[48] 梁忠民，钟平安，华家鹏. 水文水利计算 [M]. 第二版. 北京：中国水利水电出版社，2008.
[49] 董耀华，惠晓晓，蔺秋生. 长江干流河道水沙特性与变化趋势初步分析 [J]. 长江科学院院报，2008，25（2），16-20.
[50] 惠晓晓，董耀华. 近50年长江干流河道水沙变化特性分析 [C] //西安理工大学. 第七届全国泥沙基本理论研究学术讨论会论文集. 西安：陕西科学技术出版社，2008，389-394.
[51] 惠晓晓. 长江干流河道水沙变化特性与趋势分析 [D]. 成都：四川大学，2007.
[52] 虞邦义，郁玉锁，倪晋. 淮河干流吴家渡至小柳巷河段泥沙冲淤分析 [J]. 泥沙研究，2009，8（4），12-16.
[53] 虞邦义，郁玉锁. 洪泽湖泥沙淤积分析 [J]. 泥沙研究，2010（6），36-41.
[54] 詹道江，叶守泽. 工程水文学 [M]. 第三版. 北京：中国水利水电出版社，2000.